全国高等职业教育"十三五"规划教材

多媒体技术

第 3 版

尹敬齐　编著

机 械 工 业 出 版 社

多媒体技术是基于计算机、通信和电子技术发展起来的新学科，自20世纪90年代以来，其得到了飞速发展。由于计算机硬件性能的不断提高和多媒体软件开发工具的迅速发展，多媒体技术越来越得到广泛的应用。目前，多媒体技术已渗透到人们工作、生活、学习、娱乐的各个方面。

　　本书通过具体实例，从多媒体应用角度出发，概述了多媒体的基础知识，并重点介绍了多媒体素材的导入、编辑、集成。全书共5个项目，分别介绍了数字音频的处理、数字图形图像的处理、数字视频的处理、三维动画和多媒体课件的制作。本书每个项目都配有拓展练习与习题。

　　本书内容丰富，叙述清楚，既可作为各高职高专院校计算机专业及相关专业多媒体技术课程的教材，也可作为多媒体技术爱好者的学习参考书及培训教材。

　　本书配有授课电子课件和素材，需要的教师可登录 www.cmpedu.com 免费注册、审核通过后下载，或联系编辑索取（QQ：1239258369，电话：010－88379739）。

图书在版编目（CIP）数据

多媒体技术 / 尹敬齐编著. —3 版. —北京：机械工业出版社，2017.9
全国高等职业教育"十三五"规划教材
ISBN 978-7-111-58048-5

Ⅰ. ①多… Ⅱ. ①尹… Ⅲ. ①多媒体技术－高等职业教育－教材
Ⅳ. ①TP37

中国版本图书馆 CIP 数据核字（2017）第 230672 号

机械工业出版社（北京市百万庄大街 22 号　邮政编码 100037）
策划编辑：鹿　征　　责任编辑：鹿　征
责任校对：张艳霞　　责任印制：李　昂
北京宝昌彩色印刷有限公司印刷

2017 年 10 月第 3 版·第 1 次
184mm×260mm·18.5 印张·452 千字
0001－3000 册
标准书号：ISBN 978-7-111-58048-5
定价：52.00 元

前　　言

本书是一本系统介绍多媒体技术的计算机信息类专业基础教材。它是为适应计算机多媒体技术飞速发展的需要，培养现代化计算机多媒体专业技术人才而编写的。

多媒体技术是信息技术的重要发展方向之一，也是推动计算机新技术发展的强大动力。目前，随着计算机硬件性能的不断提高和多媒体软件开发工具的迅速发展，多媒体技术越来越得到了广泛的应用，并已渗透到人类社会生活的各个领域，发挥着重要作用。多媒体技术是计算机普及的摇篮，它让计算机走下高不可攀、仅由少数人掌握的神坛，把人们带入一个有声有色、充满无限活力、多姿多彩的互动世界。多媒体技术与知识紧密相连，它是一个知识的海洋，让人们在声音、图像、动画众多领域任意翱翔。

本书通过具体实例，从多媒体应用角度出发，概述了多媒体的基础知识，并重点介绍了多媒体素材的导入、编辑、集成。全书共5个项目，分别介绍了数字音频的处理、数字图形图像的处理、数字视频的处理、三维动画和多媒体课件的制作。本书每个项目都配有拓展练习与习题。

本书在内容的叙述上，力求通俗易懂，注重基本技术和基本方法的介绍，并列举了较多有代表性的实例，以图文并茂的方式编排，具有很强的可操作性和实用性，有助于提高读者的实际动手能力。

本书由重庆电子工程职业学院尹敬齐编著。本书编写和出版过程中，始终得到了重庆电子工程职业学院的领导、同行和机械工业出版社的大力支持和热情帮助，在此表示衷心的感谢。

由于多媒体技术是一门发展迅速的新兴技术，新的思想、方法和系统不断出现，加之编者的水平有限，书中难免有错误和疏漏之处，敬请专家和广大读者批评指正。

作　者

目　　录

多媒体基础知识

多媒体技术是一门迅速发展的综合性电子信息技术。20 多年前，人们曾经把几张幻灯片配上同步的声音称为多媒体。今天，微电子、计算机、通信和数字化音像技术的高速发展，给多媒体技术赋予了全新的内容。多媒体技术和应用也已遍及国民经济与社会生活的各个角落，正在对人类的生产方式、工作方式乃至生活方式带来巨大的变革。

本章我们将讨论多媒体技术的定义、特征、各类媒体的特点、多媒体的应用和发展及多媒体的关键技术等基础知识。

0.1 多媒体的基本概念

0.1.1 多媒体

多媒体一词的核心是媒体，媒体在计算机领域有两种含义：一是指存储信息的实体，如磁盘、光盘、磁带、半导体存储器等，一般称为媒质；二是指表示和传播信息的载体，如字符、声音、图形和图像等，常称为媒介。多媒体技术的媒体指的是后者。以上有关"媒体"的概念比较窄，通常"媒体"概念的范围是相当广泛的，可分为以下 5 种类型。

1. 感觉媒体

感觉媒体是指能够直接作用于人的感觉器官，从而使人能直接产生感觉的一类媒体。比如，各种声音、音乐、文字、图形、静止和运动的图像等，这也是本书中所指的媒体。

2. 表示媒体

表示媒体是指为了加工、处理和传输感觉媒体而人为地研究、构造出来的一种媒体。借助这种媒体，能够更有效地将感觉媒体从一处向另一处传送，便于加工和处理。表示媒体包括各种编码方式，如语言编码、文本编码、静止和运动图像编码等。

3. 显示媒体

显示媒体是指用于通信中使电信号和感觉媒体之间产生转换的一类媒体。显示媒体又分为两种：一种是输入显示媒体，如键盘、鼠标器、话筒等；另一类是输出显示媒体，如显示器、扬声器、打印机等。

4. 存储媒体

存储媒体是指用于存放表示媒体的一种媒体，也就是存放感觉媒体数字化代码的媒体。如磁盘、磁带、光盘等。

5. 传输媒体

传输媒体是指用来将媒体从一处传送到另一处的物理载体。即它是通信的信息载体，如电话线、同轴电缆、光纤等。

那么什么是多媒体呢？通俗地讲，就是上述感觉媒体中的各种成分的综合体，即将文字、图像、声音以及多种形式进行表达的方式称为多媒体。但这种定义不严格。一种较严格的定义为："多媒体"是指能够同时获取、处理、编辑、存储和展示两个以上不同类型信息媒体的技术，这些信息媒体包括文字、声音、图形、图像、视频和动画等。所以，人们现在常说的"多媒体"不是指其本身，而主要是指处理和应用它的一整套技术。因此，"多媒体"实际上常被当作"多媒体技术"的同义语。另外，由于计算机的数字化和交互式处理能力极大地推动了多媒体技术的发展，通常又把多媒体看作先进的计算机技术与视频、音频和通信技术融为一体而形成的新技术和新产品。

0.1.2 多媒体技术及其特性

多媒体技术是指文字、音频、视频、图形、图像、动画等多种媒体信息通过计算机进行数字化采集、获取、压缩/解压缩、编辑、存储等加工处理，再次以单独或合成形式表现出来的一体化技术。多媒体技术的特性主要包括信息载体的多样化、集成性和交互性3个方面，这是多媒体的主要特性，此外还有非循环性、非纸张输出形式等。

信息载体的多样化是相对于计算机而言的，有时也称信息媒体的多样化。这一特性使计算机变得更加人性化。在人类对于信息的接收和产生的5个感觉（视、听、触、嗅、味）空间中，前三者占了95%以上的信息量。借助于这些多感觉形式的信息交流，人类对于信息的处理可以说是得心应手。但是计算机以及与之类似的所谓智能设备远没有达到人类的水平，在许多方面必须把人类的信息进行变形之后才可以使用。信息只能按照单一的形态才能被加工处理，只能按照单一的形态才能被理解。可以说，目前计算机在信息交互方面还处于初级水平。而多媒体技术就是要把计算机处理的信息多样化或多维化，使人与计算机的交互具有更广阔、更加自由的空间。通过对多维化的信息进行变换、组合和加工，可以大大丰富信息的表现力和增强信息的表现效果。

集成性是计算机在系统级的一次飞跃，主要表现在两个方面。一方面是指信息媒体的集成，即将多种媒体信息（如文字、图形、视频图像、动画和声音）有机地进行同步组合成为一个完整的多媒体信息，尽管它们可能会是多通道的输入或输出，但应该成为一体，多通道统一获取，统一存储与组织。另一方面，集成性还表现在存储信息的实体（即设备）的集成。也就是说，多媒体的各种设备应该集成在一起，并成为一个整体。从硬件来说，应该具有能够处理多媒体信息的高速及并行的 CPU 系统，大容量的存储器，适合多媒体多通道的输入输出的接口电路及外设、宽带的网络接口等。对于软件来说，应该有集成一体化的多媒体操作系统、适于信息管理和使用的软件系统和创作工具、高效的各类应用软件等。

交互性是多媒体技术的关键特征，它将更加有效地为用户提供控制和使用信息的手段，也为多媒体技术的应用开辟了更加广泛的领域。交互性不仅增加用户对信息的理解，延长了信息的保留时间，而且交互活动本身也作为一种媒体加入了信息传递和转换的过程，从而使用户获得更多的信息。另外，借助交互活动，用户可参与信息的组织过程，甚至可控制信息的传播过程，从而可使用户研究、学习自己感兴趣的东西，并获得新的感受。

综上所述，信息载体的多样化、集成性和交互性是多媒体技术的3个主要特征。"多媒体"是世界上发展最快的技术之一，其在广播电视领域的应用，将会改变广播电视的形态，使其朝着数字化、网络化、信息化的方向发展。

0.1.3　多媒体中的媒体元素及特征

多媒体的媒体元素是指多媒体应用中可显示给用户的媒体成分。目前主要包括文本、图形、静态图像、声音、动画和视频图像等媒体元素。

1. 文本（text）

指各种文字，包括各种字体、尺寸、格式及色彩的文本。文本是计算机文字处理程序的基础。通过对文本显示方式的组织，多媒体应用系统可以使显示的信息更容易理解。文本数据可以先用文本编辑软件（如 Word 等）制作，然后再输入到多媒体应用程序中，也可以直接在制作图形的软件或多媒体编辑软件中一起制作。多媒体应用中使用较多的是带有各种文本排版信息的文本文件，称为格式化文件，如".doc"文件，该文件中带有段落格式、字体格式、文章的编号、专栏、边框等格式信息。

2. 图形（Graphic）

图形是指从点、线、面到三维空间的黑白或彩色几何图，一般指用计算机绘制的画面。由于在图形文件中只记录生成图的算法和图上的某些特征点（几何图形的大小、形状及其位置、维数等），因此称为矢量图。图形的格式就是一组描述点、线、面等几何元素特征的指令集合。绘图程序就是通过读取图形格式指令，将其转换为屏幕上可显示的形状和颜色而生成图形的软件。在计算机上显示图形时，相邻的特征点之间的曲线用诸多段小直线连接形成。若曲线围成一个封闭的图形，也可用着色算法来填充颜色。

矢量图形的最大优点在于可以分别控制、处理图中的各个部分，如图形的移动、旋转、放大、缩小、扭曲而不失真，不同的物体还可在屏幕上重叠并保持各自的特征，必要时仍然可以分开显示。因此，图形主要用于表示线框形的图画、工程制图、美术字等。由于图形数据只保存其算法和特征点，所以相对于图像的大数据量来说，它占用的存储空间较小，但在屏幕上每次显示时，都需要重新计算，故显示速度没有图像快。

3. 图像（Image）

图像是指由输入设备捕捉的实际场景画面，或以数字化形式存储的任意画面。静止的图像可用矩阵来描述，其元素代表空间的一个点，称为像素（Pixel），整幅图像就是由一些排成行列的像素组成的，因此，这种图像也称为位图。位图中的位用来定义图中每个像素的颜色和亮度。对于黑白线条图常用 1 位值表示，对于灰度图常用 4 位（16 位灰度等级）或 8 位（256 种灰度等级）表示该点的亮度，而彩色图像则有多种描述方法。彩色图像需由硬件（显示卡）合成显示。位图适合表现层次和色彩比较丰富、包含大量细节的图像，具有灵活和富于创造力等特点。

图像的关键技术是图像的扫描、编辑、压缩、快速解压和色彩一致性再现等。进行图像处理时一般要考虑 3 个因素。

（1）分辨率

有以下 3 种。

1）屏幕分辨率。是计算机显示器在显示图像时的重要特征指标之一。它表明计算机显示器在横向和纵向上具有的显示点数。多媒体 PC 标准定义是 800×600 像素，它表明在这种分辨率下，显示器在水平方向上最多显示 800 个像素，在垂直方向上最多显示 600 个像素。

2）图像分辨率。是位图的一项重要指标，常用的单位是"dpi"，表示每英寸长度图像上像素的数量。位图图像是二维的，它有长度也有宽度。图像的分辨率对于位图图像在长和宽两个方面上的量度保持一致。这就是说一幅 1 英寸 ×1 英寸的位图图像，在长和宽的方向上具有同样的分辨率，如果它的分辨率是 100 dpi，则说明这幅位图图像上一共有 100×100 个像素。使用显示器观看数字图像时，显示器上每一个点对应数字图像上一个像素。假如使用 800×600 像素的屏幕显示具有 600×600 个像素的图像，那么在垂直方向上 600 个像素正好被 600 个显示点显示，在水平方向上还剩余 200 个点无图像。

3）像素分辨率。指像素的宽和高之比，一般为 1:1 。

（2）图像深度与显示深度

图像深度（或称图像灰度）是数字图像的另外一个重要指标，它表示数字位图图像中每个像素上用于表示颜色的二进制数字位数。如果一幅数字图像上的每个像素都使用 24 位二进制数字表示这个像素的颜色，那么这幅数字图像的深度就是 24 位。在具有 24 位颜色的数字图像上，每个像素能够使用的颜色是 $2^{24} = 16777216$（16 M）种，这样的图像称为真彩色图像。简单的图画和卡通可用 16 色，而自然风景图则至少用 256 色。

显示深度是计算机显示器的重要指标，它表示显示器上每个点用于显示颜色的 2 进制数字位数。一般的多媒体 PC 都应该配有能够达到 24 位显示深度的显示适配卡和显示器，具有这种能力的显示适配卡和显示器称为真彩色卡和真彩色显示器。

使用显示器显示数字图像时，显示器的显示深度应当大于或等于数字图像的深度，这样显示器可以完全反映数字图像中使用的全部颜色。如果显示器的显示深度小于数字图像的深度，就会使数字图像颜色的显示失真。在 Windows 操作系统中，读者可以使用"控制面板"→"外观和个性化"→"显示"来自行设定显示的深度。

（3）图像数据的容量

一幅数字图像保存在计算机中要占用一定的存储空间，这个空间的大小就是数字图像文件的数据量大小。图像中的像素越多，图像深度就越大，则数字图像的数据量就越大，当然其效果就越真实。

一幅未经压缩的数字图像的数据量大小可按下式估算：

图像数据量大小 = 图像中的像素总数 × 图像深度 ÷8

比如一幅具有 800×600 像素的 24 位真彩色图像，它保存在计算机中占用的空间大约为：

$$800 \times 600 \times 24 \div 8 \approx 1.37 \text{ MB}$$

图像文件的大小影响图像从硬盘或光盘读入内存的传送时间，为了减少该时间，应缩小图像尺寸或采用图像压缩技术。在多媒体设计中，一定要考虑图像文件的大小。图形与图像在读者看来是一样的，而对多媒体制作者来说是完全不同的。同一幅图，例如一个圆，若采用图形媒体元素，其数据记录的信息是圆心坐标 (x, y)、半径 r 及颜色编码；若采用图像媒体元素，其数据文件则记录在哪些坐标位置上有什么颜色的像素。所以图形的数据信息要比图像数据更有效、更精确。

随着计算机技术的飞速发展，图形和图像之间的界限已越来越小，它们在逐渐融合。例如，文字或线条表示的图形在扫描到计算机时，从图像的角度来看，均是一种由最简单的二维数组表示的点阵图。在经过计算机自动识别出文字或自动跟踪出线条时，点阵图就可形成矢量图。目前汉字手写体的自动识别、图文混排的印刷体的自动识别等，也都是图像处理技术借用了图形生成技术的内容。而在地理信息和自然现象的真实感图形表示、计算机动画和三维数据可视化等领域，在三维图形构造时又都采用了图像信息的描述方法。因此，现在人们已不过多地强调点阵图和矢量图之间的区别，而更注意它们之间的联系。

4. 视频（Video）

若干有联系的图像数据连续播放便形成了视频。计算机视频是数字的，视频图像可来自录像带、摄像机等视频信号源的影像，这些视频图像使多媒体应用系统功能更强、更精彩。由于上述视频信号的输出大多是标准的彩色全电视信号，要将其输入到计算机中，不仅要有视频信号的捕捉，对其实现由模拟信号向数字信号的转换，还要有压缩和快速解压缩及播放的相应硬软件处理设备配合；同时在处理过程中免不了受到电视技术的各种影响。

模拟视频（如电影）和数字视频都是由一系列静止画面组成的，这些静止的画面称为帧。一般来说，帧率低于 15 帧/s，连续运动视频就会有停顿的感觉。我国采用的电视标准是 PAL 制，它规定视频 25 帧/s（隔行扫描方式），每帧扫描 625 行。当计算机对视频进行数字化时，就必须在规定的时间内（如 0.04 s 内）完成量化、压缩和存储等多项工作。视频文件的存储格式有 AVI 、MPG 、MOV 等。

在视频中有以下几个技术参数。

1）帧速：指每秒钟顺序播放多少幅图像。根据电视制式的不同有 30 帧/s、25 帧/s 等。

2）数据量：如果不经过压缩，数据量的大小是帧速乘以每幅图像的数据量。假设一幅图像为 1 MB，帧速为 25 帧/s，则每秒所需数据量将达到 25 MB。但经过压缩后可减小至原来的几十分之一甚至更多。尽管如此，数据量仍太大，使得计算机显示跟不上速度，可采取降低帧速、缩小画面尺寸等手段降低数据量。

3）图像质量：图像质量除了原始数据质量外，还与对视频数据压缩的倍数有关。一般来说，压缩比较小时对图像质量不会有太大影响，而超过一定倍数后，将会明显看出图像质量下降。所以数据量与图像质量是一对矛盾，需要折中考虑。

5. 音频（Audio）

声音是极其重要的信息媒体。声音的种类繁多，如人的语音、乐器声、动物发出的声音、机器产生的声音以及自然界的雷声、风声、雨声等。这些声音有许多共同之处，也有它们各自的特性，在用计算机处理这些声音时，一般将它们分为波形声音、语音和音乐三类。波形声音实际上已经包含了所有的声音形式，它可以把任何声音都进行采样量化后保存，并恰当地恢复出来，相应的文件格式是 .WAV 文件或 .VOC 文件。人的说话声音虽是一种特殊的媒体，但也是一种波形，所以和波形声音的文件相同。音乐是符号化了的声音，乐谱可转化为符号媒体形式，对应的文件格式是 .MID 和 .CMF 文件。

声音通常用一种模拟的连续波形表示。波形描述了空气的振动，波形最高点（或最低点）与基线间的距离为振幅，表示声音的强度。波形中两个连续波峰间的距离称为周期。波形频率由 1 s 内出现的周期数决定，若每秒 1000 个周期，则频率为 1 kHz。通过采样可将声音的模拟信号数字化，既在捕捉声音时以固定的时间间隔对波形进行离散采样。这个过程将产生波形的振幅值，以后这些值可重新生成原始波形。

影响数字声音波形质量的主要因素有 3 个。

1）采样频率：指波形被等分的份数，份数越多（即采样频率越高），质量越好。

2）采样精度：即每次采样的信息量。采样通过模/数转换器（A/D）将每个波形垂直等分，若用 8 位 A/D 等分，可把采样信号分为 256 等分；而用 16 位 A/D 则可将其分为 65536 等分。显然后者比前者音质好。

3）通道数：声音通道的个数表明声音产生的波形数，一般分为单声道和立体声道。单声道产生一个波形，立体声道则产生两个波形。采用立体声道声音丰富，但存储空间要占用很多。由于声音的保真与节约存储空间是有矛盾的，因此要选择平衡点。

采样后的声音以文件方式存储后，就可进行处理了。对于声音的处理，主要包括编辑声音和不同存储格式的声音转换。计算机音频技术主要包括声音的采集、无失真数字化、压缩/解压缩以及声音的播放。但多媒体应用设计者只需掌握声音文件的采集与制作即可。

6. 动画（Animation）

动画是活动的图画，实质是一幅幅静态图像的连续播放。"连续播放"既指时间上的连续，也指图像内容上的连续，即播放的相邻两幅图像之间内容相差不大。计算机动画是借助计算机生成一系列连续图像的技术，动画的压缩和快速播放也是其要解决的重要问题。计算机设计动画方法有两种：一种是造型动画，另一种是帧动画。前者是对每一个运动的主体（称为角色）分别进行设计，赋予每个动元一些特征，如大小、形状、颜色等，然后用这些动元构成完整的帧画面。造型动画每帧由图形、声音、文字、调色板等造型元素组成，而角色的表演和行为是由脚本控制的。帧动画则是由一幅幅位图组成的连续画面，就像电影胶片或视频画面一样，要分别设计每屏要显示的画面。

计算机制作动画时，只要做好主动作画面，其余的中间画面可由计算机内插来完成。不运动的部分直接复制过去，与主动作画面保持一致。当这些画面仅是二维的透视效果时，就是二维动画。如果通过 CAD 形式创造出空间形象的画面，就是三维动画。如果使其具有真实的光照效果和质感，就成为三维真实感动画。

在各种媒体的创作系统中，创作动画的软硬件环境都是较高的，它不仅需要高速的 CPU，较大的内存，并且制作动画的软件工具也较复杂、庞大。高级的动画软件除具有一般绘画软件的基本功能外，还提供了丰富的画笔处理功能和多种实用的绘画方式，如平滑、虑边、打高光等，调色板支持丰富的色彩，美工人员所需要的特性应有尽有。

上述各种媒体元素在屏幕上显示时可以以多种组合同时表现出来，例如，图形、文字、图像均可以全画面、部分画面、重叠画面及明暗交错、淡化、拉幕等特殊效果表现形式呈现。而媒体元素显示时可为静态，也可为动态，即除动画、影像外，文字、图、声等数据也可以动态方式呈现，如上下、左右跳动，相互靠拢，前景背景互相交错，与音响配合等。各种媒体元素既可以自己制作，也可从现成的数据库中获取。

0.2 多媒体技术的应用与发展

0.2.1 多媒体技术的应用

目前的多媒体硬件和软件已经能将数据、声音以及高清晰度的图像作为窗口软件中的对象进行各式各样的处理。各种丰富多彩的多媒体应用，不仅使原有的计算机技术锦上添花，而且将复杂的事物变得简单，把抽象的东西变得具体。

就目前而言，多媒体技术已在商业、教育培训、电视会议、声像演示等方面得到了充分应用。下面对此做简单的介绍。

1. 在教育与培训方面的应用

多媒体技术对教育产生的影响比对其他领域的影响要深远得多。多媒体技术将改变传统的教学方式，使教材发生巨大的变化，使其不仅有文字、静态图像，还具有动态图像和语音等。在教育中应用多媒体技术是提高教学质量和普及教育的有效途径，使教育的表现形式多样化，可以进行交互式远程教学。同时，还有传统的课堂教学方法不具备的其他优点。利用多媒体计算机的文本、图形、音频、视频和其交互式的特点，可以编制出计算机辅助教学软件，即课件。课件具有形象生动、人机交流、即时反馈等特点，能根据学生的水平采取不同的教学方案，根据反馈信息为学生提供及时的教学指导，能创造出生动逼真的教学环境，改善学习效果。而且教师根据情况随时可以修改程序，不断补充新的教学内容。由于有人/机对话功能，使师生的关系发生了变化，改变了以教师为中心的教学方式，也使得学生在学习中担当更为主动的角色，学生可以参与控制以调整自己的学习进度，通过自己的思考进行学习，能取得良好的学习效果。

由此可见，应用多媒体技术可以比传统的课堂教学或单纯地阅读书面教材效率更高，使用交互式多媒体系统，学生可根据自己的水平和接受能力进行自学，掌握学习进度，避免了统一教学进度带来的缺点。

2. 在通信方面的应用

多媒体通信有着极其广泛的内容，如可视电话、视频会议等已逐步被采用，而信息点播和计算机协同工作（CSCW）系统将给人类的生活、学习和工作产生深刻的影响。

信息点播包括桌上多媒体通信系统和交互电视 ITV。通过桌上多媒体信息系统，人们可以远距离点播所需信息，比如电子图书馆、多媒体数据的检索与查询等。点播的信息可以是各种数据类型，其中包括立体图像和感官信息。用户可以按信息表现形式和信息内容进行检索，系统根据用户需要提供相应服务。而交互式电视和传统电视不同之处在于用户在电视机前可对电视台节目库中的信息按需选取。即用户主动与电视进行交互式获取信息。交互电视主要由网络传输、视频服务器和电视机机顶盒构成。用户通过遥控器进行简单的点按操作就可对机顶盒进行控制。交互式电视还可提供许多其他信息服务，如交互式教育、交互式游戏、数字多媒体图书、杂志、电视采购、电视电话等，从而将计算机网络与家庭生活、娱乐、商业导购等多项应用密切地结合在一起。

计算机协同工作（CSCW）是指在计算机支持的环境中，一个群体协同工作以完成一项共同的任务。其应用相当广泛，从工业产品的协同设计制造，到医疗上的远程会议；从科学研究应用，即不同地域位置的同行们共同探讨、学术交流，到师生进行协同学习。在协同学习环境中，老师和同学之间、学生与学生之间可在共享的窗口中同步讨论，修改同一多媒体文档，还可利用信箱进行异步修改、浏览等。此外，还有应用在办公自动化中的桌面电视会议可实现异地的人们一起进行协同讨论和决策。

多媒体计算机＋电视＋网络将形成一个极大的多媒体通信环境，它不仅改变了信息传递的面貌，带来通信技术的大变革，而且计算机的交互性、通信的分布性和多媒体的现实性相结合，将构成继电报、电话、传真之后的第四代通信手段，向社会提供全新的信息服务。

3. 多媒体技术在其他方面的应用

多媒体技术给出版业带来了巨大的影响，其中近年来出现的电子图书和电子报刊就是应用多媒体技术的产物。电子出版物以电子信息为媒介进行信息存储和传播，是对以纸张为主要载体进行信息存储与传播的传统出版物的一个挑战。电子出版物具有容量大、体积小、成本低、检索快、易于保存和复制、能存储音像图文信息等优点，因而前景乐观。

利用多媒体技术可为各类咨询提供服务，如旅游、邮电、交通、商业、金融、宾馆等。使用者可通过触摸屏进行独立操作，在计算机上查询需要的多媒体信息资料，用户界面十分友好，用手指轻轻一触，便可获得所需信息。

多媒体技术还改变了家庭生活，多媒体技术在家庭中的应用将使人们在家中上班成为现实。人们足不出户便能在多媒体计算机前办公、上学、购物、打可视电话、登记旅行、召开电视会议等，多媒体技术还可使烦琐的家务随着自动化技术的发展变得轻松、简单，人们坐在计算机前便可操作一切。

综上所述，多媒体技术的应用非常广泛，它既能覆盖计算机的绝大部分应用领域，同时也拓展了新的应用领域，它将在各行各业发挥巨大的作用。

0.2.2 多媒体技术的发展方向

目前，多媒体主要向以下几个方向发展。

1）多媒体通信网络环境的研究和建立，将使多媒体从单机单点向分布、协同多媒体环境发展，在世界范围内建立一个可全球自由交互的通信网。对该网络及其设备的研究和网上分布应用与信息服务研究将是热点。未来的多媒体通信将朝着不受时间、空间、通信对象等方面的任何约束和限制的方向发展，其目标是"任何人、在任何时刻、与任何地点的任何人、进行任何形式的通信"。人类将通过多媒体通信迅速获取大量信息，反过来又以最有效的方式为社会创造更大的社会效益。

2）利用图像理解、语音识别、全文检索等技术，研究多媒体基于内容的处理、开发能进行基于内容处理的系统是多媒体信息管理的重要方向。

3）多媒体标准仍是研究的重点。各类标准的研究将有利于产品规范化，应用更方便。因为以多媒体为核心的信息产业突破了单一行业的限制，涉及诸多行业，而多媒体系统集成特性对标准化提出了很高的要求，所以必须开展标准化研究，它是实现多媒体信息交换和大规模产业化的关键所在。

4）多媒体技术与相邻技术相结合，提供了完善的人机交互环境。同时多媒体技术继续向其他领域扩展，使其应用的范围进一步扩大。多媒体仿真、智能多媒体等新技术层出不穷，扩大了原有技术领域的内涵，并创造新的概念。

5）多媒体技术与外围技术构造的虚拟现实研究仍在继续进展。多媒体虚拟现实与可视化技术需要相互补充，并与语音、图像识别、智能接口等技术相结合，建立高层次虚拟现实系统。将来多媒体技术将向着以下6个方向发展。

① 高分辨化，提高显示质量。

② 高速度化，缩短处理时间。

③ 简单化，便于操作。

④ 高维化，三维、四维或更高维。

⑤ 智能化，提高信息识别能力。

⑥ 标准化，便于信息交换和资源共享。

其总的发展趋势是具有更好、更自然的交互性，更大范围的信息存取服务，为未来人类生活创造出一个在人与人交互更完美的崭新世界。

0.3 多媒体的关键技术

在开发多媒体应用系统时，要使多媒体系统能交互地综合处理和传输数字化的声音、文字、图像信息，实现面向三维图形、立体声音、彩色全屏幕运动画面的技术处理和传播的效果，它的关键技术是要进行数据压缩/解压缩、专用芯片生产、大容量信息存储等问题，下面将简要介绍。

1. 视频音频数据压缩/解压缩技术

多媒体计算机需要解决的关键问题之一是要使计算机能适时地综合处理声、文、图信息。视频与音频信号不仅需要较大的存储空间，还要求传输速度快。因此，既要对数据进行压缩和解压缩的实时处理，又要进行快速传输处理。这对目前的微机来说无法胜任。因此，必须对多媒体信息进行实时压缩和解压缩。如果不经过数据压缩，实时处理数字化的较长的声音和多帧图像信息所需要的存储容量、传输率和计算速度都是目前 PC 难以达到的和不经济实用的。数据压缩技术的发展大大推动了多媒体技术的发展。

目前的研究结果表明，选用合适的数据压缩技术，有可能将字符数据量压缩到原来的 1/2 左右，语音数据量压缩到原来的 1/2 ~ 1/10，图像数据量压缩到原来的 1/2 ~ 1/60。数据压缩理论的研究已有 40 多年的历史，技术日趋成熟。如今已有压缩编码/解压缩编码的国际标准 JPEG 和 MPEG，并且已经产生了各种各样针对不同用途的压缩算法、压缩手段和实现这些算法的大规模集成电路和计算机软件。

2. 多媒体专用芯片技术

专用芯片是多媒体计算机硬件体系结构的关键。因为要实现音频、视频信号的快速压缩、解压缩和播放处理，需要大量的快速计算。而实现图像的许多特殊效果（如改变比例、淡入淡出、马赛克等）、图形的处理（图形的生成和绘制等）、语音信号处理（抑制噪声、滤波）等，也都需要较快的运算和处理速度。因此只有采用专用芯片，才能取得满意的效果。多媒体计算机专用芯片可归纳为两种类型：一种是固定功能的芯片，另一种是可编程的数字信号处理器（DSP）芯片。DSP 芯片是为完成某种特定信号处理设计的，在通用机上需要多条指令才能完成的处理，在 DSP 上可用一条指令完成。

最早出现的固定功能专用芯片是基于图像处理的压缩处理芯片，即将实现静态图像的数据压缩/解压缩算法做在一个芯片上，从而大大提高其处理速度。以后许多半导体厂商或公司又推出了执行国际标准压缩编码的专用芯片，例如，支持用于运动图像及其伴音压缩的 MPEG 标准芯片，芯片的设计还充分考虑到 MPEG 标准的扩充和修改。由于压缩编码的国际标准较多，一些厂家和公司还推出了多功能视频压缩芯片。另外还有高效可编程多媒体处理器，其计算能力可望达到 2 Bips（billion Instructions Per second）。这些高档的专用多媒体处理器芯片，不仅大大提高了音频、视频信号处理速度，而且在进行音频、视频数据编码时可增加特技效果。

3. 大容量信息存储技术

多媒体的音频、视频、图像等信息虽经过压缩处理，但仍然需要相当大的存储空间。而且硬盘存储器的盘片是不可交换的，不能用于多媒体信息和软件的发行。大容量只读光盘存储器（CD – ROM）的出现，解决了多媒体信息存储空间及交换问题。

光盘机以存储量大、密度高、介质可交换、数据保存寿命长、价格低廉以及应用多样化等特点成为多媒体计算机中必不可少的设备。利用数据压缩技术，在一张 CD – ROM 光盘上能够存取 70 多分钟全运动的视频图像或者十几个小时的语音信息或数千幅静止图像。在 CD – ROM 基础上，还开发了 CD – I 和 CD – V，即具有活动影像的全动作与全屏电视图像的交互式可视光盘。在只读 CD 家族中还有称为"小影碟"的 VCD、可录式光盘 CD – R、高画质、高音质的光盘 DVD 以及用数字方式把传统照片转存到光盘，使用户在屏幕上可欣赏高清晰度照片的 PHOTO CD。DVD（Digital Video Disc）是 1996 年底推出的新一代光盘标准，它使得基于计算机的数字视盘驱动器将能从单个盘片上读取 4.7 GB 至 17 GB 的数据量，而光盘的尺寸与 CD 相同。

4. 多媒体输入与输出技术

多媒体输入/输出技术包括媒体变换技术和媒体识别技术。

媒体变换技术是指改变媒体的表现形式，如当前广泛使用的视频卡、音频卡（声卡）都属媒体变换设备。

媒体识别技术是对信息进行一对一的映像过程。例如，语音识别是将语音映像为一串字、词或句子；触摸屏是根据触摸屏上的位置识别其操作要求。

5. 多媒体软件技术

多媒体软件技术主要包括多媒体操作系统、多媒体素材采集与制作技术、多媒体编辑与创作技术、多媒体应用程序开发技术、多媒体数据库管理技术等。

（1）多媒体操作系统

多媒体操作系统是多媒体软件的核心。它负责多媒体环境下多任务的调度，保证音频、视频同步控制以及信息处理的实时性，提供多媒体信息的各种基本操作和管理，具有对设备的相对独立性与可扩展性。要求该操作系统要像处理文本、图像文件一样方便灵活地处理动态音频和视频；在控制功能上，要扩展到对录像机、音响、MIDI 等声像设备以及 CD – RW、DVD – RW 光盘存储设备等。多媒体操作系统要能处理多任务，易于扩充；要求数据存取与数据格式无关；提供统一的友好界面。为支持上述要求，一般是在现有操作系统上进行扩充。Windows、OS/2 和 Macintosh 操作系统都提供了对多媒体的支持。在我国，目前 PC 上开发多媒体软件用得较多的是 Windows 操作系统。而本书所使用的操作系统为 Windows 7。

（2）多媒体素材采集与制作技术

素材的采集与制作主要包括采集并编辑多种媒体数据，如声音信号的录制、编辑和播放；图像扫描及预处理；全动态视频采集及编辑；动画生成编辑；音/视频信号的混合和同步等。同时还涉及相应的媒体采集、制作软件的使用问题。

（3）多媒体编辑与创作工具

多媒体编辑创作软件又称多媒体创作工具，是多媒体专业人员在多媒体操作系统之上开发的，供特定应用领域的专业人员组织编排多媒体数据，并把它们连接成完整的多媒体应用系统的工具。高档的创作工具可用于影视系统的动画制作及特技效果，中档的用于培训、教育和娱乐节目制作，低档的可用于商业简介、家庭学习材料的编辑。

0.4 多媒体数据压缩技术

多媒体计算机技术是面向三维图形、立体声和彩色全屏幕运动画面的处理技术。多媒体计算机面临的是数字、文字、语音、音乐图形、动画、静态图像、电视视频图像等多种媒体承载的由模拟量转换为数字量的吞吐、存储和传输的问题。数字化了的视频和音频信号的数据量是非常大的。例如，一幅分辨率为 640×480 像素的真彩色图像（24 bit/像素），数据量约为 7.37 MB。若要达到每秒 25 帧的全动态显示要求，每秒所需的数据量为 184 MB，而且要求系统的数据传输率必须达到 184 MB/s。对于数字化的声音信号，若采样精度为 16 bits 样本，采样频率为 44.1 kHz，则双声道立体声声音每秒将有 176 KB 的数据量。由以上例子可见，数字化信息的数据量是非常大的，对数据的存储、信息的传输以及计算机的运行速度都增加了极大的压力。这也是多媒体技术发展中首先要解决的问题，不能单纯用扩大存储容量、增加通信干线的传输率的办法来解决。数据压缩技术是个行之有效的方法。通过数据压缩手段把信息数据量降下来，以压缩形式存储和传输，既节约了存储空间，又提高了通信干线的传输效率。

0.4.1 多媒体数据的冗余类型

人们研究发现，图像数据表示中存在着大量的冗余。通过去除那些冗余数据可使原始图像数据极大地减少，图像数据压缩技术就是研究如何利用图像数据的冗余性来减少图像数据量的方法。因此，数据压缩的起点是分析其冗余性。常见的一些图像数据冗余有以下几种类型。

1. 空间冗余

一幅图像记录了画面上可见景物的颜色。同一景物表面各采样点的颜色之间往往存在着空间连贯性，基于离散像素采样来表示物体表面颜色的像素存储方式可利用空间连贯性，达到减少数据量的目的。例如，在静态图像中有一块表面颜色均匀的区域，在此区域中所有点的光强和色彩以及饱和度都是相同的，因此数据有很大的空间冗余。

2. 时间冗余

运动图像一般为位于一时间轴区间的一组连续画面，其中的相邻帧往往包含相同的背景和移动物体，只不过移动物体所在的空间位置略有不同，所以后一帧的数据与前一帧的数据有许多共同的地方，这种共同性是由于相邻帧记录了相邻时刻的同一场景画面，所以称为时间冗余。同理，语音数据中也存在着时间冗余。

3. 视觉冗余

事实表明，人类的视觉系统对图像场的敏感度是非均匀的，但是在记录原始的图像数据时，通常假定视觉系统近似线性的和均匀的，对视觉敏感和不敏感的部分同等对待，从而产生比理想编码（即把视觉敏感和不敏感的部分区分开来的编码）更多的数据，这就是视觉冗余。

此外，还有结构冗余、知识冗余、信息冗余等。随着对人类视觉系统和图像模型的进一步研究，人们可能会发现更多的冗余性，使图像数据压缩编码的可能性越来越大，从而推动图像压缩技术的进一步发展。

0.4.2　数据压缩方法

数据压缩是多媒体技术中的一项十分关键的技术,因为多媒体数据的容量很大,如果不进行处理,计算机系统几乎无法对它进行存储和交换。而另一方面,图像、声音这些媒体又确实具有很大的压缩潜力。以常见的位图图像存储格式为例,在这种形式的图像数据中,像素与像素之间无论在行方向还是在列方向都具有很大的相关性,因而整体上数据的冗余度很大,在允许一定限度失真的前提下,能够对图像数据进行很大程度的压缩。这里所说的失真一般都是在人眼允许的误差范围内,压缩前后的图像如果不做细致的对比是很难察觉出两者之间的差别的。压缩处理一般由两个过程组成:一是编码过程,即将原始数据进行压缩,以便存储与传输;二是解码过程,此过程对编码数据进行解码,还原为可以使用的数据。

衡量一种数据压缩技术的好坏有三个重要的指标:一是压缩比要大,即压缩前后所需的信息存储量之比要大;二是实现压缩的算法要简单,压缩、解压缩速度快,尽可能地做到实时压缩/解压缩;三是恢复效果要好,要尽可能地恢复原始数据。

数据压缩可分为两种类型,一种叫作无损压缩,另一种叫作有损压缩。前者对解压缩后的数据与原始数据完全一致(无失真),一个很常见的例子是磁盘文件的压缩,一般可把普通文件的数据压缩到原来的 1/2 ~ 1/4;后者解压缩后的数据与原来的数据有所不同,但不影响人对原始资料表达的信息造成误解,例如,图像和声音的压缩就可以采用有损压缩,因为其中包含的数据往往多于我们的视觉系统和听觉系统所能接收的信息,丢掉一些数据并不会对声音或图像所表达的意思产生误解,但可大大提高压缩比。

1. 无损压缩

无损压缩常用在原始数据的存档,如文本数据、程序以及珍贵的图片和图像等。其原理是统计压缩数据中的冗余(重复的数据)部分。常用的有 RLE 行程编码、Huffman 编码、算术编码和 LZW 编码等。

(1)行程编码(RLE)

RLE 编码是将数据流中连续出现的字符用单一记号表示。

例如,字符串 AAAABBCDDDDDDDDBBBBB 可以压缩为 4A2BC8D5B。

RLE 编码对背景变化不大的图像文件有较好的压缩比,该方法简单直观,编码解码速度快,因此许多图形和视频文件,如 BMP、TIFF 及 AVI 等格式文件的压缩均采用此方法。

(2)Huffman 编码

它是一种对统计独立信源能达到最小平均码长的编码方法。其原理是,先统计数据中各字符出现的频率,再按频率由高到低的顺序分别赋以由短到长的代码,从而保证了文件整体大部分字符是由较短的编码构成的。

(3)算术编码

其方法是将被编码的信源消息表示成实数轴 0 ~ 1 之间的一个间隔,消息越长,编码表示它的间隔就越小,表示这一间隔所需的二进制位数就越多。信源中连续符号根据某一模式生成概率的大小来缩小间隔,可能出现的符号要比不太可能出现的符号缩小范围少,只增加了较少的比特。该方法实现较为复杂,常与其他有损压缩结合使用,并在图像数据压缩标准

（如 JPEG）中扮演重要角色。

（4）LZW 编码

LZW 编码使用字典库查找方案。它读入待压缩的数据，并与一个字典库（库开始是空的）中的字符串对比，如有匹配的字符串，则输出该字符串数据在字典库中的位置索引，否则将该字符串插入字典中。

LZW 压缩法兼有效率高、实现简单的优点，许多压缩软件如 ARJ、PKZIP、ZOO、LHA 等都采用了该方法。另外，GIF 和 TIF 格式的图形文件也是按这一方法存储的。

2. 有损压缩

图像或声音的频带宽、信息丰富，人类视觉和听觉器官对频带中某些频率成分不大敏感，有损压缩以牺牲这部分信息为代价，换取了较高的压缩比。实验证明，在一般情况下损失的部分信息对理解原图像或声音基本上没有影响。因此，该方法广泛应用于数字声音、图像以及视频数据的压缩。

常用的有损压缩方法有 PCM（脉冲编码调制）、预测编码、变换编码、插值与外推等。新一代的数据压缩方法，如矢量量化和子带编码，基于模型的压缩、分形压缩及小波变换等已经接近实用水平。活动图像的最新压缩标准 MPEG4 就采用基于分形的压缩方法。

3. 混合压缩

混合压缩是利用了各种单一压缩的长处，以求在压缩比、压缩效率及保真度之间取得最佳折中。该方法在许多情况下被应用，如下面要介绍的 JPEG 和 MPEG 标准就采用了混合编码的压缩方法。

0.4.3 编码的国际标准

1. 音频编码

音频的编码方式可分为波形编码、参数编码和混合编码三种。

（1）波形编码

对于音频信号，通常采用波形编码方法。波形编码的算法简单，易于实现，可获得高质量的语音。常见的三种波形编码方法如下。

脉冲编码调制（PCM），实际为直接对声音信号做 A/D 转换。只要采样频率足够高，量化位数足够多，就能使解码后恢复的声音信号有很高的质量。

差分脉冲编码调制（DPCM），即只传输声音预测值和样本值的差值，以此降低音频数据的编码率。

自适应差分编码调制（ADPCM），是 DPCM 方法的进一步改进，通过调整量化步长，对不同频段设置不同的量化字长，使数据得到进一步的压缩。

（2）参数编码

参数编码方法通过建立起声音信号的产生模型，将声音信号用模型参数来表示，再对参数进行编码，在播放声音时根据参数重建声音信号。参数编码法算法复杂，计算量大，压缩率高，但还原声音的质量不高。

（3）混合编码

混合编码是把波形编码的高质量和参数编码的低数据率结合在一起，取得了较好效果。

2. 静止图像压缩标准

静止图像压缩具有广泛的应用。新闻图片、生活图片、文献资料等都是静止图像，静止图像也是运动图像的重要组成部分。因此，极需要一种标准的图像压缩算法，使不同厂家的系统设备可以相互操作，以使得上述的应用得到更大的发展，而且各个应用之间的图像交换更加容易。国际标准化组织（ISO）和国际电报电话咨询委员会（CCITT）联合成立的"联合照片专家组" JPEG（Joint Photographic Experts Group）于 1991 年提出了"多灰度静止图像的数字压缩编码"（简称 JPEG 标准），这是一个适应于彩色和单色多灰度或连续色调静止数字图像的压缩标准，可支持很高的图像分辨率和量化精度。它包含两部分：第一部分是无损压缩，基于差分脉冲编码调制（DPCM）的预测编码，不失真，但压缩比很小；第二部分是有损压缩，基于离散余弦变换（DCT）和 Huffman 编码，有失真，但压缩比大。通常压缩 20 ~ 40 倍时，人眼基本上看不出失真。

3. 运动图像压缩标准 MPEG

视频图像压缩的一个重要标准是 MPEG（Moving Picture Experts Group）于 1990 年形成的一个标准草案（简称 MPEG 标准），它兼顾了 JPEG 标准和 CCITT 专家组的 H.261 标准，其中于 1992 年通过的 MPEG - 1 标准是针对传输速率为 1 ~ 1.5 MB/s 的普通电视质量的视频信号的压缩；MPEG - 2 的目标则是对每秒 25 帧的 720 × 576 像素的视频信号进行压缩；在扩展模式下，MPEG - 2 可以对分辨率达 920 × 1080 像素的高清晰电视（HDTV）信号进行压缩。MPEG 标准分成 MPEG 视频、MPEG 音频和 MPEG 系统三大部分。MPEG 视频是面向位速率为 1.5 MB/s 的视频信号的压缩；MPEG 音频是面向通道速率为 64 KB/s、128 KB/s 和 192 KB/s 的数字音频信号的压缩；MPEG 系统则要解决对音频、视频多样压缩数据流的复合和同步的问题。

MPEG 算法除了对单幅图像进行编码外（帧内编码），还利用图像序列的相关特性去除帧间图像冗余，大大提高了视频图像的压缩比。在保持较高的图像视觉效果的前提下，压缩比可达到 60 ~ 100 倍。MPEG 压缩算法复杂、计算量大，其实现一般要有专门的硬件或软件支持。

习题

1. 多媒体计算机中的媒体信息是指（　　）。

A. 数字、文字　　　　　　　　　　　B. 语音、图形

C. 动画和视频　　　　　　　　　　　D. 音乐、音响效果

2. 多媒体技术的主要特性有（　　）。

A. 多样性　　　　　　　　　　　　　B. 集成性

C. 交互性　　　　　　　　　　　　　D. 实时性

3. 请根据多媒体的特性判断以下哪些属于多媒体的范畴。（　　）

A. 交互式视频游戏　　　　　　　　　B. 有声图书

C. 彩色画报　　　　　　　　　　　　D. 立体声音乐

4. 要把一台普通的计算机变成多媒体计算机，要解决的关键技术是（　　）。

A. 视频音频信号的获取

B. 多媒体数据压缩编码和解码技术

C. 视频音频数据的实时处理和特效

D. 视频音频数据的输出技术

5. 下列说法中错误的是（　　　）。

A. 图像都是由一些排成行列的像素点组成的，通常称为位图

B. 图形是用计算机绘制的画面，也称为矢量图

C. 图像的最大优点是容易进行移动、缩放、旋转和扭曲等变换

D. 图形文件中只记录生成图的算法和图上的某些特征点，数据量较小

6. 下列属于图像和视频编码国际标准的是（　　　）。

A. JPEG   B. MPEG

C. ADPCM   D. H.261

7. 下列说法中正确的是（　　　）。

A. 冗余压缩法不会减少信息量，可以原样恢复原始数据

B. 冗余压缩法减少了冗余，不能原样恢复原始数据

C. 冗余压缩法是有损压缩法

D. 冗余压缩的压缩比一般都比较小

8. 多媒体技术未来的发展方向是（　　　）。

A. 高分辨化，提高显示质量

B. 高速度化，缩短处理时间

C. 简单化，便于操作

D. 智能化，提高信息识别能力

9. （通过查找资料后）你认为当前多媒体技术最重要的应用领域有哪些？

项目 1　数字音频的处理

技能目标及知识目标

能应用计算机录制声音，添加声音效果，进行声音的格式转换和翻唱歌曲的制作等。

了解数字音频在计算机中的实现，了解数字音频的常用格式。

掌握声音的录制、声音的编辑及声音的保存。

掌握添加声音效果以及噪声处理。

掌握翻唱歌曲的制作、卡拉 OK 伴音的制作。

课前导读

声音是携带信息的重要媒体，是多媒体技术和多媒体开发的一个重要内容。计算机只能处理数字信号，自然界中各种声音信号经数字化后可输入计算机进行处理。我们把声音的录制及翻唱歌曲当作一个任务。

要制作一个电视片，首先要录音，对声音的特效进行处理，转换音频格式以适应需求。我们可以将数字音频处理分成几个任务来处理，第一个任务是数字音频在计算机中的实现，第二个任务是音频的采集与制作，第三个任务是项目实训：制作翻唱歌曲。

任务 1.1　数字音频在计算机中的实现

问题的情景及实现

声音是多媒体数据中的重要数据之一，而计算机中，所有信息均以数字形式表示，因此要使计算机具有声音处理能力，需经历音频数字化、音频编码、音频解码等一系列过程。从产品的角度来看，这一系列过程均由声卡完成。

1.1.1　音频数字化

计算机内的音频必须是数字形式的，或者说音频必须数字化。何为音频数字化呢？把拟音频信号转换成有限个数字表示的离散序列，即音频数字化。音频数字化需经历采样、量化、编码三个过程。

1. 采样

音频信号事实上是连续信号，或称连续时间函数 x。用计算机处理这些信号首先必须对连续信号进行采样，即按一定的时间间隔(T)取值，得到 $x(nT)$（n 为整数）。T 称为采样周期，$1/T$ 称为采样频率，$x(nT)$ 称为离散信号。

采样过程事实上是一个抽样过程。离散信号 $x(nT)$ 是从连续信号 $x(t)$ 上取出一部分，那么用 $x(nT)$ 能够唯一地恢复出 $x(t)$ 吗？一般是不行的，但在满足采样定理的条件下是可以的。

采样定理：若连续信号 $x(t)$ 的频谱为 $x(f)$，按采样时间间隔 T 采样取值得到 $x(nT)$。

当 $f \geqslant 2fc$ 时，则可以由离散信号 $x(nT)$ 唯一地恢复出 $x(t)$。其中，fc 是截止频率。

在计算机中，常用的音频采样频率有 8 kHz、11.025 kHz、22.05 kHz、16 kHz、24 kHz、32 kHz、44.1 kHz 和 48 kHz。其中，11.025 kHz、22.05 kHz 和 44.1 kHz 分别是三种标准音频信号 AM、FM 和 CD 音频的采样频率。

2. 量化

由于计算机中只能用 0 和 1 两个数值表示数据，连续信号 $x(t)$ 经采样变成离散信号 $x(nT)$ 仍需用有限个 0 和 1 的序列来表示 $x(nT)$ 的幅度。用有限个数字 0 和 1 表示某一电平范围的模拟电压信号称为量化。

量化过程是一个 A/D 转换的过程。在量化过程中，一个重要的参数就是量化位数，它不仅决定声音数据经数字化后的失真度，而且决定声音数据量的大小。

声卡的位数是指量化过程中每个样值的比特位数，主要有 16 位、32 位几个等级。一般而言，16 位声卡从量化的角度可获得满意的效果。

3. 编码及格式化

模拟音频信号经采样、量化已经变成数字音频信号，可供计算机处理。但实际上，任何数据必须以一定格式存储在计算机的内存或硬盘中，因此，经采样、量化后数字音频数据需要经编码并格式化后才能存储、处理。由于媒体的种类不同，它们所具有的格式也不同，只有对这种格式有了正确定义，计算机才能对其进行正确处理，才能区别哪些数据是数值数据，哪些数据是数字音频数据。在实际使用中，主要有 Microsoft 公司为 Windows 操作系统定义的 Wave 数字音频格式，MIDI 规范定义的 MIDI 标准等。总之，模拟音频信号经数字化后总是以某种格式存储在计算机中，由于音频数据的数据量极大（除 MIDI 音频外），因此在格式化前总是对其进行编码。

1.1.2　数字音频的输出

音频信号经数字化以后以文件形式存储于计算机中，当需要声音时计算机将其反格式化并输出。在计算机中，数字音频可分为波形音频、语音和音乐。音乐是符号化的声音，它有两种表现形式：乐谱和波形音频。乐谱可转变为媒体符号形式，对应的文件格式是 MIDI 或 CMF 文件。波形音频实际上已经包含了所有的声音形式，它可以把任何声音都进行采样量化，并恰当地恢复出来，对应的文件格式是 WAV。人的说话声虽是一种特殊的媒体，但它事实上是波形音频的一种，只是因为语音地位重要且具有独特的处理算法才单独列出。

波形音频对声音进行直接数字化处理所得到的结果，是对外界连续声音波形进行采样并量化的结果。

1. 计算机产生声音的方法

在计算机中，产生声音有两种方法：一是录音/重放，二是声音合成。若采用第一种方法，首先要把模拟语音信号转换成数字序列，编码后暂存于存储设备中（录音），需要时再解码，重建声音信号（重放）。用这种方法处理产生的声音称为波形音频，可获得高音质的声音，并能保留特定人或乐器的特色。美中不足的是所需的存储空间较大。

第二种方法是一种基于声音合成的声音产生技术，包括语音合成、音乐合成两大类。语音合成又称文—语转换，它能把计算机中的文字转换成连续自然的语音流。若采用这种方法进行语音输出，应先建立语音参数数据库、发音规则库，需要输出语音时，系统按需求先合成语音单元，再按语音学规则（或语言学规则）连接成自然的语流。一般而言，语音参数数据库不随发音时间的增长而加大；但发音规则库却随语音质量的要求而加大。音乐合成与语音合成类似。

显然，第二种方法是解决计算机声音输出的最佳方案，但第二种方法涉及多个科技领域，走向实用有很多难点。目前普遍应用的是音乐合成，但音乐合成技术难以处理语音。文语转换是目前研究的热门，目前世界上已经研制出汉、英、日、法、德等语种的文语转换系统，并在许多领域得到广泛应用。

2. 计算机中声音文件的格式

目前，计算机中有几种常见声音文件格式。

（1）WAV 文件

Windows 所用的标准数字音频称为波形文件，文件的扩展名是".WAV"，它记录了对实际声音进行采样的数据。它可以重现各种声音，包括不规则的噪声、CD 音质的音乐等，但产生的文件很大，不适合长时间记录，必须采用硬件或软件方法进行声音数据的压缩处理。采用的软件压缩方法主要有 ACM 和 PCM 等。

为了减少数据量，要针对不同类型的声音选择合适的采样率和量化级。如人的讲话声使用 8 位量化级、11.025 kHz 采样率就能较好地还原。CD 音质需要 16 位量化级、44.1 kHz 的采样率。由于波形文件记录的是数字化音频信号，因此可由计算机对其进行处理和分析。

（2）MIDI 文件

MIDI 文件的扩展名为".MID"。它与波形文件不同，记录的不是声音本身，而是将每个音符记录为一个数字，因此比较节省空间，可以满足长时间音乐的需要。

MIDI 标准规定了各种音调的混合及发音，通过输出装置就可以将这些数字重新合成音乐，它的主要限制是缺乏重现真实自然的能力。此外，MIDI 只能记录标准所规定的有限乐器的合成，回放质量受声音卡上合成芯片的严重限制。采用波表法进行音乐合成的声卡可以使 MIDI 音乐的质量大大提高。

（3）CD – DA 光盘

CD – DA（Compact Disk – Digital Audio）即数字音频光盘。是光盘的一种存储格式，专门用来记录和存储音乐。CD 光盘也是利用数字技术（采样技术）制作的，只是 CD 唱盘上不存在数字声波文件的概念，而是利用激光将 0、1 数字位转换成微小的信息凹凸坑制作在光盘上，通过 CD – ROM 驱动器特殊芯片读出其内容，再经过 D/A 转换，把它变成模拟信号输出播放。

（4）MP3 文件

MP3 是 Internet 上最流行的音乐格式，最早起源于 1987 年德国一家公司的 EU147 数字传输计划，它利用 MPEG Audio Layer3 的技术，将声音文件用 1∶12 左右的压缩率压缩，变成容量较小的音乐文件，使传输和储存更为便捷，更利于互联网用户在网上试听或下载到个人计算机。

现在，读者能够将喜欢的音乐从光盘文件转换为 MP3 文件，然后将其存储在计算机里。以前，由于音乐文件占用的空间非常大，所以根本不可能在计算机中存储很多音乐文件。例如，以前一首普通歌曲大约占 40 MB，而用 MP3 格式压缩同一首歌曲却只有大约 3 MB。

（5）WMA 文件

WMA 的全称是 Windows Media Audio，它是微软公司推出的与 MP3 格式齐名的一种新的音频格式。

由于 WMA 在压缩比和音质方面都超过了 MP3，即使在较低的采样频率下也能产生较好的音质，再加上 WMA 有微软的 Windows Media Player 做其强大的后盾，所以一经推出就赢得一片喝彩。

网上的许多音乐纷纷转向 WMA，许多播放器软件也纷纷开发出支持 WMA 格式的插件程序，因此，几乎所有的音频格式都感受到 WMA 格式带来的压力。

综上所述，数字音频在计算机中实现需经历音频数字化和输出两个过程。在这个实现过程中，声卡是完成此过程的关键。

1.1.3 声卡

处理音频信号的 PC 插卡是音频卡（Audio Card），又称声音卡，简称声卡。声卡一般由 Wave 合成器、MIDI 合成器、混音器、MIDI 电路接口、CD－ROM 接口、DSP 数字信号处理器等组成。第一块声卡是在 1987 年由 Adlib 公司设计制造的，当时主要用于电子游戏，作为一种技术标准，几乎为所有电子游戏软件采用。随后，新加坡 Creative 公司推出了音频卡系列产品，广泛为世界各地微机产品选用，并逐渐形成一种新的标准。声卡是多媒体计算机的关键设备之一，如图 1-1 所示，有力地推动着多媒体计算机技术的发展。

1. 声卡的功能

声卡是处理音频信号的 PC 插卡，声卡处理的音频媒体有数字化声音（WAV）、合成音乐（MIDI）、CD 音频。声卡的分类主要根据数据采样量化的位数来分，通常可分为 8 位、16 位、32 位等几个等级。位数越高，量化精度越高，音质越好。声卡的主要功能为音频的录制与播放、编辑与合成、MIDI 接口、文语转换、CD－ROM 接口及游戏接口等。如图 1-2 所示。

图 1-1　声卡

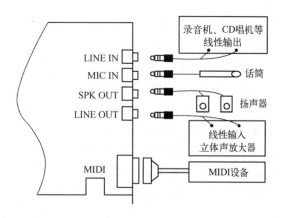

图 1-2　声卡的接口

1）音频的录制与播放。波形音频是计算机中最基本的声音媒体，音频的录制与播放是在计算机中实现波形音频的基本途径。人们可以将外部的声音信号，通过声卡录入计算机，并以文件的形式进行保存，在需要播放时，只需调出相应的声音文件。在 Windows 系统下，声卡一般以 WAVE 声音格式录制波形音频。

声卡的音频录制事实上便是前面所述的音频数字化过程。音频录放的主要指标与功能如下。

- 数字化音频采样频率范围：8 kHz ~ 48 kHz 量化位：8 位→16 位→32 位通道数：单声道→立体声→环绕立体声。
- 编码与压缩：基本编码方法：PCM。
- 音频录放的自动滤波。
- 录音声源：麦克风、立体声线路输入、CD。
- 输出功率放大器，直接驱动扬声器，且输出音量可调。

2) 音频文件的编辑与合成。一般地说，在声音录制完成以后，总有美中不足或不尽人意的地方。声卡生产厂商作为数字音频处理专业厂商，一般对其支持的录制声音文件格式提供编辑与合成，可以对声音文件进行多种特殊效果处理：包括倒播、增加回音、剪裁、静噪、淡入和淡出、往返放音、交换声道以及声音由左向右移位或由右向左移位等。这些对音乐爱好者是非常有用的。

3) MIDI 接口和音乐合成。MIDI 是指乐器数字接口，是数字音乐的国际标准。MIDI 接口所定义的 MIDI 文件事实上是一种记录音乐符号的数字音频，为声卡支持的三种声音之一。很显然，MIDI 给出了另外一种得到音乐声音的方法，但计算机产生 MIDI 音乐需先解释 MIDI 消息即音乐符号，然后根据所对应的音乐符号进行音乐合成。

声卡提供了对 MIDI 设备的接口及对 MIDI 音频文件的计算机声音输出。音乐合成功能和性能依赖于合成芯片。对不同的声卡，MIDI 音乐合成方法有两种：FM 音乐合成、波形表。

4) 文语转换和语音识别。有些声卡在出售时还捆绑了文语转换和语音识别软件。

文语转换软件。文语转换就是把计算机内的文本转换成声音。一般声卡都提供了文语转换软件，如 SoundBlaster。另外，清华大学计算机系开发的汉语文语转换软件，能将计算机内的文本文件或字符串转换成普通话。

语音识别软件。有些声卡还提供了语音识别软件，可利用语音控制计算机或执行 Windows 下的命令。

2. 声卡的种类

现在的声卡一般有板载声卡和独立声卡之分，板载声卡不用去单独购买，型号和功能主要取决于板载的声卡芯片，但板载声卡和独立声卡的性能会有一定的差距。那我们应该如何根据自己的需要来选择呢？

板载声卡一般都标有 AC'97 字样，AC'97 的全称是 Audio CODEC 97，这是一个由 Intel、Yamaha 等多家大厂商联合研发并制定的一个音频电路系统标准，并非实实在在的声卡型号。目前 AC'97 最新的版本已经达到了 2.3。现在我们在市场上看到的大部分声卡的 CODEC，都是符合 AC'97 标准的。如果用符合 CODEC 的标准来衡量声卡的话，那么大部分常见声卡都可以叫作 AC'97 声卡，无论它是独立声卡还是板载声卡。

板载声卡有两个缺点：其一，占用过多的 CPU 资源，这也是板载声卡的主要缺点之一。为了节省成本，板载声卡大多数集成的是软声卡，在处理音频数据时需要占用部分 CPU 资源。随着 CPU 频率的增高，这方面的影响不太明显了。但对于要求性能的用户来说，这一点点性能也是不会舍得浪费的。其二，"音质"问题也是板载软声卡的一大弊病，比较突出的就是信噪比较低。其实，这个问题并不是因为板载软声卡对音频处理有缺陷造成的，主要是因为主板制造厂商设计板载声卡时的布线不合理，以及用料做工等方面过于节约成本造成的。独立声卡解决了以上问题。但独立声卡的缺点就是性价比低，并占用一个 PCI 插槽。

对音质要求不太高，在目前 CPU 主频较高的情况下，板载集成的声卡完全能满足需求了，没有太大必要购买独立声卡。但如果对"音质"要求较高，且不在乎性价比，高端独立声卡将是必需的选择，其中目前 SB Audigy 2 系列，性能非常出众。而对于很多 3D 游戏玩家来说，适合使用多声道中档次独立声卡，如创新 SoundBlaster Live 系列、德国坦克剧场版、承启 AV710 等。

任务 1.2 数字音频编辑技术

Windows 系统"录音机"的编辑功能是很有限的，一般可录一分钟的声音片断。在多媒体软件中有不少专门用于声音编辑的软件，如 Audition CS6 声音编辑器，非常流行，而且具有音高调整、片段剪贴、静音设置等功能。Audition CS6 是一个功能强大的音乐编辑软件，能高质量地完成录音、编辑、合成等多种任务。它可以从多种音源设备录制，比如 CD、话筒等，另外，在录制的同时，还可以进行降噪、扩音、剪接处理，添加立体环绕、淡入淡出、3D 回响等音效，并制作成为音频文件。使用 Audition CS6 除了可以将制作的音乐作品保存为传统的 WAV、SND 和 VOC 等格式外，还可以直接压缩为 MP3 或 RM 格式，当然，还可以刻录到 CD 上长久保存。另外，随着 DVD 的不断普及和应用，还可以利用 Audition CS6 制作更高品质的 DVD 音频格式文件。Audition CS6 不但适合专业的音乐制作人士，而且还念念不忘广大的普通音乐发烧友，提供了很多"傻瓜"功能，使新手也能很快制作出自己的音乐作品。快捷的操作方式，更使其具有无限的魅力。

在桌面上双击 图标，打开 Audition CS6 主界面，如图 1-3 所示。

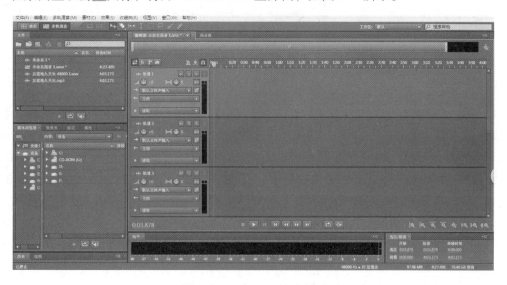

图 1-3　Audition CS6 主界面

1. 单轨录音

1）单击"波形" 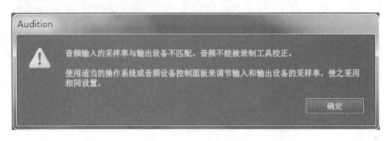按钮，打开"新建音频文件"对话框，设定好文件名、采样率（48000）、声道（立体声）和位深度（16）等相关参数，单击"确定"按钮。

2）单击"录音"按钮，如果出现如图1-4所示的"音频输入采样频率与输出设备不匹配，音频不能被录制工具校正"的对话框，单击"确定"按钮。

图1-4　不匹配提示框

3）单击右下角的扬声器图标，从弹出的快捷菜单中选择"播放设备"，打开"声音"对话框，双击"扬声器"图标，打开"扬声器属性"对话框，单击"高级"选项卡，单击"测试"左边的小三角形按钮，选择"16位，44100 Hz（CD音质）"，如图1-5所示，单击"确定"按钮。

图1-5　扬声器属性设置

4）单击"录制"选项卡，双击"麦克风"图标，打开"麦克风属性"对话框，单击"高级"选项卡，单击右边的小三角形按钮，选择"2通道，16位，44100 Hz（CD音质）"，如图1-6所示，单击"确定"按钮。

5）重新启动Audition CS6，单击"波形" 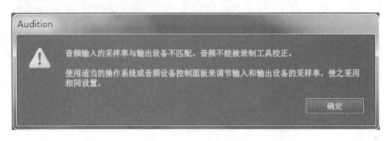按钮，打开"新建音频文件"对话框，设定好文件名、采样率（44100）、声道（立体声）和位深度（16）等相关参数，如图1-7所示，单击"确定"按钮。

6）单击红色"录音" 按钮就可以开始录音了，此时即可拿起话筒录音，如果要停止录音可以单击"停止" 按钮。完成录音后，将在主界面中出现刚录制文件的波形图，单击"播放" 按钮即可回放。如图1-8所示。

图 1-6　麦克风属性设置　　　　　　　　　　　图 1-7　新建波形

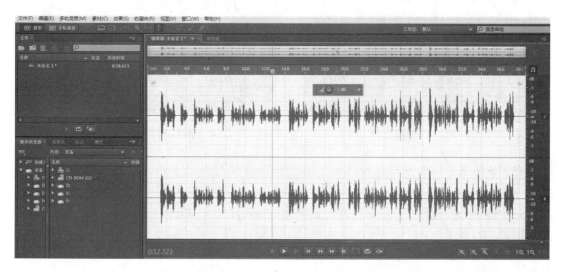

图 1-8　播放声音

7）最后还需要将录制好的音频文件保存起来，执行菜单命令"文件"→"另存为"，打开"存储为"对话框，如图 1-9 所示。单击"浏览"按钮，打开"另存为"对话框，选择文件的保存路径，并为音频文件指定一个文件名称，单击"保存"按钮。在"格式"下拉列表中选择音频文件的保存格式，这里选择保存为 mp3 格式，单击"确定"按钮完成录制。

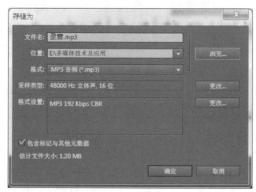

图 1-9　保存波形

2. 多轨混音

单击"多轨混音"  按钮，打开"新建多轨混音"对话框，设置好录音参数如图1-10所示，单击"确定"按钮，切换为多轨界面，每一轨都有"R" 、"S"  和"M"  三个按钮，"R"是录音按钮，"S"是独奏按钮（按下这个按钮，其他音轨都不出声），"M"是静音按钮（按下它，该音轨不出声）。

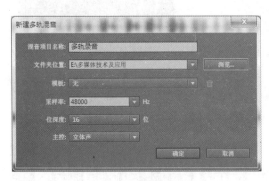

图1-10　新建多轨混音

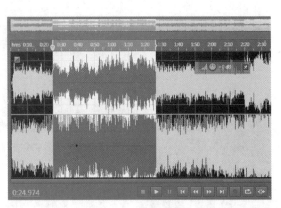

图1-11　选择波形

在多轨模式下，第一轨放入伴奏，第二轨以下都可以录人声。以第二轨为例，选择"R"按钮，再单击下面的红色"录音"录音按钮，就能边听伴奏边把人声录在这个音轨上。这个好处是不用再费心思去对齐，它录完后就是跟伴奏对齐的。然后可以双击进入单轨模式编辑。

1.2.1　Audition 单轨中的基本编辑

Audition CS6 的功能非常强大，可对音频波形进行截取、裁剪、复制、粘贴等。

1. 选取波形

（1）使用键盘选取一段波形

在选择区域的开始时间处单击鼠标，按住〈Shift〉键，在选择区域的结束时间处单击鼠标，这样在两次单击鼠标处之间的波形呈现出高亮效果，如图1-11所示，表示是选取波形的部分。在需要调整选择区域的边界时，再次按住〈Shift〉键，结合左右方向键，使选择区域向左或向右扩展或缩进，从而达到满意状态。

（2）使用鼠标选取一段波形

在选择区域的开始时间处拖曳鼠标，直到结束点松开鼠标，呈现高亮效果的波形部分就是被选取的波形，如图1-12所示。在需要调整选择区域的边界时，可以用鼠标拖曳移动"选取区域边界调整点"来调整选区的大小。

（3）使用时间精确选择波形

执行菜单命令"窗口"→"选择/视图控制"，将"选区/视图"窗口显示出来，在"选区/视图"窗口中输入准确的开始时间和结束时间，也可以输入开始时间和时间长度，最后在空白处单击或按〈Enter〉键完成选取。例如，图1-13中选择了从1分30秒开始到2分结束的一段30秒长的音频波形。

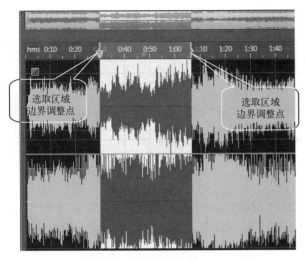

选区/视图 ×			
	开始	结束	持续时间
选区	1:30.000	2:00.000	0:30.000
视图	0:00.000	4:03.173	4:03.173

图 1-12　选取区域边界调整点　　　　　　　　　　图 1-13　选区/视图

2. 选取某个声道的波形

使用键盘选取波形的方法如下。

将鼠标定位至要选择波形的开始位置，同时按住〈Shift〉键和左/右的方向键进行选择波形。

按向上方向键，则选择左声道。

按向下方向键，则选择右声道。

3. 选取全部波形

如果要选择全部波形进行编辑，可以使用以下方法中的任意一种。

1）使用鼠标拖曳的方法，从头至尾选取全部波形。

2）执行菜单命令"编辑"→"选择"→"全选"，可以选取全部波形。

3）使用快捷菜单。即用鼠标右键单击要选择的波形，从弹出的快捷菜单中选择"全选"菜单项，可以选取全部波形。

4）使用组合键〈Ctrl + A〉，也可以选取全部波形。

5）在波形文件上双击鼠标左键，可以选择全部波形。

6）在某处单击鼠标，不选取任何区域，则系统默认编辑全部波形。

4. 删除波形

在音频波形中，如果一段声音是不需要的，可以将其删除。

1）使用菜单中的"删除"命令。选择一段要删除的音频波形，然后执行菜单命令"编辑"→"删除"，所选区域的波形即被删除。删除该段波形后，后面的波形会自动提前，整个音频波形文件的长度变短，如图 1-14 与图 1-15 显示了删除前后波形的变化。

2）使用键盘上的〈Delete〉键。选择一段要删除的音频波形，按键盘上的〈Delete〉键，所选区域的波形即被删除。

5. 裁切波形

裁切波形是指将选取区域的波形保留，而删除其他未选取区域的波形，也称为修剪波形。当要截取一个音频文件中的某一段波形时，可以使用裁切波形的功能。裁切波形有下面

25

三种方法。

图1-14 删除波形前

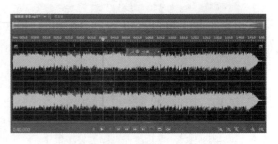
图1-15 删除波形后

1）使用菜单中的"修剪"命令。选择一段要截取的音频波形，执行菜单命令"编辑"→"修剪"，所选区域之外的波形被删除，而所选区域的波形被保留。注意与删除命令的效果不同，图1-16与图1-17显示了修剪前后波形的变化。

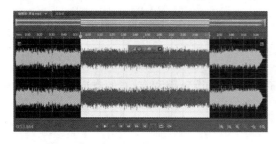
图1-16 修剪波形前

图1-17 修剪波形后

2）使用快捷菜单中的"修剪"命令。选择一段要截取的音频波形，在该段波形上单击鼠标右键，在弹出的快捷菜单中选择"修剪"命令，即可将所选区域的波形保留，而所选区域之外的波形被删除。

3）使用组合健〈Ctrl + T〉。选择一段要截取的音频波形，同时按下键盘上的〈Ctrl + T〉组合键，即完成了裁切操作。

6. 复制波形

在Audition中，可以将音频波形中的某段音频波形复制到剪贴板，也可以将其复制到一个新的音频文件中。

（1）复制波形到剪贴板

要复制一段音频波形，首先要选中所要复制的音频波形，然后使用以下三种方法之一即可完成复制操作。

1）执行菜单命令"编辑"→"复制"。

2）用鼠标右键单击该段波形，从弹出的快捷菜单中选择"复制"菜单项。

3）使用组合健〈Ctrl + C〉。

以上几种方法都可以把选取区域的波形复制到剪贴板中，但看不到效果，只有执行了粘贴操作，才会看到效果。

（2）复制到新文件

复制到新文件是指把选取区域的波形复制，并将所复制的波形生成新的文件。这样，不使用粘贴命令，就可以看到复制效果。而且，使用复制到新文件功能可以生成一个新的音频波形文件。复制到新文件的方法如下。

1）使用菜单"复制为新文件"命令。选择一段音频波形，执行菜单命令"编辑"→"复制为新文件"，就会生成一个新的音频波形文件，文件内容就是刚刚所选择的那段音频波形。

例如，打开一首歌曲文件"歌曲. mp3"，选择其前面一部分音频波形，如图1-18所示。

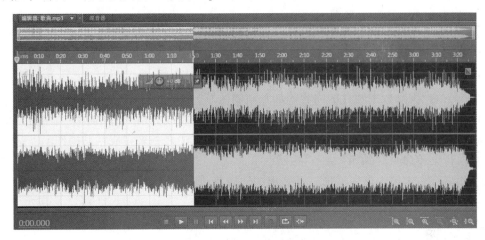

图1-18 所选声音

执行菜单命令"编辑"→"复制为新文件"，会发现左面的"文件"窗口中多了一个"未命名2＊"文件，这个文件即是新生成的音频文件，其波形已经显示在了右面的"主窗口"中，如图1-19所示，可以看到此段波形就是刚才所选择的那段音频波形。

图1-19 复制生成的新文件

2）使用快捷菜单中的"复制为新文件"命令。选择一段音频波形，用鼠标右键单击该段波形，从弹出的快捷菜单中选择"复制为新文件"菜单项，同样可以完成复制到新文件的工作，效果与方法一相同。

7. 剪切波形

复制波形可以将所选区域的波形复制到剪贴板中，同时源波形仍然存在。而剪切波形是指将选取区域的波形存储到剪贴板中，同时选取区域的源波形被删除。剪贴板中存储的波形可以通过粘贴操作再次显示在其他区域。

要剪切一段音频波形，首先要选中所要剪切的音频波形，然后使用以下三种方法之一来完成剪切操作。

1）执行菜单命令"编辑"→"剪切"。

2）用鼠标右键单击该段波形，从弹出的快捷菜单中选择"剪切"菜单项。

3）使用〈Ctrl + X〉组合键。

以上三种方法都可以完成剪切操作，通过剪切和粘贴波形操作，可以实现音频波形的移动操作。

8. 粘贴波形

粘贴是指把剪贴板中暂存的内容添加到新的区域。

要粘贴剪贴板中的音频波形，首先，将一段波形复制或剪切到剪贴板中，然后，将光标定位到需要插入音频波形的位置，接着使用以下三种方法之一来完成粘贴操作。

1）执行菜单命令"编辑"→"粘贴"。

2）用鼠标右键单击该段波形，从弹出的快捷菜单中选择"粘贴"菜单项。

3）使用〈Ctrl + V〉组合键。

以上三种方法都可以完成粘贴操作，剪贴板中的波形就被粘贴到新的区域了。通常，粘贴的内容是用户最后一次执行复制或剪切操作时的内容。

事实上，在 Audition 中为用户提供了 5 个剪贴板和一个 Windows 剪贴板，用户可选择要使用哪个剪贴板中的内容。用户可以执行菜单命令"编辑"→"设置当前剪贴板"，选择需要使用的剪贴板。如图 1-20 所示，前面加"√"的表示当前选择的剪贴板，剪贴板后面没有"空闲"字时，表示存储有数据信息。Audition 提供的剪贴板只能在 Audition 中使用，而 Windows 剪贴板则可以在其他音频处理软件间进行数据的复制与粘贴。

9. 粘贴到新文件

将一段波形粘贴到新文件是指把剪贴板中的内容粘贴到新建的文件中。以下两种方法都可以实现粘贴到新文件的功能。

1）执行菜单命令"编辑"→"粘贴到新建文件"。将一段波形复制或剪切到剪贴板中，执行菜单命令"编辑"→"粘贴到新建文件"，一个新的文件就会建立，并且其波形内容就是剪贴板中的波形。

2）使用〈Ctrl + Alt + V〉组合键。将一段波形复制或剪切到剪贴板中，同时按下键盘上的〈Ctrl + Alt + V〉组合键，同样也可以完成粘贴到新文件的功能。

10. 混合式粘贴

前面使用的粘贴功能，都是将剪贴板中的内容插入到当前光标所在的位置，光标后原来的内容自动后移。而我们知道波形是可以叠加的，因此，两段音频波形也可以进行叠加混合，这就需要使用混合粘贴功能。

混合粘贴可以将剪贴板中的波形内容，与当前光标所在位置之后的波形内容混合在一起；也可以将某个音频文件中的波形内容，与当前光标所在位置之后的波形内容混合在一起。混合粘贴与粘贴的区别主要在于：混合粘贴的效果是当前光标之后的波形并不向后移动，而是与粘贴内容混为一体（"插入"方式除外）；粘贴的效果是当前光标之后的波形向后移动。

要实现混合粘贴功能，将一段波形复制或剪切到剪贴板中，再将光标定位到需要混合音频波形的位置，接着使用以下三种方法之一都将打开"混合式粘贴"对话框，如图 1-21 所示。

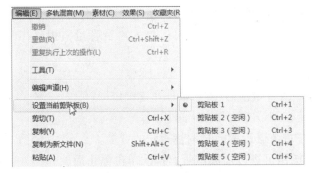
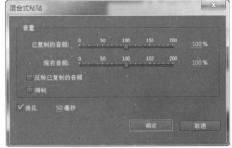

图 1-20　设置当前剪贴板　　　　　　　图 1-21　"混合式粘贴"对话框

1）执行菜单命令"编辑"→"混合式粘贴"。

2）单击鼠标右键，从弹出的快捷菜单中选择"混合式粘贴"菜单项。

3）使用〈Ctrl + Shift + V〉组合键。

【实例1】　将伴奏和清唱合成一个新的立体声文件。

1）打开 Audition，切换到单轨编辑视图，执行菜单命令"文件"→"打开"，在打开的"打开文件"对话框中选择素材文件夹中的"月亮代表我的心. mp3"歌曲。

2）试听伴奏，找到一段伴奏结束的位置。

3）使用鼠标拖曳选择左声道中一段伴奏，然后执行菜单命令"编辑"→"复制"。

4）执行菜单命令"文件"→"新建"→"音频文件"，新建一个立体声文件，执行菜单命令"编辑"→"混合式粘贴"，打开"混合式粘贴"对话框，单击"确定"按钮。

5）执行菜单命令"文件"→"打开"，在打开的"打开文件"对话框中选择素材文件夹中的"月亮代表我的心清唱. mp3"歌曲。

6）按〈Ctrl + A〉组合键选择全部波形，然后执行菜单命令"编辑"→"复制"。

7）切换到刚才新建的立体声文件，执行菜单命令"编辑"→"混合粘贴"，打开"混合式粘贴"对话框，单击"确定"按钮。

8）试听一下。

1.2.2　Audition 单轨界面的音频效果处理

施加音效是音频处理的一个重要环节。在 Audition 中，对声音效果的处理可以通过自带的效果器来完成，它的种类非常多，有延迟、混响、均衡、降噪、变速、变调等。利用这些音频效果器可以得到效果丰富、逼真的音频。

1. 改变波形振幅

振幅是描述音频波形大小的参量，振幅的增益和衰减直接影响音量的大小，如果一个声音的音量太大或太小，可以使用 Audition 中的振幅和压限类效果器，调整声音音量的大小，使音量适中。

使用"增幅"效果器可以改变音频波形的振幅，即可改变声音音量的大小，如图 1-22 所示。

执行菜单命令"效果"→"振幅和压缩"→"增幅"，在打开的"增幅"对话框中选择一种预设效果，或自己调节参数，试听满意后单击"应用"按钮即可。

1）"左声道"：控制左声道的音量改变，改变音量的方法可以使用以下三种方法之一。

● 使用"音量滑块"改变音量：向右拖曳"音量滑块"可以增大声音音量，相反，向左拖曳"音量滑块"可以减小声音音量。

● 使用鼠标在后面的音量数字处左右拖曳改变音量大小。

● 在音量大小数字处双击鼠标，直接输入音量值后按〈Enter〉键确定即可。

2）"右声道"：控制右声道的音量改变，调节方法和左声道相同。

3）"链接滑块"：勾选此复选框，则左右声道音量同时调整相同的音量。

4）▶预览播放/停止按钮：单击该按钮可进行播放试听，再次单击停止播放。

2. 渐变

渐变效果可以使音量逐渐变大或变小，往往应用在声音的开头和结尾，使其过渡自然。一般分为淡入效果和淡出效果两种。

淡入效果：使声音的音量由小逐渐变大。

淡出效果：使声音的音量逐渐变小。

执行菜单命令"效果"→"振幅和压限"→"淡化包络"，打开"淡化包络"对话框，如图1-23所示，在"预设"中选择一种预设效果，如图1-24所示，试听满意后单击"应用"按钮即可。

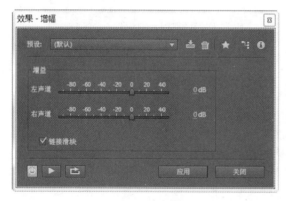

图1-22 增幅

图1-23 淡化包络

【实例2】 淡入与淡出。

1）选择音乐起始2 s部分，执行菜单命令"效果"→"振幅与压限"→"淡化包络"，打开"淡化包络"对话框，在"预设"中选择"线性淡入"，如图1-25所示，单击"应用"按钮。

2）选择音乐结束前2 s部分，执行菜单命令"效果"→"振幅与压限"→"淡化包络"，打开"淡化包络"对话框，在"预设"中选择"线性淡出"，如图1-26所示，单击"应用"按钮。

3. 音量标准化

用这个功能可以快速把素材音量调整到某个指定水平，即快捷地将当前波形或选定的波形振幅值的最大值调整到最大电平0 dB的规定值内。用这个功能可以将音频信号电平调到最大而不至于削波。这是现代音乐制作中一个常用的处理手法，通常用来补偿录制音频电平量过低的瑕疵。其原理是：应用标准化过程效果器，将会自动侦测整个音频素材的最大音量电平，然后用最大化数值减去侦测到的最大电平数，利用得出的差值对音频素材进行提升或衰减。

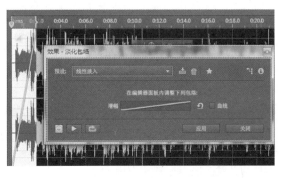

图 1-24　预设效果　　　　　　　　　　　　图 1-25　线性淡入

执行菜单命令"效果"→"振幅和压限"→"标准化"，在打开的"标准化"对话框中设置好参数后，如图 1-27 所示，单击"确定"按钮即可。

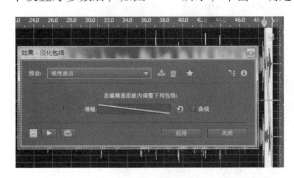

图 1-26　线性淡出　　　　　　　　　　　　图 1-27　"标准化"对话框

1）标准化为：选定和最大可能振幅对应的最高峰值的百分比。选中该复选框，在其右侧的参数框内可以设置对声音电平做提升的数值，通常使用 100%，使声音电平的峰值达到 100%，得到最大的动态范围。大于 100% 的值可能引发削波而使音质变差，一般仅用于特殊情况。

2）平均标准化所有声道：使用立体声或环绕波形的所有声道来计算振幅量，如果此选项被取消，振幅量就会在每个声道里分别计算，并可能会一个声道比一个声道的要大。

3）DC 偏差凋节：让用户可以调整波形在波形显示中的位置，某些录制硬件可能会引进 DC 偏差，从而造成录制波形在波形显示的常规中心线上方/下方。若要居中波形，可将百分比设成零。若要将整个选定波形倾斜至中心线上方或下方，可指定一个正值/负值百分比。

4. 降低噪声

在声音录制阶段，由于环境或硬件的因素，很可能会导致录制的声音中夹杂一些噪声，可以使用 Audition 中的"修复"效果器进行降噪处理来将噪声减弱。但应注意的是，降低噪声是一种破坏性的操作，过度的降噪处理会导致声音质量严重受损，而且降低噪声也只能在一定范围内进行，无法完全消除噪声。因此，不能依赖降噪处理来提高声音质量，而要在录音阶段取得质量较好的声音素材。

"降噪"是最常用的噪声降低器，能够将录音中的本底噪声最大限度地消除。它采用采样降噪的方法，其原理是，首先采集噪声音频剪辑获得噪声样本，再通过分析获得的噪声样本得到噪声特征，最后利用分析结果降低夹杂在音乐中的噪声。

首先，选择一段噪声波形。一般在录音时会有一些停顿的时间，原则上在停顿期间录制的波形应该是平直的。然而，实际录音时会有噪声，则在停顿期间本应平直的音频波形就变得不平直了，这些波形就可以认为是噪声波形。也可以在录音时先录取一段没有人声的波形作为噪声样本。

1）在"波形编辑器"窗口中，选定至少0.5 s长的只包含噪声的范围。

2）执行菜单命令"效果"→"降噪/修复"→"捕捉噪声样本"。

3）执行菜单命令"效果"→"降噪/恢复"→"降噪"，打开"降噪"对话框。单击"捕捉噪声样本"按钮，采集噪声样本。

4）在"波形编辑器"窗口，选择想移除噪声的范围，设置降噪参数，如图1-28所示，设置好后单击"应用"按钮即可。

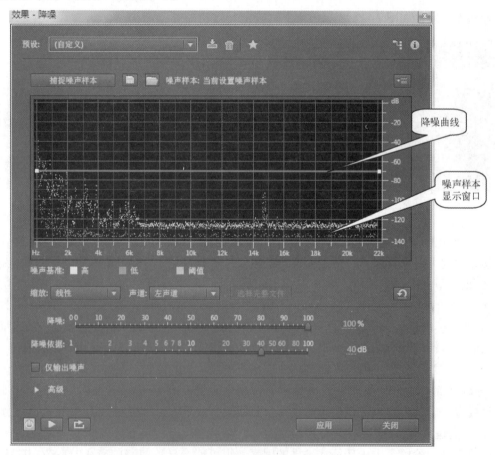

图1-28　降噪

"降噪"对话框如图 1-28 所示，其主要参数含义如下。

1）捕捉噪声样本：在选定范围内提取噪声剖面，但仅表示背景噪声。Audition 会收集关于背景噪声的统计数据，这样它就能将噪声从残留的波形中移除。

注意：若要把重点放在本底噪声，可单击图表右上方的菜单按钮，并取消"显示控制曲线"和"在曲线图上显示工具提示"。

2）噪声基准："高"显示每个频率中检测到的噪声的最高振幅；"低"显示最低振幅。"阈值"显示降噪发生下方的振幅。

注意：噪声基准的三个部分可以重叠。若要更好区分它们，可单击菜单按钮，并选择"显示噪声基准"选项。

3）缩放：决定频率沿水平 x 轴的排列方式。

- 对于对低频的出色控制来说，可选择"对数"。一个对数缩放和人们听到的声音相似。
- 对于精细的、间隔平均的高频工作，可选"线性"。

4）声道：显示图表里选定的声道。降噪量对所有声道来说通常都是一致的。

5）降噪：控制输出信号里的降噪百分比。通过预览音频来达到最小劣音的最大降噪时最佳化设定。

6）降噪依据：决定检测到的噪声的振幅削减。6 ~ 30 dB 范围内的值会有很好的效果。若要削减噗噗声似的劣音，需要输入更低的值。

7）仅输出噪声：仅预览噪声，这样用户就能决定应用的效果会不会移除了需要的音频信号。

5. 修复限幅失真

"修复限幅失真"效果通过用新的音频信号填满失真区域来修复失真的波形。失真会在音频振幅超过当前位深下最大电平时发生。通常来说，限幅失真是由于录音电平太高造成的。可以在录音或重放时通过查看电平表来监视限幅失真；当限幅失真发生时，电平表靠右端就会变红。

1）选择存在破音的波形，即超过电子上限的音频波形。

2）执行菜单命令"效果"→"诊断"→"修复限幅失真"，在其中设置好"增益"等参数值后，单击"确定"按钮即可。

3）说明

"修复限幅失真"对话框如图 1-29 所示，其参数含义如下。

- 增益：指定处理前的衰减量。单击"自动"将增益环境设置在平均振幅上。
- 宽容度：指定限幅失真区域内的振幅变化。一个 0% 值只会在最大振幅的极端水平线上检测限幅失真；1% 值会检测在低于最大振幅 1% 的起始端的限幅失真，以此类推（1% 值能够检测最多的限幅失真）。

图 1-29 修复限幅失真

- 最小素材尺寸：指定要修复的最短延伸的限幅失真采样的长度。更低的值能修复更高百分比的限幅失真采样；更高值只能修复领先或跟随其他限幅失真采样的限幅失真采样。
- 插值："三次方"选项会使用样条曲线来重建限幅失真的音频的频率内容。"FFT"选项使用快速傅里叶变换来重建限幅失真的音频。此方法通常来说会比较慢但是对限幅失真严重的音频来说最好。在"FFT大小"菜单中，选择要评估或替换的频段的数字。

6. 变速变调

在歌曲的录制中，可能经常遇到走调的情况，如音调偏低或偏高等，这可以通过"时间与变调"→"伸缩与变调"效果组中的命令来进行修复。也能完成男声变女声等声音变化效果。还能改变语速。

变速效果的作用是使声音的速度变快或者变慢。变调效果的作用是使声音的音调变高或者变低。

1）选择要改变速度的音频波形。

2）执行菜单命令"效果"→"时间与变调"→"伸缩与变调"，在打开的"伸缩与变调"对话框中包括"伸缩"与"变调"两个参数，可以分别使声音以恒定的速度变化或以不断变化的速度变化。读者可根据自己的需要选择其一并进行参数设置，最后试听满意后，单击"确定"按钮即可。

"伸缩与变调"对话框中内容如图1-30所示，其中主要参数的含义如下。

"算法"：选择"iZotope半径"来同时伸缩音频及提升音高，或"Audition"来随时改变伸缩或音高。"iZotope半径"对数要求更长的处理时间，但是会引进更少的劣音。

"精度"：更高的设定会产生更好的质量，但是要求更多的处理时间。

"新的持续时间"：显示在时间延展后的音频的长度。可以直接调整"新的持续时间"或通过"伸缩"百分比来间接调整。

"锁定伸缩设置为新的持续时间"：覆盖自定义或预设"伸缩"设置，替换计算持续时间调整。

"伸缩"：缩短或延伸现有音频。例如，若要缩短音频到原来持续时间的一半，指定"伸缩"值为50%即可。

"变调"：将音频调子提升或降低。每个半音程等于乐器键盘上的半音。

"锁定伸缩与变调"：伸缩音频来反映音高变化，反之亦然。

7. 延迟与回声

延迟和回声效果可以将输出信号的一部分反馈回输入端，使之再进入延时的循环中，得到一种重复的回声效果。延迟在声音制作中，可以用于营造空间感和增加现场感。

（1）延迟

"延迟"效果器是通过对原始声音的重复播放，产生回声感和声场感。

1）选择要添加延迟效果的音频波形。

2）执行菜单命令"效果"→"延迟和回声"→"延迟"，在打开的"延迟"对话框中根据需要进行参数设置，最后试听满意后，单击"应用"按钮即可。

"延迟"对话框如图1-31所示，其参数含义如下。

- "延迟时间"：决定延迟产生的时间。值为正数时，为延迟效果；值为负数时，处理后的声音将比原始信号提前出现，从而与另一个声道形成延迟效果。

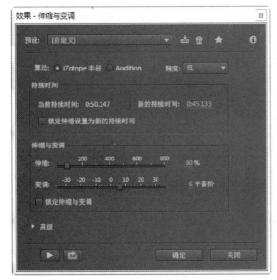

图 1-30　伸缩与变调　　　　　　　　图 1-31　延迟

- "混合"：用于控制原始干声与处理后的湿声的比值。值越大，原始干声越少，湿声越多。
- "反相"：勾选此选项可以将当前进行处理的音频波形剪辑反转，使用它可以得到一些特殊效果。
- "延迟时间单位"：可以选择"时间""节拍"或"采样"为计量单位。默认单位是"时间"，以毫秒（ms）为单位。

（2）回声

"回声"效果器本质上是整合多个普通延迟，以不同的延迟时间量形成特殊的回声效果。

1）选择要添加回声效果的音频波形。

2）执行菜单命令"效果"→"延迟和回声"→"回声"，在打开的"回声"对话框中设置延迟时间、回馈、回声电平等参数，试听满意后，单击"应用"按钮即可为声音添加回声效果。

"回声"对话框如图 1-32 所示，其参数含义如下。

- "延迟时间"：即延迟声产生的时间。
- "回授"：决定延迟声量。数值越大表示延迟越多。过大的回馈量会使音乐混浊不清。
- "回声电平"：决定处理后的回声量。数值越大回声越多，回声感越强；与回馈量比较，回声量产生的影响要小一些。同一数值的回馈量产生的混浊感将比同一数值的回声量大。
- "锁定左右声道"：将衰减、延迟和初始回声音量的滑块绑定，并保持每个声道的相同设定。
- "回声反弹"：让回声在左右声道来回反弹。如果想创建左右声道来回反弹的回声，则应选择一个声道的 100% 的初始回声音量和另一个声道的 0% 初始回声音量。否则每个声道的设定会反弹到另一声道，致使创建的每个声道有两组回声。

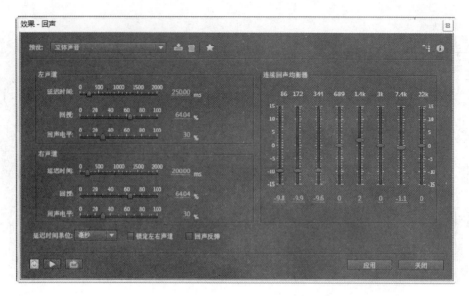

图 1-32　回声

- "连续回声均衡器"：通过八频段均衡器让每个连续回声在期间穿行，从而模仿室内自然吸音作用。

8. 卷积混响

混响是室内声音的一种自然现象。室内声源连续发声，当室内被吸收的声能等于发射的声能时关断声源，在室内仍然留有余音，此现象被称为混响。混响是由于声音的反射引起的，混响效果是用来模拟声音在声学空间中的反射。灵活地运用混响效果可以使录制出的"干声"更具音场感，更饱满动听。因此，混响效果是音乐处理过程中常用的一种方法。Audition CS6 中提供的混响效果有卷积混响、混响、室内混响、完全混响和环绕声混响五种效果，下面以卷积混响为例来讲解混响效果的使用方法。

卷积混响效果器可以模拟在一个封闭的空间内演奏的效果，给人以立体感与空间感。利用该效果器可以实现日常生活中难以得到的特殊的回旋混响效果。

1）选择要添加卷积混响效果的音频波形。

2）执行菜单命令"效果"→"混响"→"卷积混响"，在打开的"卷积混响"对话框中自己设置好各项参数，试听满意后，单击"应用"按钮即可为声音添加回旋混响效果。

"卷积混响（Convolution Reverb）"对话框如图 1-33 所示，其参数含义如下。

图 1-33　卷积混响

- Impulse：在该下拉列表框中，可以选择模拟的空间，如 Large Bathroom（大浴室）、Classroom（教室）、Hall（大厅）等。

- Mix：控制混响比率的大小。
- Room Size：用于设置房间的大小。
- Damping LF：用于减小低频率的混响，使声音更清晰。
- Damping HF：用于减小高频率的混响，去除粗糙、刺耳的声音。
- Pre – Delay：用于设置回旋混响的延迟时间，以毫秒为单位。
- Width：用于设置回旋混响效果的立体声宽度，较高的数值会使混响后的声音变得更加宽广。
- Gain：用于对处理后的声音进行增益或衰减。

9. 和声

合唱效果器的作用是在原来的声音基础上，叠加一些由计算机产生的类似的声音样本，并和原始声叠加，听起来像合奏或合唱。其原理是先复制当前音频，形成多个副本，再将副本与原音频进行一定程度的时间对位差错处理，同时也使多个副本之间产生时间差，最后与原音频同时播放，以达到在听觉上像是很多人在一起合唱的效果。

1）选择要添加合唱效果的音频波形。

2）执行菜单命令"效果"→"调制"→"和声"，在打开的"和声"对话框中设置好各项参数，试听满意后，单击"应用"按钮即可为声音增加合唱效果。

"和声"对话框如图 1-34 所示，其参数含义如下。

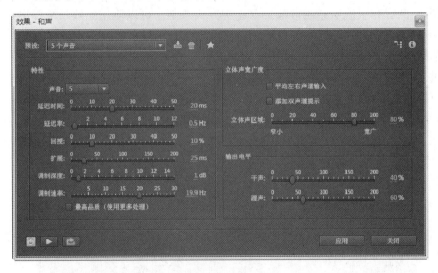

图 1-34　和声

- "声音"：表示同时发声的声音数量，决定着合唱效果器复制的声音副本数量。数值越大，同时发声的声部数量就越多，声音听起来就越厚实，但过大的数值可能对音乐造成影响。
- "延迟时间"：表示声音副本的最大延迟时间。该数值越小，合唱越整齐；数值越大，合唱感越强。
- "延迟率"：表示延迟的速率，决定着延迟从无延迟到最大延迟的时间，同时它影响着音频复制副本数量的音高。该参数值越小，则复制合唱音的音高变化越不明显；该数值越大，则复制合唱音的音高变化越明显。

- "回授"：该参数可以调整合唱效果反馈量的大小，反馈越多，回声和混响效果越明显。
- "扩散"：该参数值决定着每一个音频复制合唱音的延迟程度。数值越大，各音频副本的起始时间差距越大。
- "调制深度"：该参数用于增加颤音，设置颤音的深度。
- "调制速率"；该参数用于调整颤音的速率。

"最高品质"：选中该复选框将以最高的处理精度进行处理，以得到最好的效果，但是预览和处理所消耗的时间会增加。

"平均左右声道的输入"：选中此复选框，将左右声道的输入进行平衡，可以使立体声音频的左右声道一同处理。

- "添加立体声提示"：选中该复选框，将分别对左右声道加入不同的延迟效果，产生从左到右来回变化的合唱效果，使听者产生多个演唱者在不同方位上同时演唱的感觉。
- "干声"：用来控制不添加效果的声音所占的比例。
- "湿声"：用来控制添加效果的声音所占的比例。

10. 中置声道提取

"中置声道提取"效果保留或移除左/右声道的常见频率，换句话说，就是中置声场的声音。人声、低音和主流乐器通常都是以这种方式录制。可以使用此效果来提出人声、低音或剔除鼓声，也可以移除它们中的任何一种来创建卡拉OK混音。

1）选择要进行中置声道提取操作的音频文件。

2）执行菜单命令"效果"→"立体声声像"→"中置声道提取"，在打开的"中置声道提取"对话框中自己设置好各项参数，试听满意后，单击"应用"按钮即可。

"中置声道提取"对话框如图1-35所示，其参数含义如下。

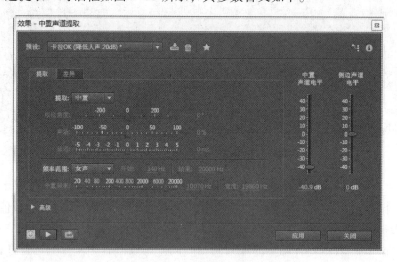

图1-35　中置声道提取

- "预设"：单击该下拉列表框可以从中选择预设效果，包括"人声移除""卡拉OK（降低人声20 dB）""扩大人声6 dB""提取中置声道低音""提高人声10 dB""跟唱

（降低人声 6 dB）"和"阿卡贝拉（无伴奏和声）"。

- "提取"：单击该下拉列表框可以从中选择提取的声音相位，包括"中置""左声道""右声道""环绕"和"自定义"，其中"自定义"可以自定义相位角度、声场和延迟。
- "频率范围"：用来设置被提取声音的频率，包括"男声""女声""低""全频谱"和"自定义"五个选项。
- "中置/侧边声道电平"：该参数用来设置被选定相位和频率的声音的处理，包括增强与衰弱。滑块位于中心位置的 0 dB，电平不变。向上拖曳滑块，电平增益；向下拖曳滑块，电平衰减。

11. 滤波与均衡

滤波器的功能就是允许某一部分频率的信号顺利地通过，而另一部分频率的信号则受到较大的抑制，它实质上是一个选频电路。

在滤波器中，经常提到以下三个概念，它们的含义如下。

- 通带：指信号能够通过的频率范围。
- 阻带：指信号受到很大衰减或完全被抑制的频率范围。
- 截止频率：指通带和阻带之间的分界频率。

Audition CS6 提供了四种滤波器：FFT 滤波器（即快速傅里叶变换滤波器）、图示均衡器、陷波滤波器、参数均衡器，下面以其中两个为例说明其使用方法。

（1）图示均衡器

图示均衡器是一个可以对音频各频段进行增益或衰减的工具。

1）选择要进行均衡处理的音频文件。

2）执行菜单命令"效果"→"滤波与均衡"→"图示均衡器（10 段）"，在打开的"图示均衡器（10 段）"对话框中调节各频段滑块的位置，即调节各频段的增益，试听满意后，单击"确定"按钮即可。

"10 频段""20 频段""30 频段"：即可将整体频率分为指定段的频段个数。在默认状态下，整体频率分为 10 个频段，并由 10 个频段增益滑块来控制，频段越多，界面中可调节的滑块就越多，均衡后的效果就越精细。

"图示均衡器"对话框如图 1-36 所示，其中主要参数含义如下。

- "频段增益滑块"：通过向上或向下拖曳不同频率段的滑块，可以实现对当前频率段进行增益或衰减，以达到频率均衡的作用。滑块越靠顶部，增益越大；滑块越靠底部，衰减越大。
- "范围"：定义滑块控制的范围。输入 1.5 到 120 dB 的任意值（比较而言，普通硬件均衡器会有大约 12 到 30 dB 的范围）。
- "精度"：设定均衡器的精度水平。更高精度会给出更大的范围频率回应，但是需要更多的处理时间。如果只需要均衡更高频率，可以使用更低精度水平。
- "主控增益"：表示对经过均衡处理后的音频总体音量进行提升或衰减。默认值 0 dB 表示没有主控增益调整。

（2）参数均衡器

参数均衡器是一个快捷有效的滤波器，用于对声音进行粗略的滤波处理。

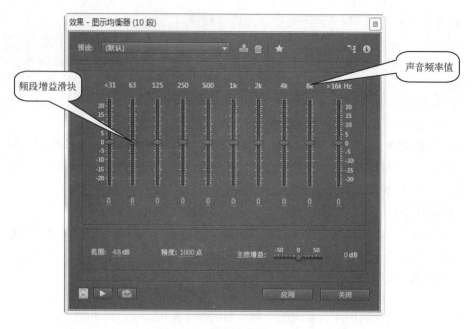

图 1-36　图示均衡器（10 段）

1）选择要进行滤波处理的音频文件。

2）执行菜单命令"效果"→"滤波和均衡"→"参数均衡器"，在打开的"参数均衡器"对话框中自己设置好各项参数，试听满意后，单击"确定"按钮即可。

"参数均衡器"对话框如图 1-37 所示，其中主要参数含义如下。

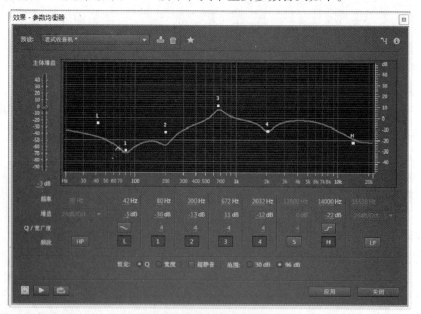

图 1-37　参数均衡器

"预置"：预置列表中提供了"常规低通""重金属吉他""老式收音机""常规高通"等效果，可以快速选择其中的一个效果。

"频率"：为 1 ~ 5 频段设定中心频率，为带通和倾斜型滤波器设定转交频率。

"增益"：设定为频段增强或削减和带通滤波器的每个八度的斜率。

"Q/宽广度"：控制受影响频段的宽广度。低的 Q 值会影响大范围的频率。特别高的 Q 值（接近 100）会影响非常窄的频段，对陷波器移除个别频率，像 60 Hz 嗡嗡声，也是理想的。

"频段"：让多达 5 个中间频段，连同高通、低通和倾斜型滤波器，给用户均衡曲线的极佳控制。单击频段按钮来激活上面的相应设定。

低和高倾斜型滤波器提供斜率按钮（ ⌒ , ⌐ ）来调整低和高倾斜到 12 dB 每八度，而不是默认的 6 dB 每八度。

12. 插件

Audition 内置效果数量是有限的，如有特殊需要可从网上下载一些其他效果器，这些效果器称为插件。

下面介绍 Waves v9 插件的安装过程。

1）解压压缩包内的文件，用虚拟光驱加载 Waves v9. iso 打开加载了安装镜像的光驱，双击 "setup. exe" 开始安装。

2）路径选择在 C:\Program Files（x86）\Adobe\Adobe Audition CS6\Plug - Ins 文件夹。

3）选择完路径后，会出现一个插件列表让读者选择需要安装的插件，建议全选，开始安装。

4）安装过程会弹出两次寻找路径的对话框。都选择 C:\Program Files（x86）\Adobe\Adobe Audition CS6\Plug - Ins 文件夹。

5）在 Audition 的单轨界面中，执行菜单命令 "效果" → "音频插件管理器"，打开 "音频插件管理器" 对话框，单击 "添加" 按钮。

6）打开 "选择一个插件文件夹" 对话框，选择 C:\Program Files（x86）\Adobe\Adobe Audition CS6\Plug - Ins\VST3 文件夹，单击 "确定" 按钮。

7）在 "音频插件管理器" 对话框中，选择 C:\Program Files（x86）\Adobe\Adobe Audition CS6\Plug - Ins\VST3 文件夹，单击 "插件扫描" 按钮，如图 1-38 所示，单击 "确定" 按钮。

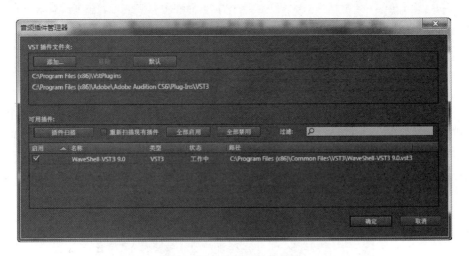

图 1-38　音频插件管理器

1.2.3 Audition 多轨界面混音基础

1. 多轨混音概述

在多轨视图下，可以将多个音频和 MIDI 素材片段进行混合，形成分层音轨，以创建音乐作品。在 Audition 中可以录制并混合多个音轨，在每个轨道上都可以插入若干不同的音频文件、MIDI、视频文件和视频中的声音。这些音、视频素材在多轨工程中叫作素材。

当多个素材放在一起时，各素材的音量、位置等可能不是很谐调，需要分别对其进行编辑。Audition 的多轨界面是一个非常灵活的、实时编辑的环境。每个素材都可以进行单独的非破坏性调整，而不影响其他的素材。在多轨视图下，可以使不同的素材同时发声或不同时发声，可以单独调整每个素材的音量等，可以为每个素材添加各种各样的音效，并且立即监听其效果，当对它们整体的效果感到满意后，可以将它们生成一个单独的音频文件，这个过程就称为"混缩"。在多轨视图中，任何编辑操作的影响都是暂时的、非破坏性的，如果对混音效果不满意，可以对原始文件进行重混合，自由地添加或移除相关的效果，以改变音质。

在多轨视图编辑完毕进行保存时，会将源文件的信息和混合设置保存到工程文件中。Audition 的工程文件保存的信息是关于源文件的文件名、路径名和它们混音时设置的各种参数，并不保存具体的音频波形内容，所以占空间相对较小。

2. 基本轨道控制

（1）轨道的类型

在 Audition 的多轨视图下，可以包含两种类型的轨道。

1）音频轨道。音频轨道主要用于放置当前工程中导入的音频文件或素材，其图标是 ，这些音频轨道提供最大范围的控制，用户可以具体指定输入输出，可以对素材进行复制、删除等编辑操作，可以应用效果，可以自动混缩。在 Audition 多轨视图默认状态下，会显示 6 条音频轨道，如果不够还可以插入音轨。音频轨道如图 1-39 所示。

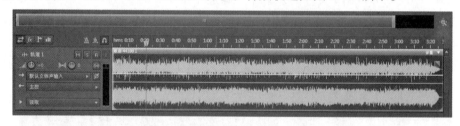

图 1-39　音频轨道

2）主控轨道。每个工程文件总是包含主控轨道，其图标是 ，它可以合并多个音轨的输出并进行统一控制。由主控轨道直接输出到硬件输出设备。主控轨道不能与音频输入进行连接。主控轨道只有一条，且总位于底端，不能删除。如图 1-40 所示，音轨输出到主控轨，主控轨输出到声卡，最终就听到声音了。

图 1-40　主控轨道

（2）轨道的编辑

在 Audition 中用户可以增加、插入和删除轨道。但要注意主控轨道只有一条，不能再增加。

1）插入轨道。

① 用鼠标右键单击音轨的空白处，从弹出的快捷菜单中选择"轨道"→"添加立体声轨"菜单项，如图 1-41 所示，即可在当前所选轨道之后插入一条音频轨。

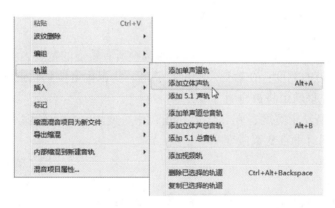

图 1-41　添加轨道

② 按〈Alt + A〉组合键，也会在当前所选轨道之后插入一条音频轨。

2）删除轨道。

① 选择要删除的轨道，用鼠标右键单击音轨的空白处，从弹出的快捷菜单中选择"轨道"→"删除已选择的轨道"菜单项。

② 选择要删除的轨道，按〈Ctrl + Alt + Backspace〉组合键。

3）命名轨道。

可以为轨道起不同的名称，以便更好地识别不同的轨道。为轨道命名的方法如下。

① 在多轨界面中的"主群组"面板中，单击轨道左侧的轨道名称，该轨道的名称进入编辑状态，如图 1-42 所示，直接输入新的轨道名称即可。

② 切换到"混音器"窗口，单击轨道上面的轨道名称，该轨道的名称进入编辑状态，直接输入新的轨道名称即可，如图 1-43 所示。

图 1-42　在"主群组"中命名轨道

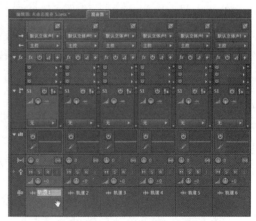

图 1-43　在"混音器"中命名轨道

43

4）称动轨道。

也可以移动轨道，以便将有关联的一些轨道放在一起。移动轨道位置的方法如下。

① 在编辑器窗口中，将鼠标定位到轨道名称左侧，鼠标显示手形时进行拖曳，所选轨道即跟随移动，移动到指定位置时松开鼠标即可。

② 在混音器中，将鼠标定位到轨道名称左侧，鼠标显示手形时进行拖曳，所选轨道同样会跟随移动，移动到指定位置时松开鼠标即可。

5）垂直缩放轨道。

可以分别调整各个轨道的宽度，也可以同时调整所有轨道的宽度，其方法如下。

① 调整一个轨道的宽度：在轨道左侧的控制区，将鼠标定位到轨道的上边界或下边界，然后上下拖曳鼠标，该轨道将被垂直缩放。

② 同时调整所有轨道宽度：在"缩放"窗口中，使用"放大和缩小（振幅）" 🔍 🔍 工具，可以使轨道同时垂直变宽或变窄。

（3）轨道的设置

1）设置输出音量。

① 在"编辑器"窗口中设置输出音量。在"编辑器"窗口的轨道控制区的"音量"旋钮处，如图1-44所示，上下、左右地拖曳鼠标，就可以调整该轨道的音量。在调整时，还可以配合〈Shift〉或〈Ctrl〉键进行调整。

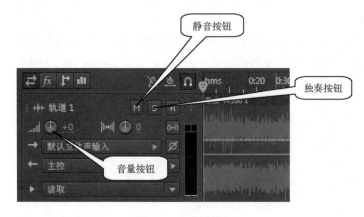

图1-44　音量按钮

② 按〈Shift〉键，可以较大幅度地调整音量。

③ 按〈Ctrl〉键，可以较细微地调整音量。

④ 也可以直接双击"音量"旋钮后面的数值框，输入音量值。

2）使轨道静音或单独播放。

在进行多轨混音时，有时需要单独播放某条轨道的声音，有时需要使某条轨道静音，这些操作在多轨视图下，是很容易实现的。

① 使某条轨道静音的方法是：在"编辑器"窗口或"混音器"窗口的轨道控制区，单击"静音" M 按钮，如图1-44所示。这样，在工程文件播放时，该轨道将不再发声。用同样的方法，也可以使其他若干轨道处于静音状态。

② 使某条轨道单独播放的方法是：在"编辑器"窗口或"混音器"窗口的轨道控制

区，单击"独奏"![S]按钮，如图1-44所示。这样，在工程文件播放时，该轨道将单独播放，其他的轨道都不发声。用同样的方法，也可以使其他轨道处于单独播放的状态。

3）将相同设置应用于全部轨道。

在多轨混音下，可以将若干个设置同时应用于一个工程文件中的全部轨道，这样，工作效率将大大提高，其具体方法是：按〈Ctrl + Shift〉组合键，然后执行一个设置，如静音、单独播放或录音等，这样，全部轨道都将应用此设置。

4）复制轨道。

如果要完整地复制一个轨道中的所有素材、设置信息，就要复制此轨道。复制一个轨道的方法是：选择要复制的轨道，执行菜单命令"多轨混音"→"轨道"→"复制已选择轨道"即可，如图1-45所示。

图1-45　复制轨道

3. 插入素材

在 Audition 的多轨界面中，有音频轨道、视频轨道等多种轨道，可以在相应的轨道上插入音频、视频素材。

1）插入音频。

在多轨视图的音频轨道上可以插入音频，其方法如下。

① 首先，将光标定位到需要插入音频的位置，执行菜单命令"多轨混音"→"插入文件"，打开"导入文件"对话框，选择要插入的音频文件名称，单击"打开"按钮，这样，音频文件就成功地插入到轨道上了。

② 执行菜单命令"文件"→"导入"，在打开的"导入文件"对话框中，选择要导入的音频文件，然后单击"打开"按钮，就将要插入的音频文件导入到了文件窗口中，如图1-46所示，然后在文件窗口中将该音频文件直接拖曳到要插入的轨道即可。也可以单击"文件"窗口中的"插入到多轨混音项目中"![icon]按钮，从弹出的快捷菜单中选择"未命名混音1"，将导入的音频插入到轨道上。

2）插入视频文件

在 Audition 的视频轨道中可以插入视频文件，在多轨界面中，能够支持的视频格式主要有 AVI、WMV、ASF 和 MOV。插入视频文件时，可以同时插入视频画面和声音。

插入视频文件的方法是：首先，将光标定位到需要插入视频文件的位置，然后执行菜单命令"多轨混音"→"插入文件"，在打开的"导入文件"对话框中，选择要插入的视频文件的名称，单击"打开"按钮，视频文件就成功插入了。

插入视频后，其视频画面将显示在视频轨道中，如果之前没有视频轨道，Audition 会在插入视频的同时自动插入一条视频轨道，并自动显示出"视频参考"窗口，如图 1-47 所示。除了插入视频画面外，视频中的声音也将同时被插入到音轨中，如图 1-46 在插入视频的同时也将声音插入到了音轨 1 中。

图 1-46　导入音频

图 1-47　插入视频后

4. 排列素材

当在 Audition 中插入一个音频文件后，此文件就变成所选轨道上的一个素材。接下来，就可以通过调整素材的位置等操作，使各个素材在同时播放时能够达到我们需要的效果。下面就来学习有关素材的基本操作。

在对音频进行操作之前，首先要选中该素材。可以选择素材中的一段声音，也可以对素材进行整体选择，选择一个或多个素材。

（1）选择素材中的一段声音

1）单击工具栏中的"时间选区工具"按钮，然后拖曳鼠标选择一段波形。所选波形呈高亮显示，如图 1-48 所示。

图 1-48　用时间选区工具选取素材中的一段声音

2）在要选择素材的开始位置，按住鼠标不放，拖动鼠标到结束位置松开鼠标。

（2）选择单个素材

单击要选择的素材，即可将该素材整个选中，此时，该素材呈现高亮，表示已被选中，如图 1-49 所示。

图 1-49 选择单个素材

（3）选择多个素材

按住〈Ctrl〉键的同时，单击所要选择的素材，即可同时选择多个素材，如图 1-50 所示。

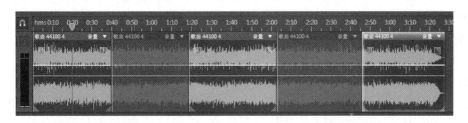

图 1-50 选择多个素材

（4）选择同一轨道上的所有素材

选择轨道内的一个素材，执行菜单命令"编辑"→"选择"→"所有已选定轨道内的素材"，可以选择该音轨上的所有素材。

（5）选择所有素材

1）执行菜单命令"编辑"→"选择"→"全选"命令，可以同时选择所有的素材。

2）按〈Ctrl + A〉组合键，也可以同时选择所有的素材。

（6）移动素材

1）用鼠标右键按住鼠标不放，拖曳鼠标，那么，所选素材就会在当前轨道中前后移动位置，或者在不同轨道间移动位置。

2）单击工具栏中的"移动工具"按钮，然后拖曳鼠标，则移动所选素材。

（7）复制素材

在多轨视图中，如果要重复使用一段素材，可以对素材进行复制。复制素材的方法有以下几种。

1）首先选中要复制的素材，然后执行菜单命令"编辑"→"复制"，接着定位到放素材的位置，最后再执行菜单命令"编辑"→"粘贴"，即可产生当前素材的一个副本。

2）在要复制的素材上单击鼠标右键，从弹出的快捷菜单中选择"复制"菜单项，接着定位到放素材的位置，再单击鼠标右键，从弹出的快捷菜单中选择"粘贴"菜单项，也可产生当前素材的一个副本。

3）选中要复制的素材，按〈Ctrl + C〉组合键，接着定位到放素材的位置，按〈Ctrl + V〉组合键，也可产生当前素材的一个副本。

（8）组合素材

在 Audition 的多轨视图中，如果要将两个或多个素材同时进行操作，保证它们的绝对时间保持不变，就需要将这些素材进行组合之后再进行操作。反之，也可以把已经组合的素材取消组合。

1）按〈Ctrl〉键的同时选择两段音频，然后执行菜单命令"素材"→"编组"→"编组素材"，此时，两个波形素材的颜色变成一样，同时在每个素材的左下角都出现了图标，表示这两个素材已经组合成了一个素材，在移动其中一个素材时，另一个素材也会同时移动，保持绝对位置不变，如图1-51所示。选中已被组合的素材，再次执行菜单命令"素材"→"编组"→"编组素材"，则取消组合，恢复为之前的两个素材。

2）同时选中两个音频波形素材后，用鼠标右键单击，从弹出的快捷菜单中选择"编组"→"编组素材"菜单项，也可以进行组合。如果选中被组合的任意一个素材波形，用鼠标右键单击，从弹出的快捷菜单中选择"编组"→"编组素材"菜单项，则取消组合。

（9）删除素材

删除素材是指将所选素材从轨道上删除，但其文件并不关闭。删除素材的方法有以下几种。

1）首先选中要删除的素材，然后执行菜单命令"编辑"→"删除"。

2）在要删除的素材上单击鼠标右键，从弹出的快捷菜单中选择"删除"菜单项。

3）首先选中要删除的素材，然后执行菜单命令"编辑"→"波纹删除"→"已选择素材"。

（10）锁定素材

如果某些素材已经编辑完毕，为了避免由于误操作而遭到毁坏，可以将这些素材锁定。被锁定的素材不能进行移动等操作，因此可以减少很多误操作。

1）选择要锁定的素材，执行菜单命令"素材"→"锁定时间"，被锁定的素材左下方会出现"锁定时间"标志，如图1-52所示。再次选择该命令，将取消锁定。

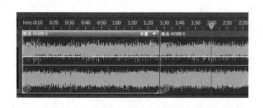

图1-51　编组后的素材

图1-52　锁定素材

2）在要锁定的素材上单击鼠标右键，从弹出的快捷菜单中选择"锁定时间"菜单项，也可以锁定素材。再次选择该命令，将取消锁定。

5. 编辑素材

在Audition的多轨界面中，可以对素材进行修剪、延长、切分或重组等编辑操作，以满足混音的需要。在多轨界面中对素材的编辑是无损的，也就是说对素材的编辑并不会对音频波形本身造成破坏，所以处理过的音频仍然可以随时恢复到最初状态。如果想永久改变素材，需要在单轨视图下进行操作。

（1）通过选区进行剪裁、扩展素材

A. 删除选区外的波形，保留选区内的波形（修剪）

1）首先在工具栏上选择"时间选区工具"，在轨道上选择一段需要保留的波形，执行菜单命令"素材"→"修剪时间选区"，就可以将选区外的波形删除，保留选区内的波形，如图1-53所示为修剪前后的波形。

2）删除选区内的波形，并在时间上留有一段空白（删除）。如果要删除选区内的波形，并在时间上留有一段空白，选择要删除的波形，执行菜单命令"编辑"→"删除"，效果如图1-54所示。

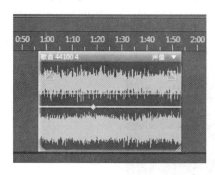

图1-53　修剪后

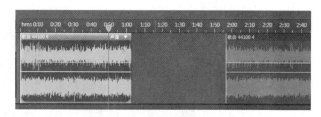

图1-54　删除后

3）删除选区内的波形，并删除此段时间（波纹删除）。选择要删除的波形，执行菜单命令"编辑"→"波纹删除"命令，效果如图1-55所示。

B. 通过拖曳进行裁剪、扩展素材

将鼠标放在所选素材波形的边界处，当鼠标显示为拖曳标志时，即可拖曳鼠标，素材的区域范围就会随之变化。

C. 移换已裁切的素材内容

如果想让素材的边界不变，而其中的内容发生变化，即移换已裁切的素材内容，可以进行如下操作。

在工具栏单击"滑动工具"按钮，在按住〈Alt〉键的同时，用鼠标左键在素材范围内拖曳，将看到素材内的波形正在滑动着发生移换。

（2）切分、重组素材

如果一个素材时间较长，可以将其切分成多个素材，以便对不同的素材进行不同的操作。

A. 将素材切分成两部分

1）在素材上要切分的位置单击鼠标，确定切分点，执行菜单命令"素材"→"拆分"，这样一个素材就被分成了两个素材，并且可以分别进行不同的操作，如图1-56所示。

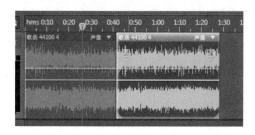

图1-55　波纹删除

图1-56　分割后

2）在素材上要切分的位置单击鼠标，确定切分点，用鼠标右键单击，从弹出的快捷菜单中选择"拆分"菜单项，这样也可以把一个素材分成两个素材。

3）在素材上要切分的位置单击鼠标，确定切分点，按〈Ctrl + K〉组合键也可以把一个素材分成两个素材。

B. 重组已切分的素材

已切分过的几个素材也可以重新合并为一个素材，其操作方法是：首先框选要组合的几个素材，用鼠标右键单击，从弹出的快捷菜单中选择"编组"→"编组素材"菜单项（或按〈Ctrl + G〉组合键）这样几个素材就可以合并成一个素材，如图 1-57 所示。

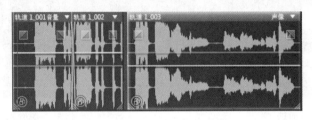

图 1-57　重组后

（3）为素材添加淡变效果

在多轨视图中，可以在两段相邻的素材片段之间设置淡变效果进行转场，使前一段剪辑的结尾平滑地过渡到第二段素材的开端。素材上的淡变效果控制能够让用户直接观察和调整淡变的曲线和时间。

在素材的左上角或右上角，拖曳淡变控制图标█或█，如图 1-58 所示，通过向内侧拖曳来设置淡变的长度，通过向上或向下拖曳可以调整淡变的曲线。

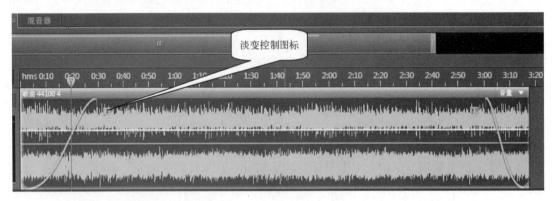

图 1-58　为一个素材添加淡入淡出效果

（4）设置时间伸展

时间伸展技术打破了传统的音频处理手法，可以分别独立地为各个素材处理声音的速度和音高，也就是说可以将声音的音高改变，而不改变声音的速度，也可以将声音的速度改变而不改变声音的音高。在多轨界面中对素材进行时间伸展非常方便，不必打开效果器，只需用鼠标拖曳音频波形就可以实现。

1）执行菜单命令"素材"→"伸展"→"启用全局素材伸展"，即表示素材时间伸展已经启用。

2）执行菜单命令"素材"→"伸展"→"伸展属性"，如图 1-59 所示。

3）在伸展属性对话框中，"模式"为实时，"类型"选择变速，并设置合适的变速选项等参数。变速选项有以下两个选项。

- "持续时间"：适合伸缩和处理现有声音。
- 音调：将音调提升或降低。

4）也可将鼠标移动到音频波形末尾的右上角，当光标变成秒表图标的时候开始拖曳，即可实现声音的拉伸和压缩。

6. 音频文件的转换

Audition CS6 还可以将 AIF、AU、MP3、Raw PCM、SAM、VOC、VOX、WAV 等文件相互转换。

1）音频文件的输入。单击"多轨混音"按钮，切换为多轨界面，用鼠标右键单击"音轨 1"，从弹出的快捷菜单中选择"插入"→"文件"，打开"导入文件"对话框，在 CD 光盘或存放歌曲的硬盘里，找到所要的歌曲文件（CDA、WAV、MP3 和 MAV 等文件），单击"打开"按钮，插入到"音轨 1"中。

2）音频文件的输出。执行菜单命令"文件"→"导出"→"多轨缩混"→"完整混音"，打开"导出多轨缩混"对话框，"文件名"文本框中输入文件名，"位置"中选择保存位置，在"格式"下拉列表中选择一种存储格式，如图 1-60 所示，单击"确定"按钮，保存为另一种音频文件。

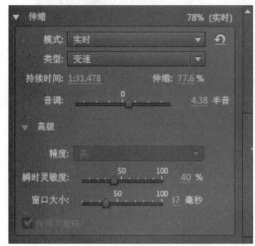

图 1-59　伸缩

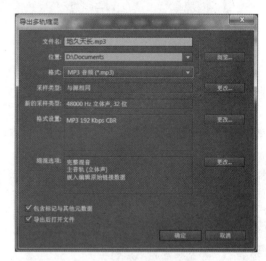

图 1-60　导出多轨缩混

另外，Audition CS6 还可将视频中的波形文件（MPEG 及 AVI 等）插入到"音轨"中。

综合实训

实训 1　翻唱歌曲制作

音乐爱好者制作高质量的翻唱歌曲在网上发布已经变得很普遍了，这全都有赖于音乐制作软件的普及。掌握了 Audition CS6 的强大功能，用户就可以制作出属于自己的高质量翻唱歌曲了。

1. 制作音乐伴奏

Audition CS6 制作音乐伴奏是提取 WAV、MP3 音频文件的单声道（没有人声的声道）音频加以混缩成为双声道的立体声伴奏。

1）启动 Audition CS6，进入多轨界面，多轨界面一般有多个音轨，进入多轨界面之后，用鼠标右键单击音轨 1，从弹出的快捷菜单中选择"插入"→"文件"菜单项。

2）打开"导入文件"对话框，找到所要的歌曲文件（MP3、WAV），单击"打开"按钮，插入到音轨 1 中，如图 1-61 所示。

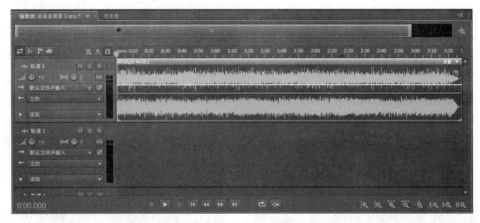

图 1-61　插入音频

3）单击"播放"按钮预览，这时还存在单声道的人声。要想消去人声，单击"立体声平衡"按钮右侧的文字，输入 L100，按〈Enter〉键，如图 1-62 所示。

4）单击"播放"按钮预览，如果人声没有了，执行菜单命令"多轨混音"→"混缩为新文件"→"完整混音"，如图 1-63 所示，大概花上十来秒钟进行处理。

图 1-62　声相

图 1-63　单声道混缩

5）混缩创建完成后，Audition CS6 自动弹出单轨界面。如图 1-64 所示。

6）在单轨界面上对音频波形进行音量标准化，执行菜单命令"效果"→"波形振幅"→"音量标准化"，打开"标准化"对话框，选择"平均标准化所有声道"和"DC 偏差调整"复选框，"标准化为"的百分率为 100%，如图 1-65 所示，然后单击"确定"按钮，

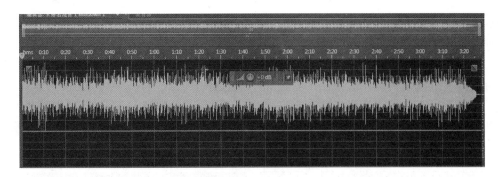

图 1-64　单轨界面

让它处理完成。

7）音量标准化处理完毕，在单轨界面上用鼠标右键单击音频波形，从弹出的快捷菜单中选择"提取声道为单声道文件"菜单项，右侧项目窗口中出现左右两个声道文件，如图 1-66 所示。

图 1-65　标准化

图 1-66　两个声道文件

8）在项目文件里，用鼠标右键单击有音频的轨道 L，单击"插入到多轨混音项目中"→"未命名混音 1"。打开多轨混音界面，这时在音轨 2 中插进了伴奏波形，单击第一轨的"静音"按钮，如图 1-67 所示，单击"播放"按钮预览，此时人声已消去。

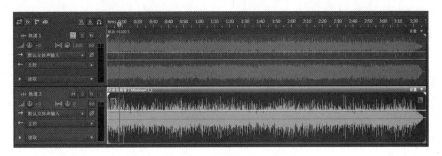

图 1-67　伴奏插入多轨

9）最后存盘，执行菜单命令"文件"→"导出"→"多轨缩混"→"完整混音"，打开"导出多轨缩混"对话框，设置参数，如图 1-68 所示，单击"确定"按钮，把伴奏音频以 MP3 格式等存入硬盘中。

2. 录音

1）进入 Audition CS6，开始录音。新建工程后，单击"多轨混音"按钮进入多轨界面。用鼠标右键单击第一轨道，从弹出的快捷菜单中选择"插入"→"音频文件"菜单命令，打开"打开波形文件"对话框，选择 MP3（也可以是 WMA 和 WAV 等音频伴奏）伴奏插入第一轨道中，然后将第二轨道设为"录音轨道"，在第二轨道左边的控制栏上，选中 R 按钮即可完成，如图 1-69 所示。

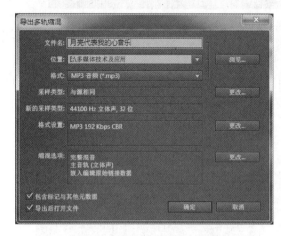

图 1-68　导出多轨缩混

图 1-69　设置录音轨道

2）接下来的就是实时录音了。按下"录音"　　按钮。这时只要有声音输入就会发现第二轨道里产生波形了，这说明麦克风信号已成功输入，可以录音了。

技巧：在录音的过程中，如果发现前面某一段唱得不佳，用户完全可以在那段地方停止录音，用鼠标的左键选择那段地方重新录制。当一首歌录制完毕，就可以对声音进行编辑处理了，这是最关键的一步，它决定翻唱歌曲的质量。

3. 编辑声音

用鼠标右键单击录音轨道 2，从弹出的快捷菜单中选择"编辑源文件"菜单项，进入单轨界面对声音进行噪声消除、限压、滤波、混音、音量标准化处理。具体步骤如下。

1）噪声消除。首先选择文件最开头的 1 s 的音频波形作为噪音样本，执行菜单命令"效果"→"降噪（N）/恢复"→"降噪（N）（处理）"，打开降噪器对话框。单击"捕获噪声样本"按钮，采集噪声样本，单击"关闭"按钮。然后，选择要进行降噪处理的全部波形，执行菜单命令"效果"→"降噪（N）/恢复"→"降噪（N）（处理）"，将降噪级别调整为 80%，试听满意后，单击"应用"按钮，即可将夹杂其中的噪声基本去除。

2）声音限压。一首歌有高潮段也有低沉段，如果麦克风没有动态距离调节，唱出的歌声会忽高忽低（难以避免的），那么声音限压便是必需的了。执行菜单命令"效果"→"VST 3"→"动态"→"Waves"→"C4 Sttereo"，打开"C4 Sttereo"对话框后，保持默认设置，如图 1-70 所示，然后单击"应用"即可完成声音限压。

3）滤波。选择录下的声音，执行菜单命令"效果"→"滤波与均衡"→"参数均衡器"，打开"参数均衡器"对话框，改变声音的中高低音频率，根据麦克风的声效进行调

54

节，例如麦克风的低音较强、高音较弱，则可以在"参数均衡器"中把高音频率调高，如图1-71所示。然后单击"预览"按钮，如不满意则再调节，直到自己感觉满意为止，最后单击"应用"按钮完成声音滤波。

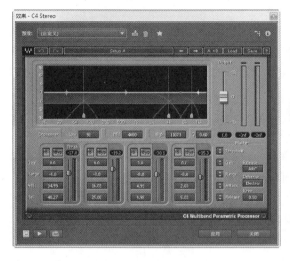

图1-70　限压设置

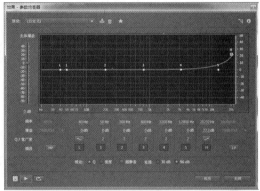

图1-71　参数均衡器

4）混音。选中录下的声音，执行菜单命令"效果"→"混响"→"完全混响"，打开"完全混响"对话框，在"输出电平"项把"干声"的百分率调到160%，"早反射""混响"分别调到45%、50%。然后单击"预览"按钮、再调节，直到自己感觉满意为止，如图1-72所示。

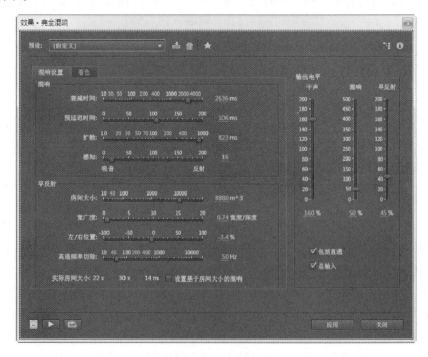

图1-72　完全混响

5）音量标准化。选择录下的声音，执行菜单命令"效果"→"振幅与压限"→"标准化"，打开"标准化"对话框，选择"平均标准化所有声道"和"DC 偏差调整"复选框，"标准化为"的百分率为 100%，单击"确定"按钮即可完成。注意人声波形振幅设为100% 后，伴奏也应为 100%，这样才能相互配调。

6）单击"多轨混音"按钮转入多轨混音界面，预览翻唱歌曲，如果觉得满意的话，执行菜单命令"文件"→"导出"→"多轨缩混"→"完整混音"，打开"导出多轨混音"对话框，设置好参数，单击"确定"按钮，把伴奏音频以 MP3（WAV、WMA 等）格式等存入硬盘中。这样，翻唱歌曲大功告成了。

实训 2 "小马过河"音频文件制作

首先由一名配音演员录制"小马过河"的对话，然后进行音量标准化和降噪处理，接着使用"变调"命令，使小马、老马、牛伯伯及小松鼠的声音更加逼真，最后保存为"小马过河. wav"。

1）启动 Audition，单击"波形"按钮切换到单轨视图下。

2）执行菜单命令"文件"→"新建"→"音频文件"，新建一个"44100 Hz"的采样率、"立体声""16 位"的量化位数的音频文件。

3）确保音箱打开，并插入耳机和麦克风。用鼠标右键单击屏幕右下角的小喇叭，从弹出的快捷菜单中选择"录音设备"，打开"声音"对话框，选择麦克风，单击"属性"按钮，打开"麦克风属性"对话框，单击"高级"选项卡，在"默认格式"中选择"2 通道，16 位，44100 Hz（CD 音质）"，单击"级别"选项卡，调整好音，单击"确定"按钮退出。

4）戴好耳机与麦克风，单击传送器面板中的"录音"按钮开始录制小马与老马的对话，内容如下。

老马："小马，你已经长大了，可以帮妈妈做事了。今天你把这袋粮食送到河对岸的村子里去吧。"

小马："好啊!"

小马："牛伯伯，您知道那河里的水深不深呀?"

牛伯伯："不深，不深。才到我的小腿。"

小松鼠："小马，小马别下去，这河可深啦。前两天我的一个伙伴不小心掉进了河里，河水就把它卷走了。"

老马："你为什么不自己到河里去试试呢? 做什么事情只有自己试过了，才能知道是否能成功。"

小马："谢谢你了，妈妈，我知道怎么做了。"

5）录制结束后，再次单击"录音"按钮，即可停止录制，录制音频波形如图 1-73 所示。

6）降噪。用鼠标右键单击音频波形，从弹出的菜单中选择"编辑源文件"，进行单轨界面。首先选择文件最开头 1 s 的音频波形作为噪音样本，执行菜单命令"效果"→"降噪（N）/恢复"→"降噪（N）（处理）"，打开降噪器对话框。单击"捕获噪声样本"按钮，采集噪声样本，单击"关闭"按钮。然后，选择要进行降噪处理的全部波形，执行菜单命令"效果"→"降噪（N）/恢复"→"降噪（N）（处理）"，将降噪级别调整为 80%，试听满意后，单击"应用"按钮，即可将夹杂其中的噪声基本去除。降噪后效果如图 1-74 所示。

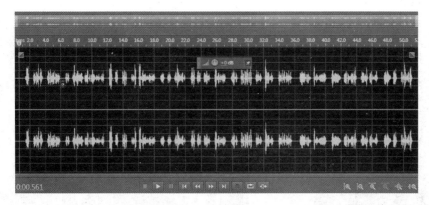

图 1-73　小马过河录音

图 1-74　降噪后的波形

7）调整音量。选中全部波形，执行"效果"→"振幅和压限"→"标准化（进程）"菜单命令，打开"标准化"对话框，将"标准化为"复选框勾选，在其后输入 100%，并勾选"平均标准化所有声道"和"DC 偏差调整"复选框，单击"确定"按钮，波形如图 1-75 所示。

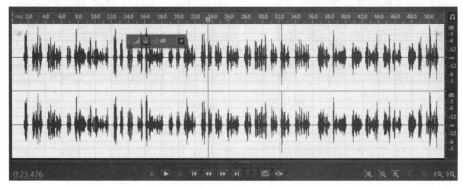

图 1-75　标准化后的波形

8）改变音调。先反复试听，分别找到小马、老马、牛伯伯和小松鼠说话的音频波形。然后选中小马说话的音频波形，执行菜单命令"效果"→"时间与变速"→"伸缩与变调"，在"变调"对话框中按图 1-76 设置参数，"精度"为低，"变调"为 6，使小马的声音更像童音。

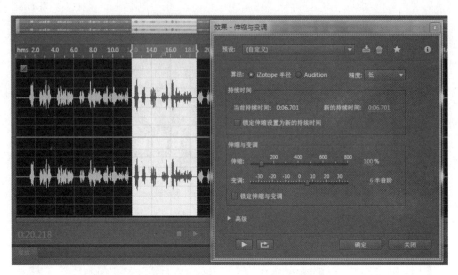

图 1-76　修改小马的声音

9）选中牛伯伯说话的音频波形，执行菜单命令"效果"→"时间与变速"→"伸缩与变调"，在"变调"对话框中按图 1-77 设置参数，"精度"为低，"变调"为 -6，使牛伯伯的声音更加低沉。

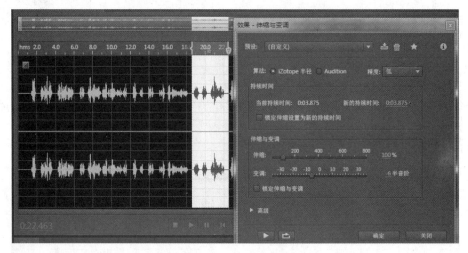

图 1-77　修改牛伯伯的声音

10）最后，选中小松鼠说话的音频波形，执行菜单命令"效果"→"时间与变速"→"伸缩与变调"，在"变调"对话框中按图 1-78 设置参数，"精度"为低，"变调"为 10，"伸缩"为 90%，使小松鼠的声音更加逼真。

11）试听一下，效果满意后，在单轨界面上用鼠标右键单击音频波形，从弹出的快捷菜单中选择"插入到多轨混音中"→"新建多轨混音"，打开"新建多轨混音"对话框，设置好参数，单击"确定"按钮。

12）执行菜单命令"文件"→"导出"→"多轨缩混"→"完整混音"，打开"导出多轨混音"对话框，设置好参数，单击"确定"按钮，保存为"小马过河.Wav"。

综合实例表如表 1-1 所示。

图 1-78　修改小松鼠的声音

项目小结

完成这个项目后得到什么结论？有什么体会？完成项目评价表，如表 1-1 所示。

表 1-1　综合实训项目

项目	内　　容	评价标准	得　　分	结　　论	体　　会
1	翻唱歌曲制作	5			
2	"小马过河"音频文件制作	5			
	总评				

拓展练习

题目：制作一个电视纪录片配音文件。

规格：输出为双声道 ＊.WAV 文件。

要求：运用 Audition 软件本身的效果对录制好的配音文件进行处理。

习题

1. 填空题

（1）（　　）效果是使声音的音量由大逐渐变小。

（2）如果要为声音同时添加多种效果，可以执行 Audition 中的（　　）。

（3）用（　　）命令可以快速把素材音量调整到某个指定水平，即快捷地将当前波形或选定的波形振幅值的最大值调整到最大电平 0 dB 的规定值内。

（4）在歌曲的录制中，可能经常遇到走调的情况，如音调偏低或偏高等，这可以通过（　　）效果组中的命令来进行修复。

（5）（　　）效果器是通过对原始声音的重复播放，产生回声感和声场感。它可以对各类乐器、人声起到润色的作用。

（6）在滤波器中，通带是指信号能够（　　　）的频率范围。

2. 选择题

（1）在 Audition 效果器中，调整具体参数数值时，不能通过（　　　）来实现。

A. 在数值上单击鼠标右键

B. 在数值上向上、下、左、右方向拖曳鼠标

C. 拖曳滑块

D. 单击数值后，直接输入

（2）下列（　　　）配置是 MPC 必不可少的。

A. DVD 刻录机　　　　　　　　　B. 高质量的声卡

C. 高分辨率的图形、图像显示　　　D. 高质量的视频采集

（3）数字音频采样和量化过程所用的主要硬件是（　　　）。

A. 数字编码器　　　　　　　　　B. 数字解码器

C. A/D（模→数）转换器　　　　　D. D/A 转换器

（4）在数字音频获取与处理过程中，下列顺序正确的是（　　　）。

A. A/D 变换、采样、压缩、存储、解压缩、DIA 变换

B. 采样、压缩、A/D 变换、存储、解压缩、D/A 变换

C. 采样、A/D 变换、压缩、存储、解压缩、D/A 变换

D. 采样、D/A 变换、压缩、存储、解压缩、A/D 变换

（5）下列采集的波形声音质量最好的是（　　　）。

A. 单声道、8 位量化、22.05 kHz 采样频率

B. 双声道、8 位量化、22.05 kHz 采样频率

C. 单声道、16 位量化、22.05 Hz 采样频率

D. 双声道、16 位量化、44.1 kHz 采样频率

（6）MIDI 音乐的合成方式是（　　　）。

A. FM　　　　　B. 波表　　　　　C. 复音　　　　　D. 音轨

（7）在 Audition CS6 中，对音频区域描述正确的是（　　　）。

A. 在波形上用鼠标单击左键并拖曳定义一个选择区域

B. 按住〈Shift〉键，鼠标左键在波形上单击可扩展一个已经存在的选择区域

C. 使用鼠标右键在波形上单击可以扩展一个已存在的选择区域

D. 双声道波形不能选择单个波形选区

3. 简答题

（1）人的听觉感知机理主要有哪些特征？

（2）声音质量的度量有哪些方法？

（3）音频数字化需经历哪些过程？

（4）计算机中有几种常见声音文件格式？

（5）声卡由哪几部分组成？

（6）声卡的功能有哪些？

（7）板载声卡有哪些缺点？

（8）Audition CS6 声音编辑器具有哪些功能？

项目 2　数字图像的处理

技能目标与知识目标

能应用扫描仪、数码照相机和 Snagit 软件获取数字图像，能使用 Photoshop 软件进行数字图像处理。

了解数字图像在计算机中的实现，了解数字图像常用的格式。

掌握扫描仪的功能及使用方法。

掌握数码照相机的类型、工作过程及主要技术指标。

掌握 Snagit 软件的使用。

掌握使用 Photoshop 处理数字图像。

课前导读

人们在获取周围信息时，通过视觉得到的信息量约为总信息量的 80%，通过听觉得到的信息量约为总信息量的 15%，可见图像信息在日常生活中的重要地位。

听觉类媒体与视觉类媒体相比总是不够形象、确切，用图、文表达某项事物，总是比用声音讲述更容易确认。本项目将数字图像的处理分成几个任务来学习，第一个任务是图像在计算机中的实现，第二个任务是图像的获取，第三个任务是屏幕抓图，第四个任务是使用 Photoshop 处理图像，第五个任务是完成 3 个项目实训。

任务 2.1　图像在计算机中的实现

电视的诞生对人们的日常生活影响相当深远。电视的声形并茂、现场直播是推动多媒体技术诞生与发展的主要动力之一。电视技术与计算机技术的有效结合直接推动了多媒体技术的诞生。Windows 操作系统将图标（Icon）、位图（Bitmap）、鼠标等引入到计算机中，推动着传统计算机的命令行界面向图像界面的过渡。而今，图像界面已深入人心，图像资源已成为计算机中重要资源之一。

2.1.1　图像信息的数字化

在计算机中，所有信息必须是数字形式的。一幅黑白静止平面图像（如相片）中各点的灰度值可用其位置坐标 (x,y) 的函数 $f(x,y)$ 来描述。显然，函数 $f(x,y)$ 是连续函数，无法用计算机进行处理。因此，图像要在计算机中实现，首先必须数字化。

图像信息的数字化包括采样、量化两个过程。

1. 采样

图像在空间上的离散化称为采样。一幅黑白静止平面图像（如相片）其位置坐标函数 $f(x,y)$ 是连续信号，用计算机处理它首先必须对连续信号进行采样，即按一定的时间间隔

（T）取值（T 称为采样周期，$1/T$ 称为采样频率），得到一系列的离散点。这些点称为样点（或像素）。一幅图像到底应取多少点呢？其约束条件是：由这些样点，采用某种方法能够正确重建原图像。采样定理告诉我们，若连续信号 $x(t)$ 的频谱为 $x(f)$，按采样时间间隔 T 采样取值得到 $x(nT)$，如果满足：

当 $|f| \geqslant f_c$ 时，f_c 是截止频率

$$T \leqslant \frac{1}{2f_c} \quad 或 \quad f_c \leqslant \frac{1}{2T}$$

则可以由离散信号 $x(nT)$ 唯一地恢复出 $x(t)$。即采样频率大于信号最大频率 2 倍时，能够不失真重建原图像。

2. 量化

由于计算机中只能用 0 和 1 两个数值表示数据，连续信号 $x(t)$ 经采样变成离散信号 $x(nT)$ 仍需用有限个 0 和 1 的序列来表示 $x(nT)$ 的幅度。把用有限个数字 0 和 1 表示某一电平范围的模拟离散图像信号称为图像的量化。

在量化过程中，如果量化值是均匀的，则称为均匀量化，反之，则为非均匀量化。在实际使用上，常常采用均匀量化。一般而言，量化将产生一定的失真，因此，量化过程中每个样值的比特数直接决定图像的颜色数，决定着图像的质量。目前，常用的量化标准有 8 位（256 色）、16 位（64K 增强色）、24 位（24 位真彩色）、32 位（32 位真彩色）几个等级。

通过图像数字化之后，将一幅模拟图像数字化为像素的矩阵，也就是说，像素是构成图像的基本元素，因此，图像数字化的关键在于像素的数字化。由于图像是一个空间概念，并没有直接的数值关系，因此，如何表示像素，如何表示颜色是图像数字化的基础。

2.1.2 颜色的表示

1. 颜色概述

颜色亦称彩色，是可见光的基本特征。习惯上，总是用亮度、色调和饱和度来描述颜色。

亮度、色调和饱和度是颜色的基本参数。

亮度是光作用于人眼时所引起的明亮程度的感觉，它与被观察物体、光源及人的视觉特性有关。一般情况下，对于同一物体，照射的光越强，反射光就越强，也就越亮。在相同的光照下，不同物体的亮度取决于不同物体的反射能力。物体的反射能力越强，也就越亮。

色调是指当人眼看一种或多种波长的光所产生的彩色感觉，它反映颜色的种类，是决定颜色的基本属性。饱和度是指颜色的纯度即掺入白光的程度，或者说是指颜色的深浅程度。对于同一色调的彩色光，饱和度越深，颜色就越鲜艳，或者说颜色就越纯。

饱和度和色调统称色度。

由光学知识我们知道，对无源物体，物体的颜色由物体吸收哪些光波决定。对有源物体，物体的颜色由物体产生的哪些光波决定。如白色物体，它对任何颜色均不吸收，故为白色。因此，颜色本身是可用频率、幅度表示的物理信号。

自然界的颜色丰富多彩，如何表示自然界的颜色呢？传统理论上常采用配色法。事实证明，自然界的常见颜色均可用红（R）、绿（G）、蓝（B）三种颜色的组合来表示。也就是说，绝大多数颜色均可以分解为红（R）、绿（G）、蓝（B）三种颜色分量。这就是色度学

的最基本原理——三基色原理。运用三基色，虽然不能完全展示原景物辐射的全部光波成分，却能获得与原景物相同的彩色感觉。

2. 常用彩色空间

（1）RGB 彩色空间

按照三基色原理，国际照明委员会（CIE）选用了物理三基色进行配色实验，并于 1931 年建立了 RGB 计色系统。红（R）、绿（G）、蓝（B）称为物理三基色，它们的波长分别为 700 nm（R）、546.1 nm（G）、435.8 nm（B）。RGB 也就成为颜色的基本计量参数。

RGB 彩色空间是指用红（R）、绿（G）、蓝（B）物理三基色表示颜色的方法。这是彩色的最基本表示模型。在计算机中有 RGB8∶8∶8 方式。在 RGB8∶8∶8 方式中，R、G、B 三个分量分别用 8 位二进制数表示。如（255、255、255）表示白色，（0、0、0）表示黑色。数值越大则表示某种基色越亮。

（2）YUV 彩色空间

彩色电视要与黑白电视系统兼容，也就是说在制作、发射中必须捎带发射黑白信号。因此，虽然彩色摄像机最初得到的是 RGB 信号，但在彩色电视 PAL 制式中，没有采用国际照明委员会（CIE）推荐的 RGB 配色法，而采用 YUV 空间配色法。其中，Y 为亮度信号，U、V 为两个色差信号。

2.1.3 图像文件在计算机中的实现

在计算机中，图像表现为像素阵列，其实现取决于像素的数字化和颜色的表示。有了这些基础，图像在计算机中的实现可以归结为如下一句话：图像在计算机中的实现是通过扫描将空间图像转换为像素阵列，用 RGB 彩色空间表示像素，并用图像文件方式组织编排像素阵列来实现的。

在计算机中，组织编排像素阵列有许多格式，形成了许多极为流行的图像文件格式。但从总体上说，组织编排像素阵列方法可分为两类。

1. 代码法

在计算机中，采用 RGB 彩色空间表示颜色，在具体实现上，有 RGB 8∶8∶8 方式。也就是说，直接用颜色信息表示像素需要 2~3 个字节。因此，图像信息量极为巨大，直接用原始颜色信息存储无疑要增大图像文件的存储空间，增加系统开销。

在计算机中，图像文件按颜色数可分为 2 色、16 色、256 色、64K 增强色、24 位真彩色和 32 位真彩色。对 2 色、16 色、256 色图像，从颜色数的信息角度来看，一个字节可用来表示 4 个 2 色图像、2 个 16 色图像或 1 个 256 色图像像素。如果直接用原始颜色信息存储，则无论对 2 色、16 色还是 256 色图像，表示一个像素需要 2~3 个字节，这无疑更增大了图像文件的存储空间，增加了系统开销。

在早期流行的 PCX 图像格式中，引入了调色板，从而奠定了代码方法组织编排像素阵列的基础，PCX 图像也就成为事实上的位图标准。调色板是指在图像文件中，增加一个区域，用于专门存储该图像所使用的颜色的原始 RGB 信息。这样在实际组织编排像素阵列时，不直接采用像素所代表颜色的原始 RGB 信息。而采用它在调色板中的位置码来代替其原始 RGB 信息。所以，一个字节可用来表示 4 个 2 色图像、2 个 16 色图像或 1 个 256 色图像像素，从而减少了图像文件的存储空间。

2. 直接法

在图像文件中引入调色板，不直接存储像素所代表颜色的原始 RGB 信息，而采用它在调色板中的位置码来代替其原始 RGB 信息，这样就减少了图像文件的存储空间，但增加了存储调色板的附加开销。

在实际使用上，在调色板中存储一个颜色的原始 RGB 信息一般使用 4 B，这样，对 256 色及以下图像，存储调色板的附加开销不超过 1 KB。对绝大多数图像文件来说，这个附加开销是微不足道的。但是对 256 色以上图像，由于系统使用颜色数很多，存储调色板的附加开销将非常巨大。以相对较小的 64 K 增强色图像为例，假定存储一个颜色的原始 RGB 信息只使用 2 B，这样，对 64 K 增强色图像，存储调色板的附加开销为 128 KB。对 24 位真彩色图像，假定存储一个颜色的原始 RGB 信息只使用 3 B，存储调色板的附加开销为 48 MB。显然，存储调色板的附加开销非常巨大，不仅没有减少图像文件的存储空间，反而成百上千倍地增加了图像文件的存储空间。所以，对 256 色以上图像，不适合用代码方法组织编排像素阵列。

为此，对 256 色以上图像，由于系统使用颜色数很多，存储调色板的附加开销将非常巨大，一般采用从左到右，从上到下，直接用原始颜色信息的方法组织编排像素阵列，这便是直接法。直接法适合于 64 K 增强色、24 位真彩色和 32 位真彩色图像。

2.1.4 常见图像文件格式

1. GIF 格式

GIF（Graphics6 Interchange Format）格式是 Compu – Serve 公司在 1987 年 6 月为了制定彩色图像传输协议而开发的文件格式。它是一种压缩存储格式，采用 LZW 压缩算法，压缩比高，文件长度小。早期 GIF 格式图像只支持黑白、16 色、256 色图像。现在，其调色板支持 16M 颜色，因而也可以说现在的 GIF 格式支持真彩色。

GIF 格式图像压缩效率高，解码速度快，且支持单个文件的多重图像，文件占用空间小，常用于网络彩色图像传输。由于它支持单个文件的多重图像，因此也称为 GIF 动画。GIF 动画是目前广为流行的 Web 网页动画的最基本的形式之一。

2. PCX 格式

PCX 格式图像是 Z – soft 公司为存储 PCPaintbrush 软件包产生的图像而建立的图像文件格式。PCX 文件格式较简单，使用游程长编码（RLE）方法进行压缩，压缩比适中，压缩与解压缩速度都比较快，支持黑白、16 色、256 色、灰色图像，但不支持真彩色。

由于 PCX 格式图像文件开发较早，应用较多，因此，以 PCX 格式存储的图像到处都有，而且为软件市场广泛接受。这样一来，PCX 格式图像便成了事实上的位图文件标准格式，成为 PC 上使用最广泛的图像格式之一。而今，绝大多数开发系统均支持 PCX 格式图像文件。

3. TIFF 格式

TIFF（Tag Image File Format）格式是由 Aldus 和 Microsoft 公司为扫描仪和台式计算机出版软件开发的文件格式，支持黑白、16 色、256 色、灰色图像以及 RGB 真彩色图像等各种图像规格。

TIFF 格式是工业标准格式，分成压缩和非压缩两大类。TIFF 格式文件为标记格式文件，便于升级，随着工业标准的更新，各种新的标记不断出现。因此，生成一个 TIFF 格式文件是相当容易的事情，而完全读取全部标记则相当困难。

4．BMP 格式

BMP（Bitmap）格式是 Microsoft 公司 Windows 操作系统使用的一种图像格式文件。它是一种与设备无关的图像格式文件，支持黑白、16 色、256 色、灰色图像以及 RGB 真彩色图像等各种图像规格。支持代码方法、直接法组织编排像素阵列，随着 Windows 操作系统的进一步应用，BMP（Bitmap）格式应用越来越广。

由于 BMP 格式是 Microsoft 公司的 Windows 操作系统使用的一种图像格式文件，Windows 操作系统为其提供了强大的编程支持，在绝大多数开发系统中均可直接调用 Windows API 函数对 BMP 位图进行编程与开发，是继 PCX 图像文件格式之后最为广泛支持的图像文件格式之一，是目前图像编程与开发的基本图像文件格式。

5．JPG 格式

JPG 格式图像是 JPEG（Joint Photographic Experts Group）联合图像专家组制定的 JPEG 标准中定义的图像文件格式。JPEG 算法是一个适用范围广泛并且已经产品化的国际标准，支持黑白、16 色、256 色、灰色图像以及 RGB 真彩色图像等各种图像规格。JPEG 算法压缩效率高，解压缩速度快，是 MPEG 算法的基础，是动态视频的基础算法。

任务 2.2　图像的获取

图像输入计算机需要一些专门的设备，如照片可使用扫描仪数字化并输入到计算机，摄像机、录像机的视频信号也可数字化存储到计算机中。

一幅彩色图像可以看成是二维连续函数，其颜色是位置的函数，从二维连续函数到离散的矩阵表示，涉及不同空间位置。取亮度和颜色作为样本，并用一组离散的整数值表示，这个过程称为采样量化，即图像的数字化。

2.2.1　扫描仪

扫描仪是一种图像输入设备，利用光电转换原理，通过扫描仪光电管的移动或原稿的移动，把黑白或彩色的原稿信息数字化后输入到计算机中，它还用于文字识别、图像识别等新的领域。

1．扫描仪的结构、原理

1）结构。扫描仪由电荷耦合器件（Charge Coupled Device，CCD）阵列、光源及聚焦透镜组成。CCD 排成一行或一个阵列，阵列中的每个器件都能把光信号变为电信号。光敏器件所产生的电量与所接收的光量成正比。

2）信息数字化原理。以平面式扫描仪为例，把原件面朝下放在扫描仪的玻璃台上，扫描仪内发出光照射原件，反射光线经一组平面镜和透镜导向后，照射到 CCD 的光敏器件上。来自 CCD 的电量送到模－数转换器中，将电压转换成代表每个像素色调或颜色的数字值。步进电动机驱动扫描头沿平台做微增量运动，每移动一步，即获得一行像素值。

扫描彩色图像时分别用红、绿、蓝滤色镜捕捉各自的灰度图像，然后把它们组合成为 RGB 图像。有些扫描仪为了获得彩色图像，扫描头要分三遍扫描。另一些扫描仪中，通过旋转光源前的各种滤色镜使得扫描头只需扫描一遍。

2. 扫描仪的技术指标

描述扫描仪的技术指标，主要包括扫描精度、灰度级、色彩深度、扫描速度等。

1）扫描精度。扫描精度通常用光学分辨率×机械分辨率来衡量。

光学分辨率（水平分辨率）：指的是扫描仪上的感光器件（CCD）每英寸能捕捉到的图像点数，表示扫描仪对图像细节的表达能力。光学分辨率用每英寸点数 DPI（Dot Per Inch）表示。光学分辨率取决于扫描头里的 CCD 数量。

机械分辨率（垂直分辨率）：指的是带动感光元件的步进电动机在机构设计上每英寸可移动的步数。

最大分辨率（插值分辨率）：指通过数学算法所得到的每英寸的图像点数。做法是将感光元件所扫描到的图像资料通过数学算法（如内差法）在两个像素之间插入另外的像素。适度地利用数学方法将分辨率提高，可提高原稿所扫描的图像品质。

一个完整的扫描过程是感光元件扫描完原稿的第一条水平线后，再由步进电动机带动感光元件进行第二条水平线扫描。如此周而复始，直到整个原稿都被扫描完毕。

一台具有 2400×4800 dpi 分辨率的扫描仪表示其横向光学分辨率及纵向机械分辨率分别为 2400 dpi 及 4800 dpi。分辨率越高，所扫描的图片越精细，产生的图像就越清晰。

2）灰度级。灰度级是表示灰度图像的亮度层次范围的指标，是指扫描仪识别和反映像素明暗程度的能力。换句话说就是扫描仪从纯黑到纯白之间平滑过渡的能力。灰度级越大，扫描层次越丰富，扫描的效果也就越好。目前，多数扫描仪用 8 bit 编码即 256 个灰度等级。

3）色彩精度。彩色扫描仪要对像素分色，把一个像素点分解为 R、G、B 三基色的组合。对每一基色的深浅程度也要用灰度级表示，称为色彩精度。

色彩精度表示彩色扫描仪所能产生的颜色范围，通常用表示每个像素点上颜色的数据位数（bit）表示。常见扫描仪色彩位数有 24 bit、30 bit、36 bit、48 bit。

4）扫描速度。扫描仪的扫描速度也是一个不容忽视的指标，时间太长会使其他配套设备出现闲置等待状态。扫描速度不能仅看扫描仪将一页文稿扫入计算机的速度，而应考虑将一页文稿扫入计算机再完成处理总共需要的时间。

5）鲜锐度。鲜锐度是指图片扫描后的图像清晰程度。扫描仪必须具备边缘扫描处理锐化的能力。调整幅度应广而细致，锐利而不粗化。

3. 扫描仪的类型与性能

（1）按扫描方式分类

按扫描方式扫描仪分为三类：平板式、滚筒式和胶片式。

平板式扫描仪用线性 CCD 阵列作为光转换元件，单行排列，称为 CCD 扫描仪。几千个感光元件构成集成在一片 20～30 mm 长的衬底上。CCD 扫描仪使用长条状光源投射原件，原件可以是反射原件，也可以是透射原件。这种扫描方式速度较快、价格较低、应用最广。

滚筒式扫描仪使用圆柱形滚筒设计，把待扫描的原件装贴在滚筒上，滚筒在光源和光电倍增管（PMT）的管状光接收器下面快速旋转，扫描头做慢速横向移动，形成对原件的螺旋式扫描，其优点是可以完全覆盖所要扫描的文件。滚筒式扫描仪对原件的厚度、硬度及平整度均有限制，因此滚筒式扫描仪主要用于大幅面工程图纸的输入。

胶片扫描仪主要用来扫描透明的胶片。胶片扫描仪的工作方式较特别，光源和 CCD 阵列分居于胶片的两侧。扫描仪的步进电动机驱动的不是光源和 CCD 阵列，而是胶片本身，光源和 CCD 阵列在整个过程中是静止不动的。

（2）按扫描幅面分类

幅面表示可扫描原件的最大尺寸，最常见的为 A4 和 A3 幅面的台式扫描仪，此外，还有 A0 大幅面扫描仪。

（3）按接口标准分类

扫描仪按接口标准分为两类：SCSI 接口、USB 通用串行总线接口。

（4）按反射式或透射式分类

反射式扫描仪用于扫描不透明的原件，它利用光源照在原件上的反射光来获取图形信息；透射式扫描仪用于扫描透明胶片，如胶卷、X 光片等。目前已有两用扫描仪，它是在反射式扫描仪的基础上再加装一个透射光源附件，使扫描仪既可扫反射原件，又可扫透射原件。

（5）按灰度与彩色分类

扫描仪可分灰度和彩色两类。用灰度扫描仪扫描只能获得灰度图形。彩色扫描仪可还原彩色图像。彩色扫描仪的扫描方式有三次扫描和单次扫描两种。三次扫描方式又分三色和单色灯管两种。前者采用 R、G、B 三色卤素灯管做光源，扫描三次形成彩色图像，这类扫描仪色彩还原准确。后者用单色灯管扫描三次，棱镜分色形成彩色图像，也有的通过切换 R、G、B 滤色片扫描三次，形成彩色图像，采用单次扫描的彩色扫描仪，扫描时灯管在每线上闪烁红、绿、蓝三次，形成彩色图像。

4. 扫描仪的选择

一是扫描仪的精度。扫描仪的精度决定了扫描仪的档次和价格。目前，2400 × 4800 dpi 的扫描仪已经成为行业的标准，而专业级扫描则要用 4800 × 9600 dpi 以上的分辨率，读者可根据需求进行选择。

二是扫描仪的色彩位数。色彩位数越多，扫描仪能够区分的颜色种类也就越多，所能表达的色彩就越丰富，能更真实地表现原稿。对普通用户 24 bit 已经足够。

三是扫描仪的接口类型。SCSI 接口扫描仪需要在计算机中安装一块接口卡，比较麻烦。USB 接口即插即用，支持热插拔，使用方便且速度较快。

5. 扫描仪的安装和使用

下面以 MICROTEK Scan Maker 4850 Ⅲ 为例说明扫描仪的使用。

（1）硬件连接与软件安装

1）使用扫描仪随机附送的 USB 缆线的一端连接至扫描仪背面板，另一端连接计算机的 USB 接口。

2）将电源的一端连接在扫描仪背面板的电源接口，另一端插在电源插座上。

3）将扫描仪的驱动程序光盘放入光驱，安装驱动程序。在安装时注意选 USB 为扫描接口方式。

4）安装附送的 OCR（文字识别）软件。

（2）用扫描仪扫描图片

1）打开扫描仪电源。

2）将需扫描的图片在扫描仪面板上摆正。

3）双击桌面图标"汉王 OCR6.0"，启动扫描仪程序，扫描操作窗口包括"设置""预览"和"信息"三个窗口，设定合适的扫描参数，如图 2-1 所示。

图 2-1　扫描操作窗口

在扫描设置界面中提供扫描图像类型设定、扫描分辨率设定、缩放比例设定、色彩校正、滤镜和去网等参数设定。

主要参数设定说明。

- 图像类型下拉框中提供彩色（RGB）、灰度、黑白等扫描模式。RGB 模式用于彩色图像的扫描和输出彩色图，RGB 色彩（48 – bit）适用于专业扫描仪；灰度模式用于输出介于黑白之间的各阶灰色所产生图像，灰度（16 – bit）适用于专业扫描仪；若想扫描输入文字，扫描图像类型应为"灰度"。
- 采用较高的扫描分辨率所获得的数字化图像的效果较好。
- 扫描缩放比例调整图像的大小。
- 去网工具用于在扫描同时去除印刷品上的网纹。

4）在预览窗口中单击"预览"按钮，扫描仪预扫。

5）确定扫描区域，移动、缩放扫描仪窗口的矩形取景框至合适大小、位置。

6）单击"扫描"按钮，开始扫描图像，扫描后，执行菜单命令"文件"→"换名保存图像"，打开"另存为"对话框，在"保存类型"处选择"jpg 图像"，"文件名"处输入要保存的文件名，在"保存在"处选择保存位置，单击"保存"按钮，得到图像∗.jpg 文件，再用 Photoshop 处理图像。

（3）用扫描仪扫描文字

1）在桌面上双击"汉王 OCR6.0"图标，启动方正 OCR 文字识别软件。

2）单击"扫描"按钮，打开扫描程序，在扫描程序中单击"预览"按钮，扫描仪预扫。

3）预扫完毕，确定扫描区域，移动、缩放扫描仪窗口的矩形取景框至合适大小、位置。

4）单击"扫描"按钮，开始扫描。扫描完毕回到方正 OCR 文字识别软件界面。

5）如果图片倾斜，执行菜单命令"编辑"→"自动倾斜校正"或"手动倾斜校正"，进行倾斜校正。

6）框选要识别的文字，如图 2-2 所示，单击"开始识别"按钮，开始识别文字。

图2-2　选择识别文字

7）识别完毕，如图2-3所示，用鼠标选中全部识别的文字，按〈Ctrl + C〉组合键，打开 Word 文档，确定要粘贴的位置，按〈Ctrl + V〉组合键，将其粘贴到 Word 文档，便可对其修改了。

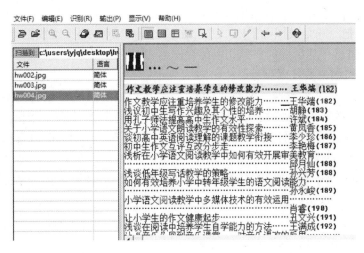

图2-3　识别后的文字

2.2.2　数码照相机

数码照相机使用电荷耦合器件作为成像部件。它把进入镜头照射到电荷耦合器件上的光影信号转换为电信号，再经模－数转换器处理成数字信息，并把数字图像数据存储在数码照相机内的磁介质中。数码照相机通过液晶显示屏来浏览拍摄后的效果，并可对不理想的图像进行删除。数码照相机上有标准计算机接口，以便数字图像传送到计算机中。

1. 数码照相机的结构

1）CCD 矩形网格阵列。数码照相机的关键部件是 CCD。与扫描仪不同，数码照相机的 CCD 阵列不是排成一条线，而是排成一个矩形网格分布在芯片上，形成一个对光线极其敏感的单元阵列，使照相机可以一次摄入一整幅图像，而不像扫描仪那样逐行扫描。

CCD 是数字照相机的成像部件，可以将照射于其上的光信号转变为电信号。CCD 芯片上的每一个光敏元件对应生成的图像的一个像素（Pixel），CCD 芯片上光敏元件的密度决定了最终成像的分辨率。

数码照相机使用的感光元件有 CCD 和 CMOS 两种，CMOS 的每个光敏元件都有一个将电荷转化为电子信号的放大器，CMOS 可以在每个像素基础上进行信号放大，采用这种方法可节省无效的传输操作，所以只需少量的能量消耗，同时噪声也有所降低。制作精良的 CMOS 感光元件成像效果一点也不比传统的 CCD 差。

2）模-数转换器（ADC）。照相机内的 ADC 将 CCD 上产生的模拟信号转换成数字信号，变换成图像的像素值。

3）存储介质。数码照相机内部有存储部件，通常存储介质由普通的动态随机存取存储器、闪速存储器或小型硬盘组成。存储部件上可存储多幅图像，它们无须电池供电也可以长时间保存数字图像。

4）接口。图像数据通过一个串行口或 SCSI 接口或 USB 接口从照相机传送到计算机中。

2. 数码照相机的工作过程

用数码照相机拍照时，进入照相机镜头的光线聚焦在 CMOS 上。当照相机判定已经聚集了足够的电荷（即相片已经被合适地曝光）时，就"读出"在 CMOS 单元中的电荷，并传送给 ADC，ADC 把每一个模拟电平用二进制数字化。从 ADC 输出的数据传送到数字信号处理器中，对数据进行压缩后存储在照相机的存储器中。

3. 数码照相机的主要技术指标

1）CMOS 像素数。数码照相机的 CMOS 芯片上光敏元件的数量称为数码照相机的像素数，是目前衡量数码照相机档次的主要技术指标，决定了数码照相机的成像质量，如图 2-4 所示。如果一部数码照相机标示最大分辨率为 6000×4000 像素，则其乘积等于 24000000 像素，即为这部相机的有效 CMOS 像素数。数码照相机技术规格中的 CMOS 像素通常会标成 2400 万，其实这是它的插值分辨率。在选购时一定要分清楚数码照相机的真实分辨率。

2）色彩深度。色彩深度用来描述生成的图像所能包含的颜色数。数字照相机的色彩深度有 24 位、30 位，高档的可达到 36 位甚至 48 位。

3）存储功能。影像的数字化存储是数码照相机的特色，在选购高像素数码照相机时，应选择能采用更高容量存储介质的数码照相机，如图 2-5 所示。

图 2-4 CMOS 影像传感器　　　　　　　　图 2-5 SD 存储卡

4. 数码照相机的分类

单反、单电和微单都是单镜头数码照相机的简称。

1）单反是单镜头反光照相机的简称。其含义是图像的光线采集、测光、测距、取景用一个镜头，可更换镜头。如佳能 5D Mark Ⅲ（如图 2-6 所示）、佳能 70D、尼康 D810（如图 2-7

所示）和尼康 D7200 等。

2）单电是单镜头电子取景照相机的简称，其含义是图像的光线采集、测光、测距用一个镜头，而取景方式是用电子显示屏，可更换镜头。这种照相机的耗电量相对单反是比较大的。如索尼 A99、A77Ⅱ等，如图 2-8 所示。

图 2-6　佳能 5D Mark Ⅲ　　　　图 2-7　尼康 D810　　　　　　图 2-8　索尼单电照相机

3）微单是微型单镜头数码照相机的简称，仅仅在机身上与单电或单反有差异，拍照功能并不少，而且专门为这种相机设计制作了镜头。如索尼 A7、索尼 A7Ⅱ、索尼 A7rⅡ、索尼 A7s 和 A6000 等（如图 2-9 所示）。

与单反与单电相比，微单的感光器并不小，有全画幅 35.8 mm × 23.9 mm、APS－C 23.5 mm × 15.6 mm的尺寸，还有 4/3 画幅的 17.3 mm × 13 mm，如图 2-10 所示。因此，它与单电差不多。相比而言，单反的耗电量小一些，而单电与微单的耗电量大一些。

图 2-9　索尼微单　　　　　　　　　图 2-10　奥林巴斯微单

4）卡片照相机在业界内没有明确的概念，小巧的外形、相对较轻的机身以及超薄时尚的设计是衡量此类数码相机的主要标准。其中索尼 HX 系列、卡西欧 Z 系列、奥林巴斯 AZ 和 IXUS105 等都应划分到这一领域，如图 2-11 所示。

图 2-11　卡片照相机

优点：时尚的外观、大屏幕液晶屏、小巧纤薄的机身，操作便捷。

缺点：手动功能相对薄弱、超大的液晶显示屏耗电量较大、镜头性能较差，一般不能更换镜头。对焦、拍摄的速度相对较慢。电池不耐用，照相功能比起单反有差距。

5. 镜头的选择

照相机镜头是照相机中最重要的部件，因为它的好坏直接影响到拍摄成像的质量。同时镜头也是划分照相机种类和档次的一个最为重要的标准。下面以佳能照相机为例介绍镜头的选择。

1）定焦镜头：定焦镜头特指只有一个固定焦距的镜头，只有一个段，或者说只有一个视野。定焦镜头的焦距是固定的，对焦速度快，成像质量优良。定焦镜头一般都经过精心校正，使成像的变形、色散达到最小程度，并在锐度和反差上都可以做到最佳。如图 2-12 所示，分别为 EF 50mmf/1.2L USM、EF 85mmf/1.2L USM、EF 100mmf/1.2L USM。

图 2-12　定焦镜头

2）变焦镜头：变焦镜头是在一定范围内可以变换焦距，从而得到宽窄不同的视角、大小不同的影像和景物范围不同的照相机镜头。变焦镜头在不改变拍摄距离的情况下，可以通过变焦改变拍摄范围，非常有利于构图。变焦镜头可以起到若干固定镜头的作用，外出旅游时不仅减少了携带摄影器材的数量，也节省了更换镜头的时间。比如，一只 18～105 mm 的变焦镜头，通常只需转动镜头筒就可以获得 18～105 mm 的任意变焦。

大三元镜头：EF16-35mmf/2.8L Ⅱ USM、EF24-70mmf/2.8L Ⅱ USM 和 EF70-200mmf/2.8L IS Ⅱ USM 被称为佳能 EF 镜头中的"大三元"，是专业摄影师的全能、顶级镜头搭配，它们都是 f/2.8 光圈的 L 级红圈变焦镜头，基本可以胜任任何摄影题材，如图 2-13 所示。

图 2-13　佳能大三元镜头

EF 适用于 EOS 照相机卡口的几乎所有镜头。EF-S 表示用于 APS-C 尺寸图像传感器机型专用镜头。16～35 mm 表示镜头焦距的数值。f/2.8 表示镜头亮度数值，定焦镜头采用单一数值表示。f/4-5.6 表示最大光圈随焦距变化而变化的镜头。分别表示广角端与远摄端的最大光圈。L 表示镜头属于高端镜头。Ⅱ 表示同一类镜头的代数。IS 表示镜头内部搭载光学式抖动补偿结构，其级别最高为 5 级。USM 表示自动对焦系统的驱动装置采用超声波马达。

小三元镜头：EF16～35 mm f/4L Ⅱ USM、EF24～70 mm f/4L Ⅱ USM 和 EF70～200 mm f/4L IS Ⅱ USM 被称为佳能 EF 镜头中的"小三元"，如图 2-14 所示。它们与"大三元"是对应的，只是等级和售价相对有所降低。它们都是 f/4 光圈的 L 级红圈变焦镜头，成像质量相对较高。

佳能 18～200 mm 镜头是一款出色的旅游镜头，如图 2-15 所示，其整体表现非常不错，同时还带防抖，能够将广角端和长焦端尽收眼底。加上具有较强的光学素质，锐度和成像色彩都有一定的保证，是专为采用 APS-C 尺寸感应器的佳能 EOS 数码单反照相机设计的镜头产品。当然特别适合那些经常旅游的摄影玩家。

图 2-14　佳能小三元镜头

图 2-15　佳能 18～200 mm 镜头

APS-C 画幅和 4/3 画幅镜头的等效焦距要乘以一个系数，佳能的要乘以 1.6，如果变焦范围为 18～200 mm，等效焦距为 28.8～320 mm。索尼的要乘以 1.5，如果变焦范围为 18～200 mm，等效焦距为 27～300 mm。4/3 画幅的要乘以 2，如果变焦范围为 40～140 mm，等效焦距为 80～280 mm。

6. 焦距范围

传统的 135 mm 镜头其实一般都是按照焦段来划分的，比较传统的大致分法如下。

10～17 mm 超广角：主要是拍摄风景，尤其是大场景，比如草原、沙漠、大海。

17～35 mm 广角：风景、人文，拍"到此一游照"的主力焦段，尤其是适合旅行摄影。

35～135 mm 中焦：人文、人像。这个焦段里面的 85 mm 焦段被推崇为拍人像的最佳焦段，所以经常把 85 mm F/1.2 这样的镜头叫作人像头。

135～200 mm 长焦，比较适合人物特写、微距、舞台摄影等。

135 mm 以上都算长焦，一般常用到 200 mm 就可以了。但是也有人喜欢拍野生动物、飞鸟的要用到 300 mm、400 mm，甚至 600 mm 这样的焦段。

（1）风光摄影镜头焦距段的选择

风光摄影最常用的超广角镜头，用于风光拍摄较易取得宽阔的视野与辽阔的空间感，摄影者要学会视实际情况采用轻便的标准定焦镜头，以便取得接近人类单眼视角之画面，或者使用长焦镜，以营造画面的压缩感。

焦段不同所呈现的视觉感受也不同。

1）广角镜头。以广角镜头接近前景，利用其镜头特性夸张前景与中、远景中画面元素的大小比例，镜头焦段越广（且越接近前景）则前景夸张效果越为明显。

2）标准镜头。标准镜头拍摄的影像接近于人眼正常的视角范围，其透视关系接近于人眼所感觉到的透视关系，所以，能够逼真地再现被摄体的形象。此时拍摄者需注意选择画面内的各项元素，以免分散观赏者注意力，并避免凌乱感。

3）长焦镜头。长焦镜头会使画面呈现强烈压缩感，前、中、后景的距离受到压缩，观赏者视觉感受到前中、后景比实际距离更为接近。

（2）人像摄影镜头焦距段的选择

一般来说集中范围在 35～200 mm 的镜头比较适合拍人像。定焦镜头拍人像时通常使用 35 mm、50 mm、85 mm、105 mm、135 mm 和 200 mm 定焦镜头。

（3）微距摄影镜头焦段的选择

常见的微距镜头分三种焦段，即 50 mm 左右的标准型、100 mm 左右的中焦型和 200 mm 左右的长焦型。其特点是：镜头焦距越短，最近对焦距离也就越短。

中焦距微距镜头可兼顾翻拍与人像拍摄。户外微距拍摄要使用长焦中的微距镜头，其特点是最近对焦距离比较长，在户外拍摄花卉或昆虫比较容易，同时不易干扰被摄体。

任务 2.3 屏幕抓图

问题的情景及实现

"屏幕抓图"是指将屏幕图像转换为静态或动态图像文件，它可分为静态屏幕的采集和动态屏幕的采集。静态屏幕的采集得到的是一个个静态图像文件，动态屏幕的采集是将屏幕图像及使用者的操作都记录下来。最后获得能还原图像及操作的动画文件。

"屏幕抓图"的应用非常广泛，其中一个最主要的应用就是各种计算机软件的介绍和教学。通过截取软件界面图像，能使软件的介绍及教学更形象、更直观。本书绝大分的插图就是通过"屏幕抓图"而获得的。

Windows 系统本身就具有"屏幕抓图"的功能，只需按〈Print Screen〉键或〈Alt + Print Screen〉组合键，然后在其他软件如 Word 中按〈Ctrl + V〉组合键粘贴即可获取屏幕图像。但这种方法有两个局限：第一，截取的图像存储在剪贴板中，只能以剪贴板文件格式（＊. CLP）存储，如希望以其他格式存储，必须粘贴到其他应用程序中才能进行；第二，截取的范围单一，只有整屏截取和窗口截取两种，无法满足如部分截取或菜单截取等特殊要求。正因有此特殊需求，许多屏幕抓图软件应运而生。比较有名的如：Print key、Hyper Snap、Snagit、Lotus Screen Cam 等。本任务主要介绍 Snagit，因为相比之下它的功能更多。

抓图软件尽管种类繁多，但基本操作大致相同，一般的过程都是：启动抓图软件→调出屏幕图像→按抓图快捷键→预览结果→保存图像文件→关闭抓图软件窗口。

2.3.1 静态屏幕的抓取

1. Snagit 11 主要功能

Snagit 11 是 TechSmith 公司的产品。Snagit 11 软件功能强大，主要表现在以下方面。

1）对象捕捉功能强大。不仅支持静态图像捕捉，还支持文本捕捉和视频捕捉功能，生成 jpg 文件和 mpg4 文件。在图 2-16 所示的主界面中可以方便地选择各种捕捉功能。

2）界面直观，操作方便。抓图前，需先设置"捕获类型""共享""效果"和"选项"4 个菜单的参数，然后按"单击捕获" 键就可以开始捕捉画面了。

3）抓图方式灵活多样。在主界面"捕获配置"中，可选择多种抓图类型，如图像、视频和文本。在"捕获类型"中，可选择多种抓图方式，如"区域""窗口""窗口到文件""滚动窗口""菜单""自由绘制""全屏""高级"等抓取方式。

4）共享方式独特。单击"共享"的三角形按钮，可选择多种共享方式，如打印机、文件、电子邮件、Word 等。

5）效果功能强大。单击"效果"下拉列表，从弹出的快捷菜单中，可选择多种过滤方式，"颜色模式"将图像颜色转换成三种不同的格式：单色、黑白和灰度。在"颜色置换"中，可进行图像颜色反转或颜色替换。还可进行"图像缩放"和"边缘效果"的调整等。

6）独特的包含声音的动态视频采集功能。具体视频区域可自行设置。

7）特有的分类浏览器利于文件管理。Snagit 11 的图库浏览器，可用于文件的管理，这种完善的文件管理功能在其他抓图工具中是不多见的。

8）特有的图像编辑、修改功能。执行菜单命令"工具"→"Snagit 编辑器"，打开图 2-17 所示的"Snagit 编辑器"对话框。对话框左面以分类的形式提供了许多常用的图形符号，只需把需要的图形符号从左面拖曳到编辑图形上即可。大小、线型、颜色等都可重新调节，使用非常方便。

图 2-16　Snagit 11 主界面

图 2-17　Snagit 编辑器

Snagit 11 功能较全面，它可设置的项目很多，特别是在"捕获类型"和"共享"菜单中都有"属性"，可进行相关选项的具体设置。

2. 使用 Snagit 11 抓图

下面介绍两个用 Snagit 11 抓图的实例。

（1）抓取滚动的窗口图像

如何知道 C：盘 Program Files 文件夹中到底安装了多少软件，并把查询结果保存到硬盘中？完成此操作可有多种方法，其中的一种就是用抓图软件。

1）启动 Snagit 11。

2）选择"捕获类型"中的"滚动窗口"选项，捕捉配置被自动设置为"图像"模式，如图 2-18 所示。

3）在"共享"选项中单击右侧的小三角形按钮，从弹出的快捷菜单中选择"属性"菜单项，打开"共享属性"对话框，选择"文件格式"为"JPG－JPEG 图像"，"文件名"为"自动文件名"，指定"文件夹"的位置，如图 2-19 所示，单击"确定"按钮，返回主界面。

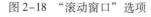

图 2-18 "滚动窗口"选项

图 2-19 "共享属性"对话框

4）打开资源管理器中的 Program files 文件夹（此文件夹中内容较少，不出现滚动栏，也可选择其他较长的文件夹，以便能看到滚屏效果）。

5）按快捷键〈Print Screen〉后，选择右面的文件列表窗口后，出现双向箭头标记，单击双向箭头，开始捕捉。如图 2-20 所示。

6）编辑、修改：如觉得不满意，再重复第 5 步；如觉得满意了，但还想增加箭头和说明文字，可在如图 2-21 所示的"Snagit 编辑器"对话框中尝试增加箭头和说明文字。

7）执行菜单命令"文件"→"保存"，打开"另存为"对话框，在"文件名"文本框中输入名称，单击"保存"按钮，存入相应文件夹。

说明：如不执行第 6 步，则在"Snagit 编辑器"窗口中，直接保存结果。

（2）抓取"菜单"图像

抓取"菜单"图像是一种很常用的操作，但有些抓图软件，或者不能抓取菜单，或者只能抓取一级菜单，而且一不留神就把菜单外的图像也抓进去了。Snagit 11 中提供了多级菜单抓取，而且抓取的图像中仅包括菜单，不会有菜单之外的内容。

图 2-20 Snagit 捕获预览   图 2-21 "Snagit 工作室"对话框

1）启动 Snagit 11，在 Snagit 11 主界面中，在"省时配置"中选择"十秒延迟"选项，如图 2-22 所示。

2）为了能同时捕捉级联菜单，单击"菜单"右侧的三角形按钮，从弹出的快捷菜单中选择"属性"菜单项，打开"捕获类型属性"对话框，选择"菜单"选项卡，在"菜单捕获选项"中勾选"包含菜单栏"和"捕获级联菜单"复选框，如图 2-23 所示。

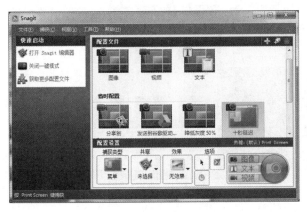

图 2-22 带延时捕获的菜单   图 2-23 输入属性

3）单击"定时捕获"按钮，打开"定时器设置"对话框，为了节省时间，将"延时"设置为 5 s，单击"确定"按钮，如图 2-24 所示。

4）按快捷键〈Print Screen〉后，在资源管理器中调出菜单图像（延时一段时间）就送入"Snagit 编辑器"窗口。如图 2-25 所示。可看出与图 2-26 所示的不同之处在于它仅捕捉菜单，不会把无关的内容也捕捉进去。单击"保存"按钮，存入相应的文件夹。

3. 抓取区域图像

1）启动 Snagit 11，选择"捕获配置"中的"图像"选项，捕捉类型被自动设置为"区域"模式，如图 2-27 所示。如果抓取的区域图像需包含光标或鼠标箭头，可选择"包含光标"选项。

2）单击"捕获"按钮，选择一个区域后，打开"Snagit 编辑器"对话框，按〈Ctrl + S〉组合键保存，如图 2-28 所示，可直接保存结果。

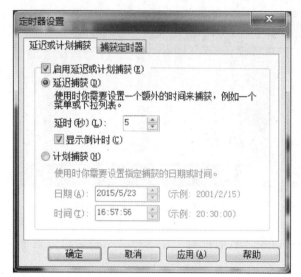

图 2-24　定时器设置

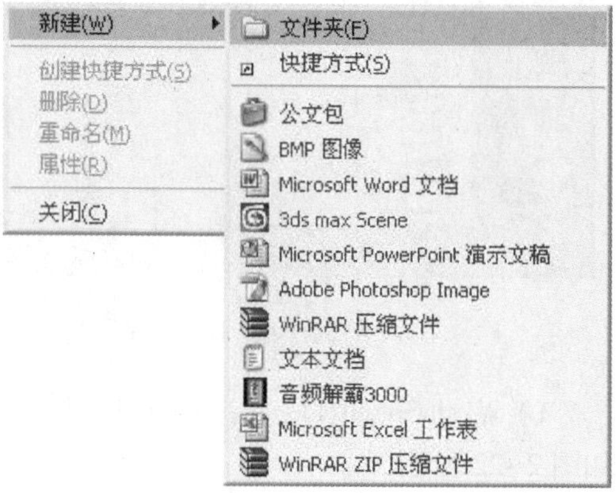

图 2-25　抓取"菜单"图像

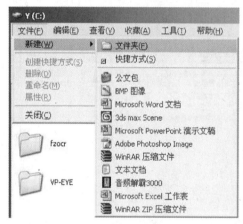

图 2-26　调出菜单图像

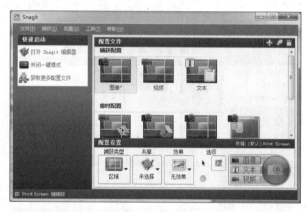

图 2-27　"区域"模式

图 2-28　捕获预览

2.3.2 动态屏幕的抓取

所谓"动态屏幕的抓取"包含两层意思：第一，它能记录过程，即把屏幕图像及使用者的操作都记录下来；第二，抓取后生成的是动画文件，即最后获得的是能还原屏幕图像及操作的动画文件。

用 Snagit 11 抓取动态屏幕，操作步骤如下。

1）启动 Snagit 11，在 Snagit 11 主界面中，在"捕获配置"中选择"视频"，在"选项"中选择"包含光标"，如图 2-29 所示。

2）单击"共享"右边的三角形按钮，从弹出的快捷菜单中选择"属性"菜单项，打开"共享属性"对话框，在"视频文件"选项卡中"文件名"选项中选择"自动文件名"，"文件夹"为"总是使用这个文件夹"，再设置一个临时捕获文件的位置。如图 2-30 所示。

图 2-29 抓取动态屏幕的设置

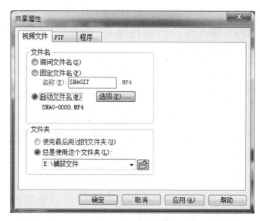

图 2-30 视频设置

3）单击"捕获"按钮，选择一个区域，单击 rec 按钮，开始录制，录制结束，按〈Shift + F10〉组合键，停止录制，在"Snagit 编辑器"中预览刚才录制的结果。满意后按〈Ctrl + S〉组合保存。

任务 2.4 用 Photoshop CS6 处理图像

Photoshop CS66 是目前计算机图形图像处理软件中功能最强大的平面软件。CS 的全称为 Creative Suite。Adobe 公司不断升级这一软件的版本，极大地满足了广大图像处理设计人员的需求。利用此软件，可以制作适合打印或者其他用途的高品质图像。通过更快捷的文件数据访问、专业的品质照片润饰以及流线型的 Web 制作，可以创造出更为精彩的影像世界。

1. Photoshop CS6 的主要功能

1）绘图功能，它提供了许多绘图及色彩编辑工具。

2）图像编辑功能，包括对已有图像或扫描图像进行编辑，例如放大和裁剪等。

3）创意功能，许多原来要使用特殊镜头或滤光镜才能得到的照片效果用 Photoshop CS66 软件就能完成，也可产生美学艺术绘画效果。

4）扫描功能，Photoshop CS6 可与扫描仪相连，从而得到高品质的图像。

2. Photoshop CS6 的基本知识

（1）色彩模式

读者经常使用的色彩模式有"CMYK"模式、"RGB"模式和"Lab"模式等。这些模式都可以在"图像"→"模式"菜单下选取。每种色彩模式都有不同的色域，并且色彩模式之间可以相互转换。下面介绍一些主要的模式。

位图模式即黑白位图模式，它是由黑白两种像素组成的图像，它通过组合不同大小的点而产生灰度级阴影。只有灰度图和多通道模式的图像才能被转成位图模式。

灰度模式能产生 256 级灰度色调，当一个彩色文件转成灰度图时，所有的颜色都将被丢失，图像只有对比度，没有色相饱和度。

索引色模式将一幅图像转换为索引颜色模式时，系统将从图像中提取 256 种典型的颜色作为颜色表。将图像转换为索引颜色后，菜单栏中的"图像"→"模式"→"颜色表"，颜色表命令将被激活，选择该菜单项可以调整颜色表中的颜色，或者选择其他颜色表。

RGB 模式是一种加色模式，它通过红、绿、蓝 3 种色相加而生成更多的颜色。彩色电视机的显像管以及计算机的显示器，都是以这种方式混合出各种颜色效果的。

CMYK 模式中的 4 个字母代表了印刷上的 4 种油墨色。C 代表青色，M 代表洋红色，Y 代表黄色，K 代表黑色。该颜色模式对应的是印刷用的 4 种油墨颜色。

（2）Photoshop CS6 支持多种图像文件模式

Photoshop CS6 支持多种图像文件模式，其中常用的有 PSD、BMP、EPS、TIFF、JPEG、GIF 格式。

（3）层

一个 Photoshop CS6 创作的图像可以想象成是由若干张包含图像不同部分的透明纸叠加而成的。每张"纸"称为一个"层"。由于每个层以及层的内容都是独立的，读者在不同的层中进行设计或修改等操作不影响其他层。利用层控制面板可以方便地控制层的增加、删除、显示和顺序关系。读者对绘画满意时，可将所有的图层"粘"（合并）成一层。

（4）通道

Photoshop CS6 用通道来存储色彩信息和选择区域。颜色通道数由图像模式来定，例如对 RGB 模式的图像文件，有 R、G、B 3 个颜色通道，对 CMYK 模式的图像文件，则有 C、M、Y、K 四色通道，灰度图由一个黑色通道成。用户在不同的通道间做图像处理时，可利用控制面板来增加、删除或合并通道。

（5）路径

路径工具可以创建任意形状的路径，利用路径图或者形成选区进行选取图像。路径可以是闭合的，也可以是断开的。

在路径控制面板中可对勾画的路径进行填充路径、给路径加边、建立删除路径等操作，还可方便地将路径变换为选区。

2.4.1　图像文件的基本操作

启动 Photoshop CS6，如图 2-31 所示。在 Photoshop CS6 的"文件"菜单下设置了打开、新建和保存等操作命令，通过这些命令可以对图像文件进行基本的编辑。下面分别介绍这些基本的操作。

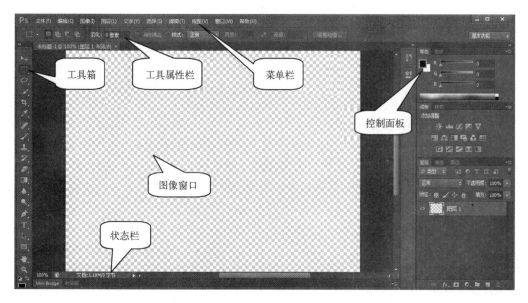

图 2-31　Photoshop CS6 窗口

1. 打开图像

要打开一幅或多幅图像，执行菜单命令"文件"→"打开"，此时系统会打开"打开"对话框，如图 2-32 所示。在该对话框中单击要打开的文件名，然后单击"打开"按钮即可。也可以双击要打开的文件。在"打开"对话框中，还可以用鼠标右键单击文件名，从弹出的快捷菜单中进行删除、复制和重命名等操作。

打开文件的快捷键有以下几种方法。

1）按住〈Shift〉键可以选择多个连续的文件，按住〈Ctrl〉键可以选择多个不连续的文件。

2）按住〈Ctrl + O〉组合键可以打开文件，在屏幕上的空白区域双击鼠标也可打开"打开"对话框。

2. 保存图像

要保存一幅图像，可执行菜单命令"文件"→"存储"或"存储为"，此时系统会打开"存储为"对话框，如图 2-33 所示。

图 2-32　"打开"对话框

图 2-33　"存储为"对话框

3. 创建新的图像

要创建新的图像，可执行菜单命令"文件"→"新建"，打开"新建"对话框，如图 2-34 所示。

● 设置新建图像的"背景内容"：在缺省情况下，将设定背景色为白色，若在"背景内容"选项中选择"背景色"选项，将创建以背景色为底色的新图像；若选择"透明"选项，则将创建一个没有颜色的单层图像。

● 设置新建图像的"分辨率"选项：分辨率选项可以设置为每英寸的像素或每厘米的像素，一般的平面练习可将分辨率设置为 72 像素/英寸，需要印刷的图书封面等，分辨率通常要为 300 像素/英寸。每英寸的像素越多，图像的存储量就越大。

4. 移动图像

要想移动图像的位置，可以按照下面步骤进行。

1）执行菜单命令"文件"→"置入"，打开"置入"对话框，选择一幅图像，单击"置入"按钮，置入一幅图像，调整大小，按〈Enter〉键，单击需要移动的图层，将其设置为当前层，如图 2-35 所示。

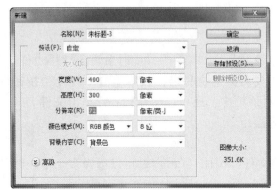

图 2-34 "新建"对话框　　　　　　　　　　图 2-35 图像

2）单击移动工具，将光标移到图像窗口单击并拖动鼠标。图像效果如图 2-36 所示。

还可将一个图层中的图像移动到另一幅中，如将蝴蝶的图层移动到图 2-37 所示的图像中。其操作步骤如下。

图 2-36 移动图像　　　　　　　　　　图 2-37 移动图像到另一幅

1）选择移动工具![移动工具图标]，将光标移动到图像窗口，单击并拖动鼠标至图2-38中即可。

2）执行菜单命令"编辑"→"自由变换"或按〈Ctrl + T〉组合键，将图像旋转并调整到适当大小，按〈Enter〉键结束自由变形命令。移动的图像会自动建立一个新层，并处于图层面板最上方。此时图层面板如图2-38所示，图像效果如图2-39所示。

图2-38　图层面板

图2-39　图像效果

若希望移动图像时保持源图像不变，即复制并移动图像，可以在选中移动工具时按住〈Alt〉键，然后再拖动鼠标。

5. 旋转图像

（1）旋转整幅图像

1）执行菜单命令"图像"→"图像旋转"下的各项，如图2-40所示。图2-41所示为源图像，图2-42所示为旋转180°的图像。

图2-40　旋转命令

图2-41　源图像

2）若选择菜单命令"图像"→"图像旋转"→"任意角度"，打开图2-43所示的"旋转画布"对话框，在"角度"文本框内输入旋转角度，单击"确定"按钮。如图2-44所示为顺时针旋转45°时的图像。

3）执行菜单命令"图像"→"图像旋转"→"垂直翻转"或"水平翻转"，可将图像垂直翻转或水平翻转。

（2）旋转区域内的图像

选择要想旋转选区内的图像，执行菜单命令"编辑"→"变换"中的各项，如图2-45所示。

图 2-42　旋转 180°　　　　　　　　图 2-43　"旋转画布"对话框

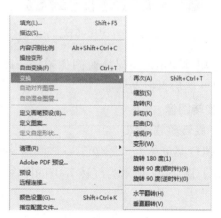

图 2-44　顺时针旋转 45°　　　　　　　图 2-45　"旋转"命令

具体操作步骤如下。

1）打开一幅具有两个图层的图像（图层 1 里是只蝴蝶），如图 2-46 所示。在按住〈Ctrl〉键的同时单击"图层 1"，即只选择图层 1 的内容，其图像效果如图 2-47 所示。

图 2-46　图像

2）执行菜单命令"编辑"→"变换"→"水平翻转"，然后按住〈Ctrl + D〉组合键取消选择，其图像效果如图 2-48 所示。

图 2-47　选择图像　　　　　　　　　　　图 2-48　翻转图像

6. 图像的显示

在图像编辑中，用户可能会根据需要对图像进行放大和缩小、改变窗口位置和排列、切换屏幕的显示模式或调整图像的显示区域等操作。为此，本节将简单地介绍一些这方面的知识。

（1）改变图像的显示比例

在图像操作中，用户经常会根据需要放大或缩小图像的显示。最常用的方法有以下3种。

选用工具箱中的缩放工具 🔍 调整。

- 选定缩放工具后，在图像中单击即可将图像放大，此时光标显示为 ⊕；若按住〈Alt〉键在图像中单击即可将图像缩小，此时光标显示为 ⊖。
- 若在选择缩放工具后，在图像中双击，则可以将图像以100%的比例显示。
- 若在选择缩放工具后，在图像中拖动，则可以放大拖动的图像区域。

（2）通过"视图"菜单中的命令调整

选择"视图"菜单中各项命令，可以放大或缩小图像。

- "放大"命令：选中此命令可以将图像放大一倍。
- "缩小"命令：选中此命令可以将图像缩小二分之一。
- "按屏幕大小缩放"命令：选中此命令可以将图像以最适合屏幕的比例显示。
- "打印尺寸"命令：选中此命令可以将图像以实际打印尺寸显示。

（3）通过"导航器"控制面板调整

在图 2-49 所示的"导航器"控制面板中可以控制图像的显示比例，并可在导航器中显示比例。其中图像的红色框代表放大或缩小的图像区域。

（4）调整图像窗口的位置和排列

在实际操作中，经常会根据需要调整图像窗口的位置和排列顺序。共有以下3种方法可供读者调整。

1）单击图像窗口的标题栏位置并拖动可以移动图像窗口。

2）执行菜单命令"窗口"→"排列"→"层叠"，可以将图像层层叠放在窗口中。如图 2-50 所示为其窗口显示。

3）执行菜单命令"窗口"→"排列"→"平铺"，可以将图像平铺在窗口中。如图 2-51 所示为其窗口显示。

图 2-49　导航器　　　　　　　　　　图 2-50　层叠窗口

（5）调整图像的显示区域

当图像超出显示窗口时，系统将自动在窗口显示滚动条，读者可以通过调节滚动条来显示图像。另外还可以用抓手工具来改变区域。

也可以在"导航器"控制面板中，利用抓手工具移动图像来显示区域。但是无论当前使用的是何种工具，均可以使用导航器控制面板随时改变显示区域。

7. 改变图像所占的空间大小

在图像编辑的过程中，图像所占的空间大小会直接影响到做图的速度及图像的质量。因此设置图像的大小对于做出符合要求的图像是至关重要的。下面介绍如何设置和改变图像所占空间的大小。

（1）改变图像的尺寸大小

在图像操作中，用户会根据需要修改图像的大小。要改变图像的显示尺寸、打印尺寸和分辨率，可执行菜单命令"图像"→"图像大小"，或者用鼠标右键单击图像框，从弹出的快捷菜单中选择"图像大小"菜单命令，系统将打开如图 2-52 所示的"图像大小"对话框，然后在对话框中进行设置即可。

图 2-51　平铺窗口　　　　　　　　　　图 2-52　图像大小

（2）改变图像的分辨率

分辨率的大小直接影响图像的大小。设定分辨率时要考虑到输出文件的用途和计算机显卡的分辨率等。

修改图像分辨率的面板与修改图像大小的面板相同，如图2-52所示。

（3）改变画布的大小

如果用户不改变图像的尺寸，而是要剪裁或显示图像的空白区时，可执行菜单命令"图像"→"画布大小"，其对话框如图2-53所示。

图2-53　画布大小

（4）利用剪裁工具

利用剪裁工具![icon]可以剪切图像。先选择剪裁工具![icon]，在图像中将光标移至四周的控制点。待光标变为![icon]或![icon]形状后，拖动光标即可。要旋转裁剪区域，可将光标定位在裁剪区域的控制点，待光标变为![icon]后拖动光标即可，完成后按下〈Enter〉键或双击鼠标即可结束操作，如图2-54和图2-55所示。按下〈ESC〉键也可以取消操作。

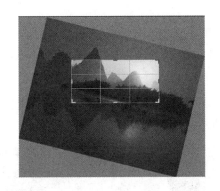

图2-54　剪裁图像

图2-55　剪裁结果

图像周围的8个控制点可以自由调整。将鼠标放置到一个控制点附近时可以旋转图像，如图2-54所示。

8. 图像的选择

在Photoshop中，大部分操作只对当前选区内的图像区域有效。而利用各种工具及命令对图像进行精确选择是图像操作的基本手段，因此读者必须掌握选区的制作方法。

（1）利用矩形选取工具![icon]等选取工具进行规则选择

利用矩形选取工具和椭圆选取工具可以进行区域选择，其属性栏如图2-56所示。

图2-56　属性栏

（2）利用单行选择工具![icon]和单列选择工具![icon]制作

利用单行选择工具和单列选择工具能制作一个像素宽的横线或竖线，其"羽化"值必

87

须设为 0 像素。按住〈Shift〉键在图像中连续单击，可创建多个单行或单列选区，填充选区后的图像效果如图 2-57 和图 2-58 所示。

图 2-57　单行选择　　　　　　　　　　　　　　　　图 2-58　单列选择

（3）利用魔棒工具 进行区域选择

利用魔棒工具可以选择图像中颜色相近的区域。选择魔棒工具，在图像中要选择的区域单击即可选择图像中颜色相近的区域，按住〈Shift〉键加选，按住〈Alt〉键减选，选中后的红花周围有一个虚线框，如图 2-59 所示。

（4）利用自由套索工具等进行不规则区域 选择。

利用自由套索工具 多边形套索工具 及磁性套索工具 ，可以对不规则区域进行选择。

1）利用自由套索工具 选择。利用自由套索工具 可定义任意形状的区域，用自由套索工具先定义一个点，然后拖动鼠标，如图 2-60 所示。

图 2-59　用魔棒工具进行区域选择　　　　　　　　图 2-60　用自由套索工具进行选择

2）利用多边形套索工具 选择。利用多边形套索工具可以选择直线形的选区。此选取工具适合选择三角形和多边形等形状的选区。

3）利用磁性套索工具 选择。利用磁性套索工具可以选择图像与背景色反差较大的区域。当所选区域的边界不是很明显，而无法精确选择边界时，可以单击鼠标手工定义节点。按〈Delete〉键可以删除所定义的节点。

88

2.4.2 选区的编辑

在 Photoshop 中，大部分操作只对当前选区有效。因此读者在学会了如何制作选区后，就需要进一步学习如何对选区进行编辑。

1. 选区的剪切、复制和粘贴

若需要对选区进行剪切、复制和粘贴，可分别执行菜单命令"编辑"→"拷贝"、"剪切"及"粘贴"。下面以实例说明。

1）打开一幅图像并制作选区，执行菜单命令"编辑"→"剪切"，将选区内的图像剪切到剪贴板。此时选区内的图像将被剪除，并以背景色填充，如图 2-61 所示。

2）打开另一幅图像，执行菜单命令"编辑"→"粘贴"，将剪贴板上的图像粘贴到新打开的图像中，按〈Ctrl + T〉组合键，调整其大小，并移动到合适的位置，按〈Enter〉键，如图 2-62 所示。

图 2-61　剪切　　　　　　　　　　　　　图 2-62　粘贴

3）将图层 1 的模式设为"叠加"模式，如图 2-63 所示，图像效果如图 2-64 所示。

图 2-63　"叠加"模式　　　　　　　　　　图 2-64　图像效果

2. 清除选区图像

要想清除选区，可以选择"编辑"→"清除"命令实现。下面以实例说明。

1）打开一幅具有两个图层以上的图像。选择图层 3，执行菜单命令"选择"→"全选"，将图像全部选择，如图 2-65 所示。

图 2-65 全选图像

2）执行菜单命令"编辑"→"清除"，清除的只是当前层的图像内容，图像效果如图 2-66 所示。

3. 合并拷贝与粘贴入命令

合并拷贝命令是将选区内的所有层的图像复制到剪贴板中，粘贴入命令则是将剪贴板的内容复制到选区内。下面以实例说明。

1）打开一幅图像"桂林山水 2"，再置入一幅图像"花 4"，用鼠标右键单击"花 4"图层，从弹出的快捷菜单中选择"转换为智能对象"菜单项。选择"魔棒工具"，单击"花 4"的白色区域，按〈Delete〉键，删除白色区域。

2）按〈Ctrl + T〉组合键，调整其大小及位置，按〈Enter〉键，执行菜单命令"选择"→"全选"。图像如图 2-67 所示。

图 2-66　清除图像　　　　　　　　　　图 2-67　全选图像

3）执行菜单命令"编辑"→"合并拷贝"，将选区内图像复制到剪贴板上。打开另一幅图像，并制作图 2-68 所示的选区。

4）执行菜单命令"编辑"→"选择性粘贴"→"贴入"，将剪贴板上的内容粘贴到新打开图像的选区内。选择"移动工具"移动贴入的图像，按下〈Ctrl + D〉组合键去除选区，图像效果如图 2-69 所示。

4. 案例：选区实现过程

本实例中先使用选框工具绘制卡通整体轮廓，再使用钢笔工具进行局部绘制，最后用油漆桶工具填充相应的颜色。实现过程较为简单，但应注意如何将选框工具绘制的选区与钢笔绘制的路径选区融合。本案例操作步骤如下。

图 2-68　图像

图 2-69　粘贴入图像

1）打开 Photoshop，执行菜单命令"文件"→"新建"，创建一个宽为 600 像素，高为 450 像素，分辨率为 72 像素/英寸，背景内容为白色的文档。

2）单击工具栏中的选框工具组，选择椭圆选框工具，在单击椭圆选框工具■后，选择工具属性栏中建立选区区域的"新选区"按钮，绘制圆形选区，如图 2-70 所示，绘制的区域为卡通形象的脸部轮廓。

3）选择"图层"面板，单击"图层"面板下方工具条中的"创建新图层"■按钮，创建一个新的图层"图层 1"，以将绘制的卡通形象脸部轮廓绘制在该图层。接下来会将卡通形象的每一部分都绘制到一个新的图层，便于对各部分进行独立调整，当对某一部分进行调整时，不至于影响其他部分。

4）单击"图层 1"，使之处于选中状态，即该图层显示为蓝色，如图 2-71 所示。接下来设置前景色为浅黄色（fed09e），使用油漆桶工具将选区填充为浅黄色（组合键为〈Alt + Delete〉）。

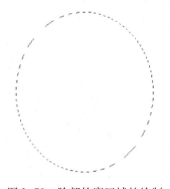

图 2-70　脸部轮廓区域的绘制

图 2-71　图层面板

5）执行菜单命令"编辑"→"描边"对选区的边缘进行描边，在弹出的对话框中设置"宽度"为 2 px，"颜色"为黑色，"位置"为"居外"，其他保持默认设置，单击"确定"按钮。按〈Ctrl + D〉组合键取消选区，图像效果如图 2-72 所示。

6）继续选择椭圆选框工具，在画布中绘制一椭圆选区。执行菜单命令"选择"→"变换选区"，这时在选区的四周出现用于调整选区角度和大小的矩形，将鼠标放置在矩形右上角的外侧，拖动鼠标对选区进行旋转及调整大小，效果如图 2-73 所示，按〈Enter〉键确认此次操作。

7）采用步骤3的方法，新建一图层"图层2"，使该图层保持选中状态（即图层显示为蓝色），设置前景色为浅黄色（fed09e），使用油漆桶工具将选区填充，并采用步骤5的方法对选区进行描边操作。用鼠标单击"图层2"，将其拖动至"图层1"的下方，形成耳朵的效果，如图2-74所示。

 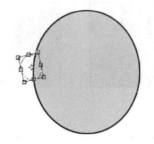 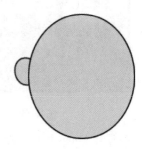

图2-72　脸部选区绘制效果　　　图2-73　脸部轮廓填充后效果　　　图2-74　右侧耳朵效果

8）用鼠标右键单击"图层2"，从弹出的快捷菜单中选择"复制图层"菜单项，打开复制图层对话框，在"为"文本框内输入"图层3"，单击"确定"按钮，执行菜单命令"编辑"→"变换"→"水平翻转"，移动到合适的位置，将左侧的耳朵绘制出来，如图2-75所示。

注意，绘制的左侧耳朵所在的图层应放置在"图层1"的下方。

9）创建一个新图层"图层4"，选择椭圆选框工具，在画布中绘制一小椭圆选区，并执行菜单命令"编辑"→"描边"，对选区进行黑色、2 px的"居外"描边，按〈Ctrl + D〉组合键后效果如图2-76所示。

10）使用橡皮擦工具将小椭圆选区的右侧擦除，并使用移动工具，对擦除后的图像进行角度、大小和位置的调整，最后将图像放置在耳朵内，形成耳廓的形状，如图2-77所示。

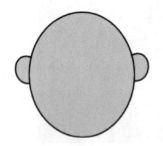  

图2-75　耳朵整体效果　　　　图2-76　耳朵内轮廓区域　　　　图2-77　耳廓的绘制

11）用鼠标右键单击"图层4"，从弹出的快捷菜单中选择"复制图层"菜单项，打开复制图层对话框，在"为"文本框内输入"图层5"，单击"确定"按钮，执行菜单命令"编辑"→"变换"→"水平翻转"，移动到合适的位置，制作出左侧的耳廓形状，如图2-78所示。

12）使用钢笔工具绘制出额头头发的轮廓路径，如图2-79所示。本路径是一个闭合的路径，在绘制图中上方的锚点时，拖动鼠标（不要松开）形成曲线，如果曲线效果不完美，可使用路径选择工具单击锚点，使锚点两侧的手柄显示出来，接下来拖曳锚点两侧的手柄进行路径曲线调整，直至调整到合适的位置。路径中其他锚点可以是直线点。

13）使用路径选择工具，用鼠标右键单击（以下简称"右击"）该路径，在弹出的快捷菜单中选择"建立选区"命令，将会弹出"建立选区"对话框，设置"羽化"为0，单击"确定"按钮，形成头发的选区，如图2-80所示。

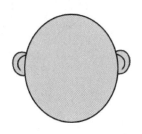
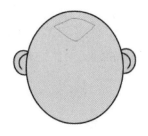

图2-78　耳廓的形状　　　　图2-79　头发路径　　　　图2-80　建立的头发选区

14）新建一图层"图层6"，设置前景色为黑色，使用油漆桶工具将头发选区在该图层中填充为黑色，效果如图2-81所示。

15）绘制眼睛效果。继续使用椭圆选框工具，选择工具属性栏中建立选区区域的"添加到选区"按钮，绘制眼睛的圆形选区，如图2-82所示。

16）新建一图层"图层7"，设置前景色为白色，将选区填充到本图层中。接下来执行菜单命令"编辑"→"描边"，对选区进行黑色、2 px、"居外"的描边，效果如图2-83所示。

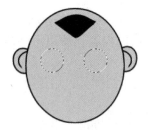

图2-81　额头头发效果　　　　图2-82　眼睛选区　　　　图2-83　眼睛轮廓效果

17）新建一图层"图层8"，使用椭圆选框工具将眼球绘制出来，使用油漆桶工具进行黑色填充。并使用移动工具对其大小及位置进行调整，形成图2-84所示的效果。

18）新建一图层"图层9"，使用椭圆选框工具绘制两个和眼睛大小相近的选区，采用步骤15的方法进行描边。利用橡皮擦工具🖌将图形的下方擦除，并使用移动工具对其位置进行调整，最终形成眉毛的效果。继续使用这种方式绘制出鼻子的效果，如图2-85所示。

19）新建一图层"图层10"，使用椭圆选框工具，选择工具属性栏中建立选区区域的"从选区中减去"按钮，绘制出嘴部的形状，并按照步骤15的方法进行描边，效果如图2-86所示。

20）新建一图层"图层11"，使用椭圆选框工具，选择工具属性栏中建立选区区域的"添加到选区"按钮，"羽化"设置为10 px，绘制腮部的圆形选区，并设置前景色为红色，使用〈Alt + Delete〉组合键对选区进行填充，最终得到图2-87所示的效果。

图 2-84　眼球效果　　　图 2-85　眉毛和鼻子效果　　　图 2-86　嘴部效果　　　图 2-87　最终效果

2.4.3　图层的使用

在 Photoshop 中，系统对图层的管理主要是通过图层控制面板和图层菜单来完成的，根据图层作用的不同，图层可分为多种类型，如普通层、调整层和文本层等。

1. 组成元素

在图层控制面板中，Photoshop 有着非常大的作用。利用图层可以把图像中的单独区域分离并加以处理，这样就极大地增强了制图的效果。图 2-88 所示为其控制面板。

1）"图层混合模式"选项（正常）：指图层的混合模式，单击该列表可以打开下拉菜单选择色彩混合模式，从而决定当前图层与其他图层叠加在一起的效果。

2）"不透明度"选项：用于设定各个图层的不透明度。

3）图层名称：在建立图层时系统自动将图层命名为"图层 1"和"图层 2"等，双击图层名称，可以为其改名。

4）图层缩览图：能显示该图层的内容，使用户能清楚地识别每一个图层。

图 2-88　图层

5）眼睛图标：图层名称左侧的眼睛图标，用于显示或隐藏图层。隐藏图层时，不能对其进行任何编辑。

6）层链接标志：当眼睛图标右侧的方框中出现链接标志时，表示这一图层与当前图层链接在一起。链接的图层可以与当前图层一起移动。

7）当前图层：在图层控制面板中，以蓝色显示的图层为当前图层。当前图层左侧有一个笔刷图标。一幅图像中只有一个当前图层，并且绝大部分编辑命令只对当前图层有效。当要切换当前图层时，用鼠标单击图层面板的缩略图或名称即可。

8）锁定背景层：在图层名称的右侧有一个锁的图标，它用于将图层锁定，当图层上有这个图标的时候，则不能对它进行移动等操作。在默认状态下，背景层为锁定状态。如果需要对背景层进行操作，可以双击背景层，在打开的对话框中单击"确定"按钮，将背景层转换成为普通层即可。

2. 普通层

单击"图层"控制面板中的"新建"按钮 ；即可创建新的图层。或者执行菜单命令"图层"→"新建"→"图层"，打开图 2-89 所示的对话框，在"名称"选项中输入层的名称也可以

图 2-89　新建图层

94

创建新的图层。

3. 调整层

通过调整层，可以将色阶等效果单独放在一个层中，而不改变原图像。执行菜单命令"图层"→"新调整图层"→"色阶"创建调整层。或者直接单击"图层"控制面板中的"调整图层" 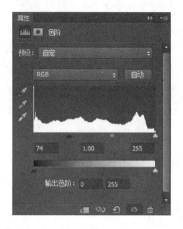.按钮，也可以创建调整层。下面以实例加以说明。

1）打开一幅图像，单击图层控制面板中的"调整图层" .按钮，从弹出的快捷菜单中选择"色阶"菜单命令。

2）在打开的"色阶"对话框中调整其滑条，如图 2-90 所示。图像效果如图 2-91 所示。

图 2-90　色阶

图 2-91　图像效果

4. 填充层

填充层是一种带蒙版的图层，其内容可为纯色、渐变色或图案。填充层可以随时转换为调整层。下面通过图例说明。

1）打开一幅图，如图 2-92 所示。

2）设置前景色为白色，单击"调整图层" .按钮，从弹出的快捷菜单中选择"渐变"菜单命令，打开"渐变填充"对话框调整其参数，如图 2-93 所示。调整后的图像如图 2-94 所示。

图 2-92　图像

图 2-93　渐变填充

5. 文本层

选择横排文字工具 **T.**，在图像中单击即可创建文本层。文本层可用于制作文字阴影、内发光和浮雕等效果，但是不能用于滤镜、渐变和色彩调整等命令。因此，如需要对文字进行一些特殊的效果处理，可将文本层转为普通层。

但需注意的是一旦转换为普通层，则不能再将其转换为文本层进行文本编辑。进行转换后，图层的文本标志将消失。

执行菜单命令"图层"→"栅格化"→"图层"，可将文本层转换为普通层，如图2-95所示为其转变前后的图层面板。

图2-94　调整后的图像　　　　　　　　图2-95　文本层转换为普通层

在所有的图层中，背景层是一个特殊的图层，使用时应注意以下几点。

1）对背景层存在着特殊的限制，它只能位于图层的最下方，因此无法对其进行图层效果的处理，而且不能含有透明区或图层蒙版等。若需要对背景层进行处理，首先需将其转换为普通层。

2）要将背景层转为普通层，可以双击背景层的名称，然后在弹出的对话框中单击"确定"按钮即可。

6. 图层使用实例

1）执行菜单命令"文件"→"新建"命令或按〈Ctrl + N〉组合键，新建一文件，命名为"玉镯.psd"，"宽度"和"高度"都为14 cm，"背景"为白色。单击"确定"按钮。

2）执行菜单命令"视图"→"标尺"或按〈Ctrl + R〉组合键，显示图像的标尺，用鼠标从标尺7 cm处拉出垂直和水平的两条参考线（注意：拉到近中间1/2处时，参考线会抖动一下，这时停下鼠标，即是水平或垂直的中心线），拉出相互垂直的两条参考线后，图像的中心点就确定了。

3）新建一个图层"图层1"，接下来选用椭圆选框工具准备在图中绘制。用椭圆选框工具在中心点按住，再按下〈Shift + Alt〉组合键，然后拖动鼠标绘制一个以中心参考点为圆心的圆形选区，如图2-96所示。

4）再次使用椭圆选框工具，设置"从选区减去"选项，用椭圆选框工具在中心点按住，绘制一个圆形选区，再按下〈Shift + Alt〉组合键，然后拖动鼠标绘制一个以中心参考点为圆心的较小的圆形选框，最后得到一个环形选区，如图2-97所示。

5）将前景色设置为绿色（64BE09），然后按〈Alt + Delete〉组合键填充圆环，如图2-98所示。

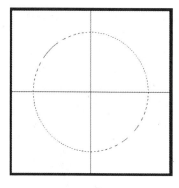

图 2-96　绘制圆形选区

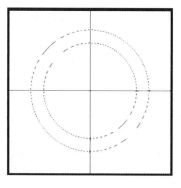

图 2-97　绘制环形选区

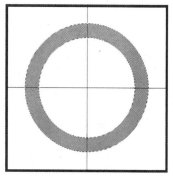

图 2-98　填充环形选区

6）按〈Ctrl + D〉组合键，取消选区，双击"图层 1"缩略图，弹出"图层样式"对话框，选中"斜面与浮雕"选项，设置各个参数，"深度"为 181，"大小"为 22，"角度"为 153，"高度"为 79，所有参数均不是定数，可以观察着图像效果反复调整，直到满意，如图 2-99 所示。

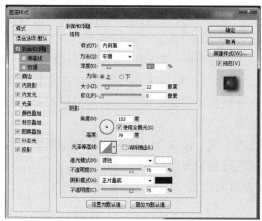

图 2-99　添加"斜面和浮雕"后的效果

7）接着选择"光泽"选项，设置"混合模式"的色块为翠绿色（55c91e），"距离"为 14，"大小"为 32，也可观察着图像进行调整，直到满意为止，如图 2-100 所示。

8）设置"图案叠加"效果，选择"云彩"图案，调整"不透明度"和"缩放"选项为 50 和 274，将其设置为合适比例，效果如图 2-101 所示。

图 2-100　添加"光泽"后的效果

图 2-101　添加"图案叠加"效果

9）设置"投影"选项，设置"混合模式"的色块为翠绿色（55c91e），"不透明度"为73，"距离"为6，"大小"为10，效果如图2-102所示。

10）还可以添加"内发光"与"内阴影"效果。最终效果如图2-103所示。

图2-102　添加"投影"效果　　　　　　　　图2-103　最终效果

2.4.4　图像的色彩调整

色彩调整在图像的修饰中是非常重要的一项内容，它包括对图像色调进行调节、改变图像的对比度等。

在"图像"菜单下的"调整"子菜单中的命令都是用来进行色彩调整的。

色阶、自动色阶、曲线、亮度/对比度命令主要用来调节图像的对比度和亮度，这些命令可修改图像中像素值的分布，曲线命令提供最精确的调节。另外可以对彩色图像个别通道执行色阶、曲线命令来修改图像中的色调。

色彩平衡命令用于改变图像中颜色的组成。该命令只适合做快速而简单的色彩调整，若要精确控制图像中各色彩的成分，应该使用色阶和曲线命令。

色相/饱和度、替换颜色和可选颜色可对图像中的特定颜色进行修改。

1. 色阶命令的使用

打开一个图像文件，执行菜单命令"图像"→"调整"→"色阶"，打开"色阶"对话框，如图2-104所示。对话框中将每个通道中的最暗和最亮像素映射为黑色和白色，根据每个亮度值（0～255）处像素点的多少来划分的，最黑的像素点在左面，最亮的像素点在右面。输入色阶显示当前的数值，输出色阶显示的是将要输出的数值。

（1）使用输入色阶来增加图像的对比度

对话框下面靠左的黑三角用来增加图像中暗部的对比度；右侧的白色三角用来增加图像中亮部的对比度；改变图像中间调的亮度值，不会对暗部和亮部有太大的影响。输入色阶后面的数值和直方图下面三角的位置对应。

例如，若想增加图像的对比度，将输入色阶的黑三角拖到80处，则原图像中亮度值为0～80的亮度值都变为0，并且比80高的像素也相应地减少了像素值，这样重新映射会使图像变暗，并且暗部的对比度增加。

（2）使用输出色阶来降低图像的对比度

输出色阶的黑三角用来降低图像中暗部的对比度，白三角用来降低图像中亮度的对比度，输出色阶后面的数值和下面三角的位置对应。

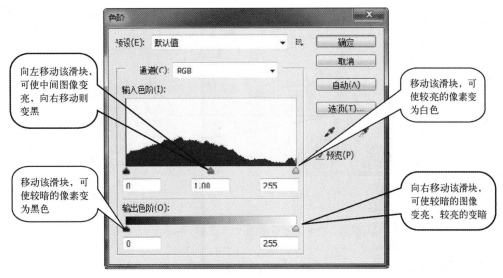

向左移动该滑块，可使中间图像变亮，向右移动则变黑

移动该滑块，可使较亮的像素变为白色

移动该滑块，可使较暗的像素变为黑色

向右移动该滑块，可使较暗的图像变亮，较亮的变暗

图 2-104　色阶

假设你想减小图像的对比度，将输出色阶的白三角拖到 230 处，那么原来图像中亮度值为 255 的像素都变为 230，并且高度比 230 低的像素点也相应地减少像素值，结果是图像变暗，并且高光区中对比度减小。

2. 曲线命令的使用

曲线命令不是只使用三个变量（高光、暗调和中间调）来进行调整，而是将整体分为 16 个小方块，这样可以更精确地控制每一个亮度层次光点的变化，更有效地调整图像的色调。

执行菜单命令"图像"→"调整"→"曲线"，打开"曲线"对话框。如图 2-105 所示，在对话框中横轴表示图像原来的亮度值，相当于色阶对话框中的输入色阶；纵轴表示处理后新的亮度值，相当于色阶对话框中的输出色阶。要随时反转曲线更改显示，可点按曲线下面的双箭头。

图中对角线显示当前的输入和输出数值之间的关系，没有进行调整时是一条直线，即所有的像素都具有相同的"输入"和"输出"值。对于 RGB 图像，"曲线"显示 0 到 255 间的亮度值，暗调（像素值为 0）位于左侧。对于 CMYK 图像，"曲线"显示 0 到 100 间的百分数，高光（0）在左侧。

以 RGB 色彩模式为例介绍曲线命令的使用。

1）右上角的端点向左移动，增加图像亮部的对比度，图像变亮；向下移动，减少图像亮部对比度，图像变暗。

2）左下角的端点向右移动，增加图像暗部的对比度，图像变暗：向上移动，减少图像暗部对比度，图像变亮。

3）通过曲线工具可拖动图表中的节点从而产生特定的色调曲线。

4）通过铅笔工具可绘制任意形状的色调曲线，绘制的色调曲线将替代该位置原来的曲线。

3. 亮度/对比度

亮度/对比度命令用于概略地调节图像的亮度和对比度。

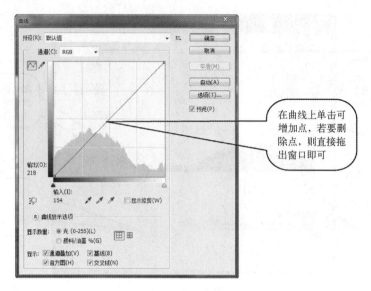

在曲线上单击可增加点，若要删除点，则直接拖出窗口即可

图2-105　曲线

4. 色彩平衡

色彩平衡命令用于改变图像中颜色的组成，解决图像中色彩的任何问题（色偏、过饱和与饱和不足的颜色），混合色彩使之达到平衡效果。该命令只适合做快速而简单的色彩调整，若要精确控制图像中各色彩的成分，应该使用色阶和曲线命令。执行菜单命令"图像"→"调整"→"色彩平衡"，打开"色彩平衡"对话框，如图2-106所示。

在色彩平衡选项组中有三个标尺，通过它们，可以控制图像的三个颜色通道（红、绿、蓝）色彩的增减，将三角形拖向要在图像中增加的颜色；或将三角形拖离要在图像中减少的颜色。

色彩标尺中在同一平衡线上的两种颜色为互补色。例如，当处理一幅冲洗成发青色的照片图像时，可通过增加青色的补色即红色，对青色进行补偿将图像调整成合适的颜色。

5. 色相/饱和度

执行菜单命令"图像"→"调整"→"色相/饱和度"，打开"色相/饱和度命"对话框，如图2-107所示。可调整整个图像或图像中单个颜色成分的色相、饱和度和亮度。通过拖动三角来改变色相、饱和度和亮度。对话框下面有两条色谱，上面的色谱表示调整前的状态，下面的色谱表示调节后的状态。

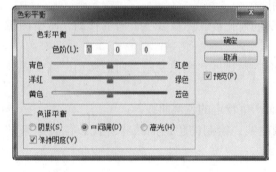

图2-106　色彩平衡

图2-107　色相饱和度

6. 去色命令

执行菜单命令"图像"→"调整"→"去色",可将图像中所有颜色去掉(即颜色的饱和度为0),从而产生相同色彩模式的灰度图像效果。一幅彩图可通过"去色"命令变成灰度图像效果,也可转换图像色彩模式成灰度图像,但使用"去色"命令后仍可为图像添加彩色。

7. 替换颜色

使用替换颜色命令可将图像中选择的颜色替换成其他颜色。例如要将图2-108所示黄色汽车替换成红色汽车。操作步骤如下。

1)执行菜单命令"图像"→"调整"→"替换颜色",打开"替换颜色"对话框,如图2-109所示。

2)设定颜色容差值,以确定所选颜色的近似程度。

3)选择"选区"或"图像"选项中的一个。"选区"在预览框中显示蒙版,被蒙版区域为黑色,未蒙版区域为白色。"图像"在预览框中显示图像。

4)选用对话框中的吸管工具,在图像或预览框中选择所要替换的颜色。使用带加号的吸管按钮,添加区域;使用带减号的吸管按钮,去掉某区域。

5)在变换选择组中拖移色相、饱和度和明度滑块(或在文本框中输入数值),使所选汽车区域的颜色变为红色,如图2-110所示。

图2-108　黄色汽车　　　　　图2-109　替换颜色　　　　　图2-110　变为红色汽车

6)单击"确定"按钮,汽车颜色成为红色。

2.4.5　滤镜

滤镜专门用于对图像进行各种特殊效果处理。图像特殊效果是通过计算机的运算来模拟摄影时使用的偏光镜、柔焦镜及暗房中的曝光和镜头旋转等技术,并加入美学艺术创作的效果而发展起来的。

Adobe Photoshop自带的滤镜效果有14组之多,每组又有多种类型。读者需要在不断实践中掌握它们的技巧。除了Adobe公司本身提供的若干特技效果,还有很多第三方提供的软件效果可以使用,使得Adobe Photoshop更具有迷人的魅力。

图像的色彩模式不同，使用滤镜时会受到某些限制。在位图、索引图、48 位 RGB 图、16 位灰度图等色彩模式下，不允许使用滤镜。在 CMYK、Lab 模式下，有些滤镜不允许使用。在一般情况下，应用 RGB 模式编辑图像使用滤镜不受限制。如果编辑的图像不是 RGB 模式，可以执行菜单命令"图像"→"模式"→"RGB 颜色"，将图像格式转化为 RGB 模式。虽然 Photoshop 提供的滤镜效果各不相同，但其用法基本相同。首先打开要处理的图像文件，如果只对部分区域进行处理，就要选择区域，否则会对整个图像进行处理。然后从滤镜菜单中选择某一滤镜，在出现的对话框中设置参数，确认后即出现该滤镜效果。

在使用滤镜时，最近用到的滤镜命令，可以通过〈Ctrl + F〉组合键将它们重新执行一次；使用〈Ctrl + Shift + F〉组合键可以对上次滤镜效果进行重新设置。

以下将简单介绍几种滤镜的用法。

1. 模糊滤镜

模糊滤镜用来对图像进行模糊效果或柔化边缘。

动感模糊滤镜模仿物体运动时的摄影手法来产生运动模糊。执行菜单命令"滤镜"→"模糊"→"动感模糊"，打开"动感模糊"对话框，如图 2-111 所示。在对话框中，角度用来调节模糊方向；距离用来控制动感模糊程度。图 2-112 是使用动感模糊滤镜前后的原图及效果图。

图 2-111　动感模糊　　　　　图 2-112　使用动感模糊滤镜前后的原图及效果图

2. 扭曲滤镜

扭曲滤镜模拟各种扭曲效果，生成波纹、挤压变形等图像。

（1）球面化

通过将选区包在球形上，扭曲图像并伸展以适合所选曲线，为对象制作三维效果。

执行菜单命令"滤镜"→"扭曲"→"球面化"，打开"球面化"对话框，如图 2-113 所示。在对话框中，数量用来控制变形的程度。数值为正，是向里变形；数值为负，向外变形。图 2-114 是使用球面化滤镜前后的原图及效果图。

（2）水波纹

水波纹滤镜用于生成池塘波纹效果。

执行菜单命令"滤镜"→"扭曲"→"水波纹"，打开"水波"对话框，如图 2-115 所示。在对话框中有 3 个控制选项："数量"用于调节程度；"起伏"用于设定波纹总数；"样式"用于选择类型。如图 2-116 所示是使用水波纹滤镜命令前后的原图及效果图。

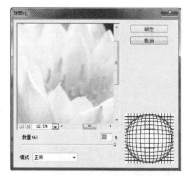

图 2-113　球面化

图 2-114　使用球面化滤镜前后的原图及效果图

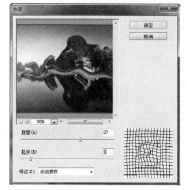

图 2-115　水波

图 2-116　使用水波纹滤镜命令前后的原图及效果图

3. 风格化滤镜

风格化滤镜模拟印象派及其他风格画派效果。

（1）浮雕

浮雕滤镜用来勾勒出图像的轮廓和降低周围色值来生成浮雕凸起的效果。

执行菜单命令"滤镜"→"风格化"→"浮雕效果"，打开"浮雕效果"对话框，如图 2-117 所示。在对话框中，"角度"选项用于调节效果光源的方向；"高度"用于控制浮雕凸起的高度；"数量"用于控制浮出图像的色值。如图 2-118 所示是使用浮雕滤镜命令前后的原图及效果图。

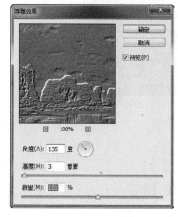

图 2-117　浮雕效果

图 2-118　使用浮雕滤镜命令前后的原图及效果图

（2）寻找边缘

选择此滤镜后就会在白色背景上用线条勾画图像的边缘作为最终的图像效果，执行菜单命令"滤镜"→"风格化"→"寻找边缘"，如图 2-119 所示。

图 2-119　使用寻找边缘命令前后的原图及效果图

4. 渲染滤镜

（1）光照效果

光照效果滤镜主要用在图像中产生照明效果，可对图像使用不同的光源、光线类型和特性，仅适用于 RGB 色彩模式的图像。

执行菜单命令"滤镜"→"渲染"→"光照效果"，打开"光照效果"对话框，如图 2-120所示。"光照类型"用于选择光线类型。PS CS6 提供了 3 种光源："点光""聚光灯"和"无限光"，在"光照类型"选项下拉列表中选择一种光源后，就可以在对话框左侧调整它的位置和照射范围，或添加多个光源。

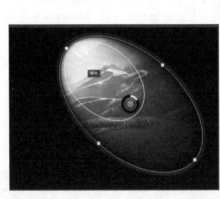

图 2-120　光照效果

对话框主要参数含义如下。

"光泽"：用来设置灯光在图像表面的反射程度。

"曝光度"：该值为正值时，可增加光照；为负值时，则减少光照。

"着色"：用于使照射光变亮或变暗。

"颜色"：用于调整灯光的强度，该值越高光线越强。

"聚光"：可以调整灯光的照射范围。

"环境"：单击"着色"选项右侧的颜色块，可以在打开的"拾色器"中设置环境光的颜色。当环境滑块越接近负值时，环境光越接近色样的互补色；滑块接近正值时，则环境光越接近于颜色框中所选的颜色。

"纹理"：可以选择用于改变光的通道。

"高度"：拖动"高度"滑块可以将纹理从"平滑"改变为"凸起"。

如图 2-121 所示是使用两个聚光灯点光源光照效果滤镜命令前后的原图及效果图。

图 2-121　使用光照效果滤镜命令前后的原图及效果图

（2）镜头光晕

镜头光晕滤镜可以产生照相机滤光镜的炫光效果。

执行菜单命令"滤镜"→"渲染"→"镜头光晕"，打开"镜头光晕"对话框，如图 2-122所示。在对话框中，"亮度"选项用于调节亮斑大小；"光晕中心"用于设定炫光中心位置，可直接拖曳十字光标至合适位置；"镜头类型"有三种可供选择的镜头。图 2-123 是使用镜头光晕滤镜命令前后的原图及效果。

图 2-122　镜头光晕　　　　　图 2-123　使用镜头光晕滤镜命令前后的原图及效果

5. 杂色滤镜

杂色滤镜组用来添加或去掉杂色，杂色是指色阶随机分布的像素。

去蒙尘与划痕滤镜主要用于去除图像中灰尘以及对划痕的修补。应用该滤镜前首先在图像上选择要清除的区域，然后执行菜单命令"滤镜"→"杂色"→"蒙尘与划痕"，打开"蒙尘与划痕"对话框，如图 2-124 所示。

在对话框中，如有必要，调整预览缩放比例直到该区域包含的杂色可见。对话框中，"半径"确定滤镜搜索像素差别的范围；"阈值"确定像素被消除前像素值的差别程度，通过输入阈值数值或拖移滑块逐渐改变"阈值"，直到消除杂色的最大可能值处。图 2-125 为使用去蒙尘与划痕滤镜前后的原图及效果图。

图 2-124　蒙尘与划痕　　　　　图 2-125　使用去蒙尘与划痕滤镜前后的原图及效果图

6. 图像液化扭曲

液化扭曲滤镜可以制作出各种动态的图像变形效果，可以方便地利用它制作弯曲、漩涡、膨胀、收缩、移位和反射等效果。该命令不能用于索引模式、位图模式和多通道模式的图像。

执行菜单命令"滤镜"→"液化"，打开图 2-126 所示的"液化"对话框。

图 2-126　液化

下面简单介绍一下对话框中各工具的特点。使用左侧的工具可以对图像进行变形和制作漩涡效果等操作。利用右侧的命令可以设置笔刷的大小以及蒙版和冻结的区域等。

- 向前变形工具 ：选中此工具后，在图像中单击并拖动鼠标可以弯曲图像。
- 重建工具 ：使用该工具在变形的区域单击鼠标或拖动鼠标进行涂抹，可以使变形区域的图像恢复到原始状态。
- 褶皱工具 和膨胀工具 可收缩或扩展笔刷下的像素。利用此工具可以轻松地调整人的比例和形态等，从而制作出特殊的效果。
- 左推工具 ：可以在垂直方向移动像素。
- 抓手工具 ：可以移动图像预览图。
- 放大镜工具 ：可以放大局部区域。

下面以实例介绍此滤镜的作用。

1）打开一幅图像，如图 2-127 所示。

2）使用"向前变形工具"将头发卷曲，"膨胀工具"将眼部放大，"向前变形工具"将眉毛挑高，"收缩工具"将嘴巴收缩变形。图像效果如图 2-128 所示。

图 2-127　原图　　　　　　　　　　　　图 2-128　效果图

7. 创建弯曲的文字对象

Photoshop CS6 可以创建弯曲的文字形状，如波浪形、鱼形、拱形等多种形状。使用工具箱中的文字工具，在图像区中单击，在工具选项中单击"创建变形文本" 按钮，打开"变形文字"对话框。"样式"下拉框中有多种风格可供选择，并可进一步设置有关参数。图 2-129 为"拱形弯曲"对话框，其拱形文字效果如图 2-130 所示。

图 2-129　变形文字　　　　　　　　　　图 2-130　拱形文字效果

综合实训

实训1　光盘盘面设计与制作

本案例综合了多种蒙版使用方法将多个素材图像进行整合，最终实现光盘盘面的效果。案例实现过程如下。

1）创建一个宽和高都为600像素的文档，执行菜单命令"视图"→"标尺"，打开标尺，拖动两条参考线放在画布的中间位置，如图2-131所示。

2）选择椭圆选框工具，设置"羽化"选项为0，以参考线交叉点为起点，按住〈Alt+Shift〉组合键绘制一圆形选区（直径约为9cm，可使用参考线）。

3）新建一图层，并将其命名为"黑色边框"，选中这一图层，将选区填充为灰色（323232），如图2-132所示。

4）执行菜单命令"选择"→"修改"→"收缩"，将选区缩小10像素。

5）新建一图层，命名为"盘面"，并填充为红色径向渐变（be0d0a到a80b04），效果如图2-133所示。

　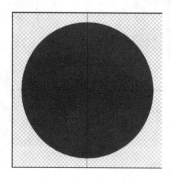　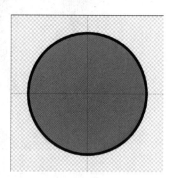

图2-131　带参考线的画布　　图2-132　填充为黑色的选区　　图2-133　带参考线的画布

6）选择椭圆选框工具，以参考线的交叉点为起点，同时按住〈Alt+Shift〉组合键绘制一直径约为2.5cm的圆形选区。依次选择"盘面"及"黑色边框"图层，将图层上选区内的图像删除，如图2-134所示。

7）选择椭圆选框工具，在属性栏中选择创建选区的方式为"从选区中减去"，以参考线的交叉点为起点，绘制一圆形选区，再按住〈Alt+Shift〉组合键，最后微调直径约为1cm。

8）新建一个图层，并将其命名为"内圈"，在这一图层上将选区填充为浅蓝色，执行菜单命令"编辑"→"描边"，打开"描边"对话框，设置"宽度"为2像素，"颜色"为白色，"位置"为居外，单击"确定"按钮，进行2像素的白色描边，效果如图2-135所示。

9）按〈Ctrl+D〉组合键取消选区，接下来执行菜单命令"视图"→"显示"→"参考线"，将参考线删除。

10）执行菜单命令"文件"→"置入"，打开"置入"对话框，选择"荷花"素材，单击"置入"按钮，将"荷花"素材置入场景中，将其所在图层命名为"荷花"，调整其大小，将其放到盘面右下角，按〈Enter〉键，效果如图2-136所示。

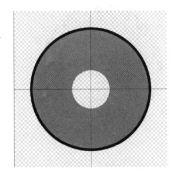 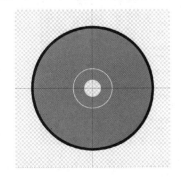 

图2-134　删除中心的效果　　　　图2-135　填充了内圈颜色的效果　　　　图2-136　置入的荷花素材

11）按住〈Ctrl〉键单击"盘面"图层的缩略图，将图层中的盘面转化为选区。单击"荷花"图层，使之处于选中的状态。接下来单击"图层"面板下方的"添加图层蒙版"按钮，创建一图层蒙版，如图2-137所示。

12）选择"套索工具"，绘制一个选区，设置"羽化"选项为10，按住〈Alt〉键单击"荷花"图层上的图层蒙版，使图层蒙版处于编辑状态，选择"油漆桶工具"，单击选区，填充色为黑色，如图2-138所示。

13）单击"荷花"图层的缩略图，再按〈Ctrl + D〉组合键，取消选区，效果如图2-139所示。

图2-137　应用在荷花　　　　图2-138　绘制选区　　　　图2-139　填充了内圈
上的蒙版　　　　　　　　　　　　　　　　　　　　　　　颜色的效果

14）将素材图片"片名"置入到场景中，将其所在图层命名为"片名"，接下来将素材中的图像选取出来。将除本图层外的其他所有图层隐藏（单击图层缩略图前面的眼睛即可隐藏该图层）。进入"通道"面板，选择对比度较大的通道进行复制，在此选择的是"绿"通道，复制后得到"绿副本"通道。

15）选中"绿副本"通道，执行"调整"→"曲线"命令，如图2-140所示，设置通道参数，将通道建立起来，如图2-141所示。

16）按住〈Ctrl〉键单击"绿副本"通道缩略图，将选区建立起来，回到图层窗口中，选择"片名"图层，单击图层下方的"添加矢量蒙版"按钮，建立当前的选区建立蒙版，调整片名图像的大小及位置。为突出其立体效果，可设置其图层样式为"投影"。显示除"曲线1"外的所有图层，形成效果如图2-142所示。

图 2-140 "曲线"
对话框设置

图 2-141 建立绿副本通道

图 2-142 效果

17) 在盘面上写明盘面的内容, 并对其进行适当
美化, 最终效果如图 2-143 所示。然后通过光盘打印
机打印到光盘上。

实训 2 名片设计与制作

在设计商业名片时, 要考虑到与公司的 VI (Visu-
al Identity, 视觉识别) 系统设计相统一, 要根据企业
规定的标准色、Logo、中英文名称和标准字体来进行
设计, 名片的界面既要体现出行业特点, 又要能代表
企业的形象。本案例是为重庆电子工程职业学院传媒
艺术学院王向东老师设计名片, 该名片使用该院的标
准色"科技蓝"为主色调, 以流线型打破了名片矩形
的呆板界面, 显得生动活泼。

图 2-143 最终效果

在这个名片的制作中, 需要掌握的技术有选区与路径的转换、钢笔工具的使用、路径的
调节以及对图层概念的理解。本案例的最终效果如图 2-144 所示。

具体实现步骤如下。

1) 打开 Photoshop 软件, 新建一个文件, 将
"名称"命名为"名片", 并设置"宽度"为 9 cm,
"高度"为 5 cm, "颜色模式"为 CMYK, "背景内
容"为白色, 单击"确定"按钮完成文件创建。

2) 新建一个"图层 1", 在工具箱中选择钢
笔工具, 绘制图 2-145 所示的路径。在工具栏选
择"直接选择工具", 对路径形状进行调整, 调
整满意后, 按〈Ctrl + Enter〉组合键将路径载入
选区, 如图 2-146 所示。

图 2-144 名片效果

3) 前景色设置为深蓝色 (1256a1), 然后按〈Alt + Delete〉组合键以前景色填充选区,
并按〈Ctrl + D〉组合键取消选区, 效果如图 2-147 所示。

4) 新建一个"图层 2", 按住〈Ctrl〉键的同时, 单击图"图层 1"的图层缩缆图, 选

择路径选项卡，单击"从选区生成工作路径"按钮，让路径显示后执行菜单命令"编辑"→"变换路径"→"扭曲"，对路径进行调整。再在工具箱中选择路径选择工具，对路径做细节调整，如图2-148所示。

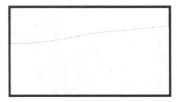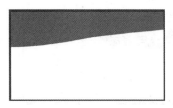

图2-145　绘制路径　　　　　图2-146　载入选区　　　　图2-147　填充路径区域为深蓝色

5）将前景色设置为橙色（f3a51b），按〈Ctrl + Enter〉组合键将路径载入选区，再按〈Alt + Delete〉组合键以前景色填充，按〈Ctrl + D〉组合键取消选区，然后将"图层2"调整到"图层1"的下方，如图2-149所示。

6）在名片的底部用矩形选框工具绘制一个高度为1mm的矩形选区，并用和顶部一样的颜色进行填充。

7）执行菜单命令"文件"→"置入"，打开"置入"对话框，选择"标志"文件，单击"置入"按钮，调整合适大小，按〈Enter〉键。

8）将除本图层外的其他所有图层隐藏（单击图层缩略图前面的眼睛即可隐藏该图层）。进入"通道"窗口，选择对比度较大的通道进行复制，在此选择的是"青色"通道，复制后得到"青色副本"通道。

9）选中"青色副本"通道，执行"调整"→"曲线"命令，如图2-150所示，设置通道参数，将通道建立起来。

10）按住〈Ctrl〉键单击"青色副本"通道缩略图，将选区建立起来，回到图层窗口中，选择"标志"图层，单击图层下方的"添加矢量蒙版"按钮，在当前的选区建立蒙版，调整名片图像的大小及位置。为突出其立体效果，可设置其图层样式为"投影"。显示除"曲线1"之外的所有图层，形成效果如图2-151所示。

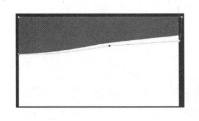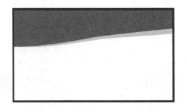

图2-148　调整路径　　　　　图2-149　填充路径区域为橙色　　　　图2-150　"曲线"设置

11）输入学院的网址和其他有关信息并再次进行调整，保存文档。最终效果如图2-144所示。

实训3　3D标志路径制作

1）启动Photoshop。执行菜单命令"文件"→"打开"，打开"打开"对话框，选择素材文件"M标志.jpg",如图2-152所示。在图层窗口中将投影效果关闭。

2）打开通道窗口，按〈Ctrl〉键单击"黑色"通道，按〈Ctrl + Shift + I〉组合键，提取图像选区，如图2-153所示。

图2-151 加入标志效果

图2-152 打开图像文件

图2-153 提取图像选

3）打开路径窗口，单击"从选区生成工作路径"按钮将选区转换为路径，如图2-154所示。单击工具栏中的"路径选择工具"框选路径的所有节点，如图2-155所示。

图2-154 选区生成工作路径

图2-155 选择所有节点

4）执行菜单命令"文件"→"导出"→"路径到Illustrator"，打开"导出路径到文件"对话框，单击"确定"按钮，如图2-156所示。打开"选择存储路径的文件名"对话框，在"文件名"处输入"传媒学院011"，如图2-157所示，单击"确定"按钮。导出一个包含路径信息的Illustrator文件。

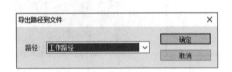
图2-156 导出路径到文件

图2-157 导出AI文件

5）打开历史记录窗口，单击"打开"选项，重复2~4步骤导出台标的右侧部分，如图2-158所示。文件名为"传媒学院021"。

6）打开历史记录窗口，单击"M标志"选项，在工具箱中选择"魔棒工具"，单击黄色部分，提取黄色选区，如图2-159所示。

图2-158 标志右边部分

图2-159 提取黄色选区

7）打开路径窗口，单击"从选区生成工作路径"按钮将选区转换为路径，如图2-160所示。单击工具栏中的"路径选择工具"框选黄色路径的所有节点。

8）重复4步骤导出标志的黄色部分，文件名为"传媒学院031"。

9）打开历史记录窗口，单击"M标志"选项，打开通道窗口，按〈Ctrl〉键单击"洋色"通道，按〈Ctrl + Shift + I〉组合键，提取图像选区，如图2-161所示。

图2-160 选择黄色路径

图2-161 提取红色路径

10）重复3~4步骤导出标志的红色部分，文件名为"传媒学院041"。

项目小结

完成这个项目后得到什么结论？有什么体会？完成项目评价表，如表2-1所示。

表2-1 综合实训项目

项 目	内 容	评价标准	得 分	结 论	体 会
1	光盘盘面设计与制作	4			
2	名片设计与制作	3			
3	3D 标志路径制作	3			
	总评				

拓展练习

题目：制作一个电视栏目标志。

规格：大小为 720 × 576 像素，导出为路径文件。

要求：运用 Photoshop 创建一个电视栏目标志，然后转换成路径文件输出。

习题

1. 下列（　　）是 Photoshop 的主要功能。

A. 图像扫描　　　　　B. 图像合成　　　　　C. 图像特殊效果处理　　　　　D. 动画编辑

2. 在 Photoshop 中，对图层的描述正确的是（　　）。

A. 背景始终在图层面板中所有图层的最下面　　　　　B. 背景层可转化为普通图层

C. 背景层肯定是不透明的　　　　　D. 普通层是透明的

3. 对 Photoshop 中裁切工具描述正确的是（　　）。

A. 裁切工具可保留裁切框以内的区域，剪掉裁切框以外的区域

B. 裁切框可随意旋转

C. 要取消裁切操作可按〈Esc〉键

D. 裁切后的图像大小改变了，分辨率也谁随之改变

4. 在 Photoshop 中，对选区的羽化描述正确的是（　　）。

A. 使选取范围扩大　　　　　B. 使选取范围缩小

C. 使选取边缘柔软　　　　　D. 使选取边缘锐化

5. 下面对 Photoshop 蒙版的描述正确的是（　　）。

A. 使用 Alpha 通道来存储和载入作为蒙版的选择范围

B. 使用快速蒙版模式可以建立蒙版通道，返回正常模式后在通道中仍然保留

C. 可在图层面板中直接建立蒙版

D. 在图层控制面板中可对所有图层建立蒙版

6. 在 Photoshop 中，若要选择图像的某一区域，下列（　　）工具可以使用。

A. 规则选区工具　　　　B. 魔术棒工具　　　　C. 套索工具　　　　　D. 路径工具

7. 在 Photoshop 中，下列（　　）操作可以实现图层的复制。

A. 将所需复制的图层拖曳到图层控制面板下方的"　　"图标里

B. 用鼠标单击所需复制的图层，执行图层控制面板菜单中的"复制图层"命令

C. 在工具箱中选择移动工具，单击所需要复制的图像并按住鼠标左键不放，其将拖曳到另一幅图像中

D. 将所需复制的图层拖曳到图层最后就可生成新的拷贝

8. 在 Photoshop 中，（　　）不随文件而存储。

A. 通道　　　　　B. 历史记录

C. 图层　　　　　D. ICC 色彩描述文件

9. 扫描仪可在（　　）中使用。

A. 拍摄数字照片　　　B. 图像输入　　　C. 光学字符识别　　　　D. 图像处理

10. 下列关于数码照相机的叙述正确的是（　　）。

A. 数码相机的关键部件是 CCD　　　B. 数码相机有内部存储介质

C. 数码相机输出的是数字或模拟数据　　　D. 数码相机拍照的图像可传送到计算机

11. 什么是图像？图像信息有哪些优点？

12. 什么是图形、图像？

13. 常见的图像文件格式有哪些？

14. 什么是颜色的三要素？

项目 3　数字视频的处理

技能目标与知识目标

能应用 Premiere 软件编辑视频，制作片头、片尾字幕，添加特技与特效，应用 Sayatoo 字幕软件制作影视的复述性字幕及卡拉 OK 字幕。

了解数字视频在计算机中的实现，了解数字视频的常见格式。

掌握 Premiere 的功能及主要技术指标。

掌握 Premiere 编辑原理及字幕制作，了解添加特技及参数的设置。

掌握 Premiere 视频布局的功能及使用。

掌握 Premiere 特效的添加及参数的设置。

掌握用 Premiere 编辑与制作 MV 影视节目。

掌握用 Premiere 编辑与制作纪录片影视节目。

课前导读

数字视频全称为动态数字视频图像，简称为视频。数字视频之所以使用广泛，一方面是由于非线性编辑具有神话般的魔力，它让人们相信自己在电视上看到的和听到的都是真实的。大家也许还记得在电影《阿甘正传》中，已故的三位美国总统竟与影片中的男主角握手，画面逼真，天衣无缝；还有，如电影《真实的谎言》中鹞式战斗机的空中战斗场面、《泰坦尼克号》中世纪巨轮的逼真再现。另外还有早已去世的歌手在计算机的帮助上又唱出了今天的流行歌曲等。本项目将数字视频处理分成几个任务来学习，第一个任务是视频在计算机中的实现，第二个任务是用 Premiere 编辑影视节目，第三个任务是完成两个项目实训。

任务 3.1　视频在计算机中的实现

不论是 PAL 制还是 NTSC 制视频信号，通常它们都是模拟信号，各自用不同的电压值表示不同的信息。而计算机以数字方式处理信息，只认 0 和 1。若要让这两者能够互相沟通，就必须实现模/数转换。

3.1.1　压缩编码

模拟视频信号数字化后，数据量是相当大的。以 PALITUR601 标准来说，每一帧按 720×576 像素的图像尺寸进行采样，以 4:2:2 的采样格式、8 比特量化来计算，每秒图像的数据量约为 21.1 MB。这么大的数据量，使得传输、存储和处理都很困难，以计算机所使用的硬盘为例，1 GB 硬盘存储不到 50 s 的视频图像，这得需要多少 GB 的硬盘来存储视频数据呢？

数字视频压缩就是在均衡压缩比与品质损耗的情况下，按照相应的算法，对图像数据进行运算，处理其中的冗余部分和人眼不敏感的图像数据。对于 ARJ、ZIP、LAH 等压缩软件，可能大家已不陌生，但在 JPEG 标准出现之前，传统的各种压缩算法在处理视频图像方面都没有取得有意义的成功。

数字视频信号之所以能够被压缩，是因为在数字视频中存在着大量的冗余信息。这些冗余信息有以下 3 种类型。

- 空间冗余度：这是由相邻像素之间的相关性造成的。
- 频谱冗余度：这是由不同的彩色平面之间的相关性造成的。
- 时间冗余度：这是由数字视频中不同帧之间的相关性造成的。

另外，压缩编码还有一个重要的依据，那就是显示数字视频时，为收看者显示他们的眼睛所无法辨别的多余信息是没有必要的。实际上，这一依据在模拟视频中已得到了充分应用，如将亮度与色度分别进行处理，并压缩色度的频带宽度。

3.1.2 图像压缩的方法

图像压缩有许多方法，这些方法基本上可分为两类，即无损压缩和有损压缩。在无损压缩中，当数据被压缩之后再进行解压，因为不丢失任何信息，所以得到的重现图像与原始图像完全相同。但是对于数字视频来说，无损压缩的压缩比通常很小，并不适用。而在有损压缩中，解压后得到的重现图像相对于原始图像质量降低了，产生了误差，但这种误差可以是很细微的，人的眼睛分辨不出来，同时它可提供更高的压缩比。因此，有损压缩在视频处理中得到了广泛应用。

目前，常用的压缩编码技术是国际标准化组织推荐的 JPEG 和 MPEG 压缩。

- JPEG 压缩：JPEG 是 Joint Photo graphic Experts Group（联合图像专家组）的缩写，是用于静态图像压缩的标准。JPEG 可按大约 20:1 的比率压缩图像，而不会导致引人注意的质量损失，用它重建后的图像能够较好地、较简洁地表现原始图像，对人眼来说它们几乎没有多大区别，是目前首推的静态图像压缩方法。JPEG 还有一个优点，即压缩和解压是对称的。这意味着压缩和解压可以使用相同的硬件或软件，而且压缩和解压缩用时大致相同。而其他大多数视频压缩方案做不到这一点，因为它们是不对称的。
- M－JPEG 压缩：M－JPEG（Motion－JPEG）针对的是活动的视频图像，用 JPEG 算法，通过实时帧内编码过程单独地压缩每一帧，其压缩比不大，在后期编辑过程中可以随机存取压缩视频的任意帧，而与其他帧不相关。这对精确到帧的编辑是比较理想的。现在，用于电视非线性编辑处理的视频卡，采用的基本都是 M－JPEG 压缩方式。
- MPEG1 压缩：MPEG 是 Motion Picture Experts Group（运动图像专家组）的缩写，是专门用来处理运动图像的标准。目前，MPEG 在计算机和民用电视领域获得广泛使用。MPEG 压缩算法的核心是处理帧间冗余，以大幅度地压缩数据，它依赖于两项基本技术：一是基于 16×16 块的运动补偿技术；二是 JPEG 帧内压缩技术。
- MPEGI 压缩与 M－JPEG 的主要区别在于它能处理帧间冗余，即通过处理帧与帧之间保持不变的图像信息来更好地压缩数据。MPEG1 的压缩比高达 200:1，但重建图像的质量充其量与 VHS（家用录像机）相当。由于 VCD 的画面和声音质量都较差，许多专家认为它最终必将被 DVD（MPEG2）淘汰。

- MPEG2 压缩：MPEG2 是使图像能恢复到广播级质量的编码方法，它的典型产品是高清晰视频光盘 DVD、高清晰数字电视 HDTV 等，目前发展十分迅速，成为这一领域的主流趋势。

MPEG1、MPEG2 都是不对称算法，其压缩算法的计算量要比解压缩算法大得多，目前压缩/解压缩使用软、硬件均可。由于 MPEG 压缩所形成的视频文件不具备帧的定位功能，因此无法对它进行二次编辑，在实际视频制作过程中，往往是利用非线性编辑系统，采用通用的文件格式（如 AVI），对节目进行编辑，最后才将影片压缩成 MPEG 文件，且从 AVI 到 MPEG 的过程是不可逆的（图像质量）。

3.1.3　常见数字视频格式及应用

1. VCD 格式

VCD 光盘格式 CD – V 光盘标准是 1992 年发布的，俗称白皮书，是定义存储 MPEG 数字视频、音频数据的光盘标准，是 VCD 1.0、VCD 1.1、VCD 2.0、VCD 3.0 标准的基础。VCD1.0 是 1993 年由 JVC、Philips、Matsushita 和 Sony 等几家外国公司共同制定的光盘标准，1994 年升级为 VCD 2.0，随后又推出了 VCD 3.0。VCD 标准是针对 VCD 的数字视频、音频及其他一些特性等制定的规范。不过，无论 VCD 1.0、VCD 1.1、VCD 2.0 还是 VCD 3.0 标准，它们均采用 MPEG – I 压缩标准，区别主要在于 VCD 其他特性的不同。

按照 VCD 2.0 规范的规定，VCD 应具有以下特性。

一片 VCD 盘可以存储 70 min 的电影节目，图像质量为 MPEG – I 质量，符合 VHS（Video Home System）质量标准，NTSC 制式为 $352 \times 240 \times 30$，PAL 制式为 $352 \times 288 \times 25$。数字音频质量为 CD – DA 质量标准。Video CD 数据文件的扩展名是 DAT。

- VCD 节目应该可在安装有 CD – ROM 的 MPC 上播放。
- 应具备正常播放、快进、慢放、暂停等功能。
- 可显示按 MPEG 格式编码的两种分辨率的静态图像。其一为正常分辨率图像，NTSC 制式为 352×240 像素，PAL 制式为 352×288 像素。

2. DVD 格式

DVD 是英文 Digital Video Disk 的缩写，中文译为"数字视盘"，它采用 MPEG – Ⅱ 压缩标准，若 DVD 盘片采用双面工艺，12 cm 光盘上可存储 8.4 GB 的数字信息，可存储 270 ~ 284 min 更高图像质量的电影节目。它已成为代替 VCD 的下一代产品。

从用户的角度，简单地说，DVD 与 VCD 主要有以下几点不同。

- DVD 采用 MPEG – Ⅱ 压缩标准，数字视频具有高达 500 线左右的图像解析度，能有效地解决目前视频图像空间上的非对称性；而普通的 VCD 节目采用 MPEG – I 压缩标准，只有 240 线。
- DVD 采用 DolbyAC – 3 环绕立体声，而 VCD 采用普通的双声道立体声输出。
- 单面单层 DVD 盘片数据存储量可达 4.7 GB，往后最多可制作双面双层，总共数据存储量可达 17 GB；而 VCD 盘片的数据存储量仅为 650 MB。
- 出于保护知识产权的需要，DVD 有防复制区位编码保护，而 VCD 没有。
- 图像高分辨率，NTSC 制式为 720×480 像素，PAL 制式为 720×576 像素。

3. AVI 格式

AVI 是 Audio Video Interleave 的英文缩写，中文翻译"音频视频交替存放"，是目前计算机中较为流行的视频文件格式。多用于音视频捕捉、编辑、回放等应用程序中，AVI 格式是 Microsoft 公司的窗口电视（Video for Windows）软件产品中的一种技术，兼容性好，调用方便，图像质量好，但存储空间大。伴随着 Video for Windows 软件的进一步应用，AVI 格式越来越受欢迎，得到了各种多媒体创作工具、各种编程环境的广泛支持。

4. MOV 格式

MOV 是 Macintosh 计算机用的影视文件格式。与 AVI 文件格式相同，也采用了 intel 公司的 Indeo 视频有损压缩技术以及视频与音频信息混排技术。

5. RM 格式

RM 格式是 Real Networks 公司开发的一种流媒体视频文件格式，它主要包含 RealAudio、Real Video 和 Real Flash 三部分。Real Media 可以项目据网络数据传输的不同速率制定不同的压缩比率，从而实现在低速率的 Internet 上进行视频文件的实时传送和播放。

6. WMV 格式

WMV 是微软推出的一种流媒体格式，它是在"同门"的 ASF（Advanced Streaming Format）格式上升级延伸而来的。在同等视频质量下，WMV 格式的体积非常小，因此很适合在网上播放和传输。

7. 数字视频处理技术

数字视频在计算机中的实现使计算机具有 DVD 播放能力，使计算机能收看电视，赋予了计算机新的内涵。各种视频卡在计算机中的应用使计算机成为一个多媒体视频信号的综合处理系统。它可以汇集视频源、声频源、录像机（VCR）、摄像机（Camera）等视频设备的视频信息，通过编辑或特技处理而产生非常漂亮的画面。可以说，现代电影、电视节目的制作无一能离开计算机。

而今，数字视频技术越来越受到人们的关注，可以说，数字视频在众多媒体中异军突起，变得越来越重要，表面上看，数字视频不过是将标准模拟视频信号数字化，但视频信号一旦数字化，便可做模拟信号不能做的许多事情。例如：

- 不失真复制；
- 实现创造性编辑，从而达到特殊效果；
- 缩短开发周期，大量减少开发成本。

任务 3.2　用 Premiere Pro CS5.5 编辑影视节目

Adobe Premiere Pro CS5.5 是目前最流行的非线性编辑软件，是数码视频编辑的强大工具，它作为功能强大的多媒体视频、音频编辑软件，应用范围不胜枚举，制作效果美不胜收，足以协助用户更加高效地工作。Adobe Premiere Pro CS5.5 以其新的合理化界面和通用高端工具，兼顾了广大视频用户的不同需求，在一个并不昂贵的视频编辑工具箱中，提供了前所未有的生产能力、控制能力和灵活性。Adobe Premiere Pro CS5.5 是一个创新的非线性视频编辑应用程序，也是一个功能强大的实时视频和音频编辑工具，是视频爱好者们使用最多的视频编辑软件之一。该软件的系统需求如下。

- Intel Core™2 Duo 或 AMD Phenom II 处理器；需要 64 位支持。
- 需要 64 位操作系统：Windows Vista 或者 Windows 7。
- 2 GB 内存（推荐 4 GB 或更大内存）。
- 10 GB 可用硬盘空间用于安装；安装过程中需要额外的可用空间（无法安装在基于闪存的可移动存储设备上）。
- 编辑压缩视频格式需要 7200 转硬盘驱动器；未压缩视频格式需要 RAID 0。
- 1280×900 像素的屏幕，OpenGL 2.0 兼容图形卡。
- GPU 加速性能经 Adobe 认证的 GPU 卡。
- 为 SD/HD 工作流程捕获并导出到磁带需要经 Adobe 认证的卡。
- 需要 OHCI 兼容型 IEEE 1394 端口进行 DV 和 HDV 捕获、导出到磁带并传输到 DV 设备。
- ASIO 协议或 Microsoft Windows Driver Model 兼容声卡。
- 双层 DVD（DVD+-R 刻录机用于刻录 DVD；Blu-ray 刻录机用于创建 Blu-ray Disc 媒体）兼容 DVD-ROM 驱动器。
- 需要 QuickTime 7.6.2 软件实现 QuickTime 功能。

3.2.1 片段的剪辑与编辑

就像盖房子需要建筑图纸一样，进行影视节目制作，需要先有一个脚本。脚本充分体现了编导者的意图，是整个影视作品的总体规划和最终期望目标，也是编辑制作人员的工作指南。准备脚本，是一步不可缺少的前期准备工作，其内容主要包括各片段的编辑顺序、持续时间、转换效果、滤镜和视频布局、相互间的叠加处理等。脚本通常可设计成表格的形式。

在完成了上述准备工作以后，即可开始影视节目的编辑制作。它包括创建新节目、输入原始片段、剪辑片段、加入特技和字幕、为影片配音、影片生成等几个步骤。

1. 创建一个新项目

1）启动 Premiere Pro CS5.5，打开"欢迎使用 Adobe Premiere Pro"对话框，如图 3-1 所示。

2）单击"新建项目"按钮，打开"新建项目"对话框，选择文件存放的位置及名称，如图 3-2 所示，单击"确定"按钮。

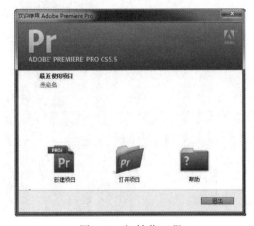

图 3-1　初始化工程

图 3-2　新建项目

3）打开"新建序列"对话框。选择 DV – PAL – 标准 48 kHz，如图 3-3 所示，单击"确定"按钮。

图 3-3　工程设置

4）打开编辑窗口，其中有项目、监视器、时间线、特效控制台、调音台和效果等窗口，编辑窗口如图 3-4 所示。

图 3-4　编辑窗口

2. 输入原始片段

新建立的项目是没有内容的，因此需要向项目目录窗口中输入原始片段（按〈B〉键可以打开项目目录窗口），如同盖房子需要准备水泥、钢筋等建筑材料一样。具体步骤如下。

1）用鼠标右键单击素材库的项目窗口，从弹出的快捷菜单中选择"添加文件"菜单命令或按〈Ctrl + O〉组合键，打开"输入"对话框，如图3-5所示。

2）打开视频文件夹，选择其中的"练习素材.avi"文件，单击"打开"按钮，该文件即被输入到项目窗口，如图3-6所示。

图3-5　导入对话框

图3-6　项目窗口

3）重复上述步骤，将文件"友谊地久天长.mp3"和"澳大利亚之旅.mpg"依次输入到项目窗口中。

3. 命名片段

将文件输入到项目窗口以后，Premiere Pro CS5.5自动依照输入文件名为建立的片段命名。但有时为了使用上的方便，需要给它们另起个名字。特别是对于类似于"澳大利亚之旅.mpg"的情形，起一个有意义的名字就更重要了。

为"澳大利亚之旅"片段更名的步骤如下。

1）用鼠标单击要更名的片段，或右键单击从弹出的快捷菜单中选择"重命名"菜单项，片段名变成了一个文本输入框与另一种颜色，如图3-7所示。

2）在文本框中输入"澳大利亚之行"，用鼠标单击项目窗口空白处，完成修改。项目窗口中相应的"澳大利亚之旅"被改为"澳大利亚之行"，如图3-8所示。

图3-7　重命名

图3-8　重命名之后

3）用同样的方法，将另一个"友谊地久天长"段更名为youyidijiutianchang，如图3-9所示。

4）在时间线窗口，用鼠标右键单击要更名的片段，从弹出的快捷菜单中选择"重命名"菜单项，打开"重命名素材"对话框，在"名称"文本框内输入要更改的名称，单击

"确定"按钮。完成时间线片段的重命名。

4. 检查片段内容

片段准备完毕，通常要打开并播放它，以便选择其内容。检查片段的方法很多，主要方法如下。

方法一，在项目窗口中，双击"练习素材"的片段名或图标，在源监视器窗口显示了"练习素材"的首帧画面，单击视窗下方的"播放" ▶ 按钮，播放"练习素材"的内容，如图 3-10 所示。

图 3-9　音频重命名　　　　　　图 3-10　检查片段内容

方法二，将鼠标光标移入项目窗口，指向"澳大利亚之行"的图标或名称，按下鼠标左键拖动"澳大利亚之行"的图标至源监视器窗口中，松开鼠标，源监视器窗中的显示内容被"澳大利亚之行"的首帧画面取代，单击"播放" ▶ 按钮，播放"澳大利亚之行"素材。

5. 在监视器窗口中剪辑片段

如果只需要将片段的某部分用于节目，就需要截取部分画面。在实际工作中，这是常常遇到的问题。这个过程称为原始片段的剪辑，它通过设置的入点和出点来实现。片段的剪辑可使用双窗口模式。

改变"练习素材.avi"的入点和出点的步骤如下。

1）在源监视器窗口单击"播放" ▶ 按钮，播放当前片段，到入点时单击"停止" ■ 按钮，或拖动帧滑块 🖐，将片段定位到入点。若欲精确定位，可使用"步退" ◀ 或"步进" ▶ 按钮。

2）单击"标记入点" ﹂ 按钮，或按〈I〉键，则当前帧成为新的入点，"练习素材.avi"将从帧所在的位置开始引用。滚动条的相应位置上显示入点标志，该帧画面的左上侧同时也显示入点标志。

3）单击"播放" ▶ 按钮，播放当前片段，到出点时单击"停止" ■ 按钮，或拖动帧滑块，将片段定位到出点。若欲精确定位，可使用"步退" ◀ 或"步进" ▶ 按钮。

4）单击"标记出点" ﹂ 按钮，或按〈O〉键，则当前位置成为新的出点。"练习素材.avi"将仅使用到此帧为止。在滚动条的相应位置上显示出点标志，该帧画面的右上侧同时显示标志，如图 3-11 所示。

图 3-11　确定入点与出点

5）移动时间线窗口的当前时间指针到要加入片段的位置，单击"覆盖" ◻ 按钮，或者将鼠标的光标移入源监视器窗口，按下鼠标左键拖动所选片段到时间线指定的位置，松开鼠标左键，这样入点和出点之间的画面就加到时间线上了。

6）在时间线窗口，将当前时间指针移动到需要添加片段的位置；在源监视器窗口中选择要编辑的素材，单击"插入" ◻ 按钮，素材将自动添加到时间线窗口。

7）一个片段可反复使用，重复上述步骤，用户可以按照编导的意图分别将文件"练习素材.avi"所需要的部分加到时间线上。经过上述处理的片段，在时间线窗口中，仅使用入点和出点之间的画面，在时间线窗口，还可再做调整。

也可将项目窗口中的片段直接拖到时间线上，然后在时间线窗口中再做调整。

6. 在时间线窗口剪辑素材片段

有些影片的素材不需要过多的剪辑时，可将片段拖到时间线上边看边剪掉多余的部分。

1）在时间线窗口中移动当前播放指针到要删除片段的入点，按〈I〉键，设置一个入点。

2）将当前时间指针移动到要删除片段的出点，按〈O〉键，设置一个出点。

3）按〈Q〉键，当前时间指针到入点；按〈W〉键，当前时间指针移动到出点。

4）按〈'〉键，则入点到出点之间的片段被删除，后续片段前移，时间线上不留下空隙。

5）按〈;〉键，则入点到出点之间的片段被删除，后续片段不前移，时间线上留下空隙。

7. 片段的基本编辑

在时间线窗口中，按照时间线顺序组织起来的多个片段，就是节目。对节目的编辑操作如下。

（1）选择片段

对片段所作的一切编辑操作都是建立在对片段选择的基础之上的，选择片段的方法如下。

1）单击时间线窗口上的某个片段，即可将该片段选中。

2）在按住〈Ctrl〉键的同时单击需要选择的片段，可以同时选中各个片段。

3）按〈Shift + A〉组合键，可同时选择所有轨道的片段。

4）在时间线窗口选择某一轨道上的任一片段，按〈Ctrl + A〉组合键，可以选中这一轨道上的所有片段。

（2）添加剪切点

素材被添加到时间线后，有可能需要进行分割操作，即添加剪切点。

1）如果需要将某个片段进行分割，选择工具栏中的"剃刀"工具，用鼠标单击要分割的片段，或将当前播放指针放到要分割的片段上，按〈Ctrl + K〉组合键，可将其一分为二，如图 3-12 所示。

图 3-12 分割片段

2）如果要分割多个轨道的素材片段，选择工具栏中的"剃刀"工具，按住〈Shift〉键的同时单击要分割片段的位置，或将当前播放指针放到要分割的片段上，按〈Shift + Ctrl + K〉组合键，可将所有轨道片段一分为二。

（3）片段的删除

1）用鼠标右键单击需要删除的片段，从弹出的快捷菜单中选择"清除"菜单项，可将所选片段删除，后续的片段不移动，时间线上留下空隙。

2）用鼠标右键单击需要删除的片段，从弹出的快捷菜单中选择"波纹删除"菜单项；可将所选片段删除，后续片段前移，时间线上不留下空隙。

3）选择需要删除的片段，按下〈Delete〉键，即可将片段删除，相当于选择"清除"菜单项。

4）用鼠标右键单击轨道上的间隙，从弹出的快捷菜单中选择"波纹删除"菜单项，可使后续片段前移，时间线上不留下空隙。

（4）调整片段的持续时间

1）将鼠标光标移向某一片段的右边界，鼠标光标变成 状，如图 3-13 所示，按下鼠标左键并左右拖动，片段持续时间随之改变，释放鼠标左键则确认。但不管如何变化，对于非静止图像而言，时间均不能超过其原文件持续时间。时间线窗口的顶部是时间标尺，组接到该窗口的片段，按时间标尺显示相应的长度。

图 3-13 片段持续时间

2）波纹编辑在更改当前素材入点或出点的同时，会根据项目素材片段收缩或扩张的时间，将随后的素材向前或向后推移，导致节目总长度发生变化。

选择"波纹编辑工具"，将鼠标放在素材片段的入点或出点位置，出现波纹入点图标 或波纹出点图标 时，按住鼠标左键，通过拖曳对素材片段的入点或出点进行编辑，随后的素材片段将根据编辑的幅度自动移动，以保持相邻，如图 3-14 和 3-15 所示。

3）滚动编辑对相邻的前一个素材片段的出点和后一个素材片段的入点进行同步移动，其他素材片段的位置和节目总长度保持不变。

单击素材片段之间的编辑点，出现滚动图标▐▌，向左或向右拖曳，可以在移动前一个素材片段出点的同时，对后一个素材片段的入点进行相同幅度的同向移动，如图 3-16 所示。

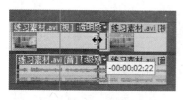

图 3-14　波纹编辑出

图 3-15　波纹编辑入

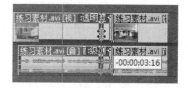

图 3-16　滚动编辑

8. 增加/删除轨道

1）添加轨道。在轨道控制区上单击鼠标右键，从弹出的快捷菜单中选择"添加轨道"菜单项，打开"添加视音轨"对话框，确定增加轨道数和音频轨道类型，单击"确定"按钮。需注意的是，音频轨道只能接纳与轨道类型一致的素材。

2）删除轨道。选择目标轨道，在轨道控制区上单击鼠标右键，从弹出的快捷菜单中选择"删除轨道"菜单命令，打开"删除轨道"对话框，勾选"删除视频轨"或"删除音频轨"，单击"全部空闲轨道"右边的小三角形按钮，选择要删除的轨道，单击"确定"按钮，完成轨道删除。

9. 改变片段的持续时间

1）选择时间线窗口的某一片段，用鼠标右键单击该片段，从弹出的快捷菜单中选择"速度/持续时间"菜单项，或选择该片段按〈Alt + R〉组合键，打开"素材速度/持续时间"对话框。

2）在"持续时间"右侧对应的文本框中输入新的持续时间，单击"确定"按钮，确认退出。此时，片段持续时间自动增减。

在 Premiere Pro CS5.5 中，还可以设置静态图像导入时的默认长度，具体操作步骤如下。

1）执行菜单命令"编辑"→"首选项"→"常规"，打开"首选项"对话框，在"静帧图像默认持续时间"文本框中重新输入静态图像的持续时间，如图 3-17 所示。

2）单击"确定"按钮，这样以后导入的图像都将会使用这个长度。

10. 同步配音

在项目窗口，选择片段 youyidijuetianchang. mp3，用鼠标将其拖放至时间线窗口中的音频 1 轨道，移动它使其与视频轨道的左边界对齐。将当前时间指针移动到视频结束点，按〈Ctrl + K〉组合键将其剪断，多余的部分删除，调整它的持续时间与已编好的影像节目同宽。

11. 轨道录音

执行菜单命令"编辑"→"首选项"→"音频硬件"，打开"首选项"对话框，单击 ASIO 按钮，打开"音频硬件设置"对话框，单击"输入"选项卡，勾选"麦克风"，如图 3-18 所示，单击"确定"→"确定"按钮。

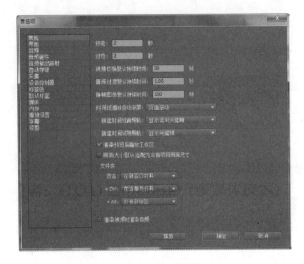

图 3-17　持续时间设置

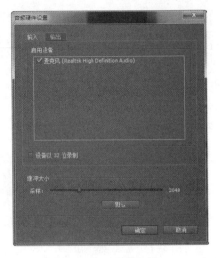

图 3-18　音频硬件设置

选择调音台选项卡，单击调音台的音频 2 的
"激活录制轨" 🎙 按钮，单击 "录音" 按钮，在时
间线窗口中将播放指针放到要录音的位置，再单击
"播放" 按钮，如图 3-19 所示，开始录音，录音结
束后，单击 "停止" 按钮，结束录音。

12. 解除视音频链接/编组

在 Premiere Pro CS5.5 中，可以将一个视频剪辑
与音频剪辑连接在一起，这就是所谓的软链接。从
摄像机中捕获到的文件，已经连接了视频和音频剪
辑，这就是所谓的硬链接。在影像编辑过程中，经
常要独立编辑入点和出点，这时断开音频和视频链
接是非常有用的。

1）解锁。如果要断开已经链接在一起的音频片
段和视频片段，可在时间线窗口中用鼠标右键单击视

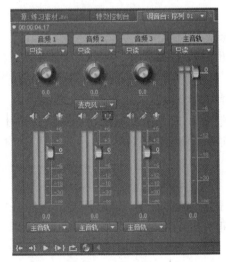

图 3-19　调音台

频片段或音频片段，从弹出的快捷菜单中选择 "解除视音频链接" 菜单项，即可将链接断开。

2）锁定。在时间线窗口中，按住〈Shift〉键，用鼠标分别单击选中要链接的音、视频
片段，再用鼠标右键单击视频片段或音频片段，从弹出的快捷菜单中选择 "链接视频和音
频" 菜单项，即可将音视频链接，链接之后的片段，即可进行同步移动。

3）设置组。在 Premiere Pro CS5.5 的时间线窗口中，按住〈Shift〉键，选择要编组的两
段片段。用鼠标右键单击，从弹出的快捷菜单中选择 "编组" 菜单项，即可将音视频编组，
编组之后的片段，即可进行同步移动。

4）解组。在时间线窗口中，用鼠标单击选中要解组的音频或视频片段，从弹出的快捷
菜单中选择 "解组" 菜单项，即可将音视频解组，解组之后的片段，即可进行分别移动。

13. 轨道操作设置

1）时间线窗口的视频轨道栏前部有一个 "切换轨道输出" 👁 按钮，如果将此按钮关

闭，则不显示此轨道中的视频素材。

2）时间线窗口的音频轨道栏前部有一个"切换轨道输出" 按钮，如果将此按钮关闭，则不显示此轨道中的音频素材。

3）单击视频轨道名称左边的三角形按钮▶，展开轨道。在轨道控制区域中单击"设置显示样式"按钮，在弹出的菜单中可以选择不同的显示方式：在素材片段的始末位置显示入点帧和出点帧的缩略图；仅在素材片段的开始位置显示入点帧缩略图；在素材片段的整个范围内连续显示帧缩略图；仅显示素材名称，如图3-20所示。

4）单击音频轨道名称左边的三角形按钮▶，展开轨道。在轨道控制区域中单击"设置显示样式显"按钮，在弹出的菜单中可以选择显示波形或仅显示素材名称，如图3-21所示。

图3-20　视频风格显示

图3-21　音频风格显示

5）单击轨道控制区域中的"显示关键帧"按钮，可以在弹出的菜单中选择是否显示关键帧。在时间线窗口可以设置并调节关键帧，如图3-22所示。

6）单击轨道区域中轨道名称左侧的方框，出现锁的图标🔒，将轨道锁定，轨道上显示斜线，如图3-23所示。再次单击锁的图标🔓，图标与轨道上显示的斜线消失，轨道被解除锁定。

图3-22　关键帧显示

图3-23　轨道锁定

14. 创建静帧

可将片段的入点、出点和标记点设置为静帧。将当前时间指针移动到要创建静帧的位置，执行菜单命令"标记"→"素材标记"→"设置"，在素材上创建一个标记，用鼠标右键单击该素材，从弹出的快捷菜单中选择"帧定格"菜单项，打开"帧定格选项"对话框，单击入点后的小三角形按钮，从弹出的下拉菜单中选择"入点""出点"或"标记0"，单击"确定"按钮，即可在节目监视器窗口看到创建的静帧。

15. 时间效果

在Premiere Pro CS5.5中可以改变片段的播放速度，也就是说将改变片段原来的帧速率、片段的持续时间，并会使一些画面被遗漏或重复。具体操作步骤如下。

改变片段的播放方向和比率。在时间线窗口用鼠标右键单击要改变播放速度的片段，从弹出的快捷菜单中选择"速度/持续时间"菜单项，或按〈Ctrl + R〉组合键，打开"素材速度/持续时间"对话框，设置"速度"为50，勾选"倒放速度"，如图3-24所示，单击

"确定"按钮,即可实现慢一半的速度倒放。

16. 素材替换

Premiere Pro CS5.5 提供了素材替换这样一个功能,提高了编辑的速度。如果时间线上某个素材不合适,可以用另外的素材来替换。

1)在项目窗口中双击用来替换的素材,使其在源监视器中显示,给这个素材标记入点(如果不标记入点,则默认将素材的头帧作为入点)。

2)在时间线上用鼠标右键单击要替换的素材,从弹出的快捷菜单中选择"素材替换""从源监视器"或"从源监视器,匹配帧"菜单项,这样就完成整个替换的工作。替换后的新素材片段仍然会保持被替换片段的属性和效果设置。如图 3-25 所示,

图 3-24 素材速度

图 3-25 素材替换

3)如果素材丢失需要找回来,可在项目窗口用鼠标右键单击需要找回的素材,从弹出的快捷菜单中选择"替换素材",打开"替换'……'素材"对话框,找到要替换的素材,单击"选择"按钮。即可替换丢失的素材。

17. 序列嵌套

一个项目中可以包含多个序列,所有的序列共享相同的时基。将一个序列作为素材片段插入到其他的序列中,这种方式叫作嵌套。无论被嵌套的源序列中含有多少视频和音频轨道,嵌套序列在其母序列中都会以一个单独的素材片段的形式出现,如图 3-26 所示。

1)执行菜单命令"文件"→"新建"→"序列",或按〈Ctrl + N〉组合键,打开"新建序列"对话框。

2)设置所需格式,在"序列名称"中输入序列名称,单击"确定"按钮。

18. 使用标记

标记可以起到指示重要的时间点并帮助定位素材片段的作用。可以使用标记定义时间线中的一个重要的动作或声音。标记仅用于参考,并不改变素材片段本身。

可以向时间线和素材片段添加标记。每个时间线可以单独包含至多 100 个标记,时间线标记在时间线的时间标尺上显示,素材标记显示在素材片段上,如图 3-27 所示。

图 3-26 序列嵌套

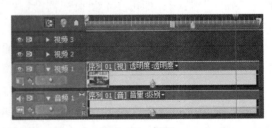

图 3-27 标记

1）在时间线窗口中，选择要添加标记的片段，将当前时间指针移动到要设置标记的位置，执行菜单命令"标记"→"素材标记""设置"／"设置下一有效编号"／"设置其他编号"，可以在此位置为素材添加一个无序号、带有效序号和其他编号的标记。

2）在时间线窗口中，将当前时间指针移动到要设置标记的位置，执行菜单命令"标记"→"序列标记""设置"／"设置下一有效编号"／"设置其他编号"，可以在此位置为时间线添加一个无序号、带有效序号和其他编号的标记。

3）执行菜单命令"标记"→"素材标记"／"清除当前"／"全部清除"／"清除编号"，可以分别删除当前指针位置的、所有无序号和编号的标记。

19. 屏幕与叠加显示

单击监视器窗口"安全框"□按钮，可以打开或关闭源监视器和节目监视器窗口的安全区域。

20. 视图设置

单击项目窗口下方的列表视图▤、图标视图▤按钮，可以改变素材的显示形式。

21. 时间标尺显示

1）当时间线中的素材过多或需要精确编辑某帧素材时，可以控制时间标尺的放大或缩小显示，从而可以自定义显示某一区域素材，如图 3-28 所示。

2）在时间窗口的下方拖动时间标尺滑块 ▬▬▬▬▬，可以将素材的时间标尺进行放大或缩小显示。

图 3-28　放大缩小时间标尺

3）单击减小▰或增大▰按钮可以将时间标尺显示放大或缩小。

22. 编辑多摄像机序列

使用多摄像机监视器可以从多摄像机中编辑素材，以模拟现场摄像机转换。使用这种技术，可以最多同时编辑 4 部摄像机拍摄的内容。

在多摄像机编辑中，可以使用任何形式的素材，包括各种摄像机中录制的素材和静止图片等。可以最多整合 4 个视频轨道和 4 个音频轨道，可以在每个轨道中添加来自不同磁带的不止一个素材片段。整合完毕，需要将素材进行同步化，并创建目标时间线。

首先将所需素材片段添加到至多 4 个视频轨道和音频轨道上。在尝试进行素材同步化之前，必须为每个摄像机素材标记同步点。可以通过设置相同序号的标记或通过每个素材片段的时间码来为每个素材片段设置同步点。

图 3-29　"同步素材"对话框

1）选中要进行同步的素材片段，执行菜单命令"素材"→"同步"，打开"同步素材"对话框，如图 3-29 所示，在其中选择一种同步的方式。其中，"素材开始"是以素材片段的入点为基准进行同步。

设置完毕，单击"确定"按钮，则软件会按照设置对素材进行同步。

2）执行菜单命令"文件"→"新建"→"序列"，打开"新建序列"对话框，默认当前的设置，单击"确定"按钮，新建"序列02"。

3）从项目窗口将"序列01"拖到"序列02"的"视频1"轨道上。

4）选择嵌套"序列02"的素材片段，执行菜单命令"素材"→"多机位"→"启用"，激活多摄像机编辑功能。

5）执行菜单命令"窗口"→"多机位监视器"，打开"多机位"监视器窗口，如图3-30所示。

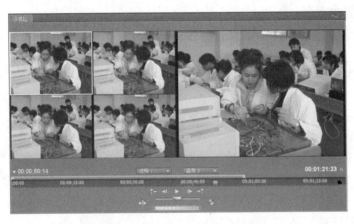

图3-30　"多机位监视器"窗口

6）进行录制之前，可以在多摄像机监视器中，单击"播放"按钮，进行多摄像机的预览。

7）单击"记录"按钮，再单击"播放"按钮，开始进行录制。在录制的过程中，通过单击各个摄像机视频缩略图，在各个摄像机间进行切换，其对应快捷键分别为〈1〉、〈2〉、〈3〉、〈4〉数字键。录制完毕，单击"停止"按钮，结束录制。

8）再次播放预览时间线，时间线已经按照录制时的操作，在不同的区域显示不同的摄像机素材片段，以〔MC1〕、〔MC2〕的方式标记素材的摄像机来源。

录制完毕，还可以使用一些基本的编辑方式对录制结果进行修改和编辑。

23. 保存节目

保存节目，即将对各片段所做的有效编辑操作以及现有各片段的指针全部保存在节目文件中，同时还保存屏幕中各窗口的位置和大小。节目的扩展名为prproj，在编辑过程中应定时保存节目。

执行菜单命令"文件"→"保存"，打开"保存"对话框，选择保存节目文件的驱动器及文件夹，并键入文件名，单击"保存"按钮，节目被保存，同时，在时间线窗口的左上角标题中显示了节目的名称。

保存节目时，并未保存节目中所使用到的原始片段，所以使用片段文件后，在没有生成最终影片之前切勿将其删除。

3.2.2　使用转场

如果节目的各片段间均是简单的首尾相接，则一定很单调。在很多娱乐节目和科教节目中，都大量使用了转场，产生了较好的效果。

1. 创建转场

1）在软件主界面左下方的窗口中，单击"效果"选项卡，单击"视频切换"左侧三角形扩展标志，打开"视频切换"选项，如图 3-31 所示。

2）在"视频切换"窗口中，可以看到详细的转场效果分类文件夹，单击"3D 运动"文件夹左侧三角形扩展标志即可展开当前文件夹下的一组转场效果，如图 3-32 所示。Premiere Pro CS5.5 提供多达数十种转场效果，按照分类不同，分别放置在不同的文件夹中。

3）默认持续时间的设置：执行菜单命令"编辑"→"首选项"→"常规"，打开"首选项"对话框，在"视频切换默认持续时间"文本框中输入 50，如图 3-33 所示，单击"确定"按钮。

图 3-31　转场

图 3-32　3D 运动

图 3-33　默认持续时间的设置

4）默认过渡的设置：用鼠标右键单击要设置为默认转场的转场，从弹出的快捷菜单中选择"设置所选择为默认过渡"，即可将其设置为默认转场，如图 3-34 所示。

5）在"卷页"文件夹中，找到"翻页"转场，按住鼠标左键将其拖动到"视频 1"轨道上，并放在两个片段的结合处，释放鼠标左键，它们将自动调节自身的持续时间，以适应设置好的时间，如图 3-35 所示。要想清除转场效果，用鼠标右键单击该"视频 1"轨道的"帘式"转场，从弹出快捷菜单中单击"清除"即可。

6）双击"视频 1"轨道上的"帘式"转场，在特效控制台窗口，可对翻页的持续时间、对齐方式、翻页方向、开始和结束位置进行调整设置，也可对其他选项卡参数进行设置，如图 3-36 所示。

7）在特效控制台，单击"持续时间"后的文本框，可输入新的时间，如图 3-37 所示。

131

图 3-34　设置默认转场

图 3-35　添加转场

图 3-36　特效控制台

图 3-37　输入持续时间

8）用鼠标拖动"视频"轨道上的"翻页"转场的左边缘或右边缘，可以改变转场的长度，如图 3-38 所示。

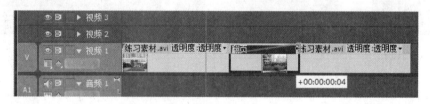

图 3-38　拖动切换位置

9）从效果窗口拖动一个新的转场到原来转场位置，可替换原来的转场，新转场的对齐方式和持续时间保持不变，其他属性自动更新为新转场的默认设定。

2. 选项设置

在效果口中，找到"视频切换"→"擦除"→"径向划变"，按住鼠标左键将其拖动到"视频 1"轨道上，并放在两个片段的结合处，释放鼠标左键。在特效控制台窗口可对其参数进行调整，如图 3-39 所示。

1）进度设置：设置转场开始和结束的画面。可移动当前时间指针，改变进度的数值，例如"开始"和"结束"的"进度"都可调节为 30%，效果如图 3-40 所示。

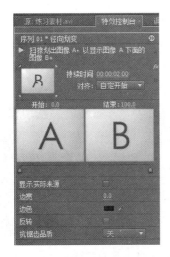

图 3-39　特效控制台窗口　　　　　　图 3-40　进度设置效果

2）边宽/边色：在特效控制台窗口设置"边宽"为1，"边色"为蓝色，如图 3-41 所示，效果如图 3-42 所示。

图 3-41　边框调整　　　　　　图 3-42　调整后的效果

3.2.3　运动动画

视频布局是很多视频编辑软件中都具备的功能，Premiere Pro CS5.5 当然也不例外。它的视频布局，可以为片段提供运动设置功能。使用这项功能，任何静止的内容都可以运动起来。要清楚的是片段运动的设置与片段内容无关，它只是一种处理方式。

其具体操作步骤如下。

1）在时间线窗口中，分别在"视频 1"和"视频 2"轨道上添加一视频片段。选择"视频 2"视轨上的片段"练习素材.avi"，在特效控制台窗口上，展开"运动"属性，就可制作运动的动态效果。

2）按〈Home〉键将当前时间指针移到该片段的起点，在参数选项卡中，调节"缩放比例"为30%，"旋转"为30°，单击"位置"左侧的"切换动画"按钮，并设 X 值为

-80，如图 3-43 所示，使画面正好移出节目监视器的左边。

3）按〈End〉键移动当前时间指针到该片段的尾部，再按"←"键向后退一帧，调节"位置"的值为 806，使画面正好移出节目监视器的右边，如图 3-44 所示。

图 3-43　运动的起点

图 3-44　运动的结束点

4）将当前时间指针移动 1/4 的位置，在特效控制台窗口中选择"运动"，在节目监视器窗口中向上拖动图像位置，如图 3-45 所示；将当前时间指针移动 3/4 的位置，在节目监视器窗口中向下拖动图像位置，就可在特效控制台窗口的右图中添加关键帧，如图 3-46 所示。

图 3-45　运动的 1/4 点

图 3-46　运动的 3/4 点

5）按〈Home〉键将当前时间指针移到该片段的起点，在特效控制台窗口中单击"旋转"左边的"切换动画"按钮，按〈End〉键移动当前时间指针到该片段的尾部，再按"←"键向后退一帧，调节"旋转"的值为 -30°，可使画面在运动中旋转，如图 3-47 所示。

6）在"运动"属性中，还有"定位点"选项，用于设置片段的中心点位置，项目可根据脚本做任意调整。

7）设置完毕，单击"播放"按钮，效果如图 3-48 所示。

图 3-47　调节运动轨迹、大小、旋转

图 3-48　运动效果

3.2.4 字幕制作

字幕，是以各种书体、印刷体、浮雕和动画等形式出现在荧屏上的中外文字的总称。如影视片的片名、演职员表、译文、对白、说明及人物介绍、地名和年代。字幕设计与书写是影视片造型艺术之一。

Premiere Pro CS5.5 高质量的字幕功能使用起来得心应手。项目根据对象类型不同，Premiere Pro CS5.5 的字幕创作系统主要由文字和图形两部分构成。制作好的字幕放置在叠加轨道上与其下方素材进行合成。

字幕作为一个独立的文件保存，不受项目的影响。在一个项目中允许同时打开多个字幕窗口，也可打开先前保存的字幕进行修改。制作和修改好的字幕放置在项目窗内管理。

1. 片头字幕的制作

执行菜单命令"字幕"→"新建字幕"→"默认静态字幕"，打开"新建字幕"对话框，设置"时间基准"为 25，其余参数默认不变，单击"确定"按钮，打开"字幕设计器"窗口，如图 3-49 所示。

图 3-49　静止字幕编辑窗口

1）在工具栏中选择"文字工具"，单击字幕窗口合适的位置，选择中文输入法，输入"校园风光"四个字，在文本属性中设置"字距"为 45，"字体"为"汉仪综艺体简"，"字号"为 72，分别单击"水平居中"和"垂直居中"按钮，填充"色彩"为红色，单击"外侧描边"为"添加"按钮，描边"色彩"为白色，如图 3-50 所示。

2）单击"关闭"按钮，关闭字幕窗口，字幕已被添加到了时间线中，更改字幕的持续时间（6 s），如图 3-51 所示。

3）展开"视频切换"→"擦除"→"擦除"，将其拖到字幕的左侧，双击，在特效控制台的"持续时间"文本框中输入 2 s，如图 3-52 所示。

4）展开"视频切换"→"划像"→"划像形状"，将其拖到字幕的右侧，双击，在特效控制台的"持续时间"文本框中输入 2 s，如图 3-53 所示。

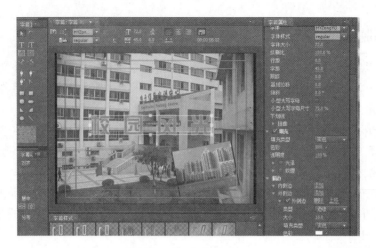

图 3-50 文字效果

5）按"空格"键，预览其效果。

图 3-51 片头字幕的位置

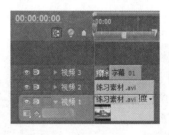

图 3-52 字幕特效位置

图 3-53 添加字幕特效

2. 片尾滚动字幕的制作

1）执行菜单命令"字幕"→"新建字幕"→"默认滚动字幕"，在"新建字幕"对话框中输入字幕名称，单击"确定"按钮，打开字幕窗口，自动设置为纵向滚动字幕。

2）使用文字工具输入演职人员名单，插入赞助商的标志，输入其他相关内容，如图 3-54 所示。

3）输入完演职人员名单后，按〈Enter〉键，拖动垂直滑块，将文字上移出屏为止。单击字幕设计窗口合适的位置，输入单位名称及日期，如图 3-55 所示。

图 3-54 输入演职人员名单

图 3-55 输入单位名称及日期

4）执行菜单命令"字幕"→"滚动/游动选项"或单击字幕窗口上方的"滚动/游动选项"按钮 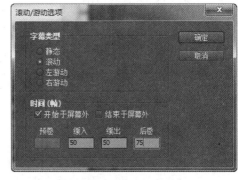，打开"滚动/游动选项"对话框。在对话框中勾选"开始于屏幕外"，使字幕从屏幕外滚动进入。

"后卷"：设置滚屏停止后，静止多少帧。

设置完毕，单击"确定"按钮即可，如图 3-56 所示。

可以在"缓入"和"缓出"中分别设置字幕由静止状态加速到正常速度的帧数，以及字幕由正常速度减速到静止状态的帧数，平滑字幕的运动效果。

图 3-56　滚动/游动选项

5）关闭字幕设置窗口，拖放到时间线窗口中的相应位置，预览其播放速度，调整其延续时间，完成最终效果。

3.2.5　视频特效

视频特效是非线性编辑系统中很重要的一大功能，使用视频特效能够使一个影视片段拥有更加丰富多彩的视觉效果。

Premiere Pro CS5.5 包含数十种视频、音频特殊效果，这些效果命令包含在效果窗口中，可以将其拖放到时间线的音频或视频素材上，并在特效控制台窗口中调整效果参数。

在 Premiere Pro CS5.5 中，可以为任何视频轨道的视频素材使用一个或者多个视频特效，以创建出各式各样的艺术效果。其具体操作步骤如下。

1）在效果窗口中，单击"视频特效"文件夹，展开特效面板，如图 3-57 所示。

2）在"视频特效"文件夹下，可以看到还有一个"色彩校正"文件夹，单击"色彩校正"文件夹可展开该文件夹中包含的特效文件，如图 3-58 所示。

3）单击"视频特效"文件夹，通过右侧的滚动条找到"浮雕"特效，按住鼠标左键将其拖动到"视频 1"轨道片段上，释放鼠标左键，如图 3-59 所示，效果如图 3-60 所示。

图 3-57　视频
特效窗口

图 3-58　色彩
校正特效

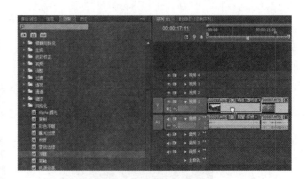

图 3-59　将特效拖动到视频轨道中

4）在特效控制台窗口中调节"浮雕"的"方向"和"凸现"参数，直到效果满意为止，如图 3-61 所示。

图 3-60　浮雕滤镜效果

图 3-61　"浮雕"对话框

5）要想删除视频特效，可在特效控制台窗口中选择要删除的特效，按"Delete"按钮，即可删除该视频滤镜。

（1）马赛克效果

在新闻报道中，有时候为了保护被采访者，要将其面貌用马赛克隐藏起来。其操作如下。

1）用鼠标右键单击窗口的空白处，从弹出的快捷菜单中选择"添加文件"菜单项，打开"导入"对话框，选择本书配套教学素材"项目 3\任务 2\素材"文件夹中的"练习素材"，单击"打开"按钮。

2）将"练习素材"拖到源监视器窗口，标记入点为 33：10，出点为 36：21，将其拖到"视频 1"和"视频 2"轨道上，与起始位置对齐，如图 3-62 所示。

3）在效果窗口中选择"视频特效"→"风格化"→"马赛克"，拖到"视频 2"轨道素材上。

4）在特效控制台窗口中将"马赛克"特效的"水平块"和"垂直块"参数调节为 50，如图 3-63 所示，单击"确定"按钮。

图 3-62　时间线素材排列

图 3-63　马赛克对话框

5）在效果窗口中将"视频特效"→"变换"→"裁剪"特效，拖到"视频 2"轨道素材的上，设置"左侧"为 57，"顶部"为 36，"左侧"为 32，"底部"为 44，如图 3-64所示，效果如图 3-65 所示。

图 3-64　裁剪效果

图 3-65　马赛克效果

（2）圆形效果

创建一个自定义的圆形或圆环，操作步骤如下。

1）从"练习素材"中选择两段片段 33:10~36:21 和 00:00~3:17，分别添加到"视频2""视频1"轨道中，在效果窗口中选择"视频特效"→"生成"→"圆"，添加到"视频2"轨道上。

2）在特效控制台窗口中展开"圆"参数，单击"混合模式"下拉列表，选择"模板Alpha"，"居中"设置为（445，262），"半径"设置为75，"羽化外部边缘"设置为20，如图3-66所示，效果如图3-67所示。

图3-66 "圆"特效

图3-67 效果

3.2.6 键控

色键（抠像）在影视节目制作中用来完成特殊画布的叠加与合成。也是电视播出的一种特技切换方式。它能把演播室单色幕布（常用蓝色幕布）前的表演镶嵌到另一背景中。

轨道遮罩可以使用一个文件作为遮罩，在合成素材上创建透明区域，从而显示部分背景素材，以进行合成。这种遮罩特效需要两个素材片段和一个轨道上的素材片段作为遮罩。遮罩中的白色区域决定合成图像的不透明区域；遮罩中的黑色区域决定合成图像的透明区域；而遮罩中的灰色区域则决定合成图像的半透明过渡区域。

色键是键控的一种形式。使图像中某一部分透明，将所选颜色或亮度从图像中去除，从而使去掉颜色的图像部分透出背景，没有去掉颜色的部分依旧保留原来的图像，以达到合成的目的。

亮度键特效可以抠出素材画面的暗部，而保留比较亮的区域。此抠像特效可以将画面中比较暗的区域除去，从而进行合成。在特效控制台窗口中可以对亮度键抠像属性进行设置，Premiere Pro CS5.5 提供15种键控方式，可通过这15种方式为素材创建透明效果。

1. 轨道遮罩键

1）导入遮罩素材到项目文件管理器窗口中，将要透明的片段"练习素材"的人物、背景片段和遮罩文件分别拖到时间线窗口的"视频2""视频1"和"视频3"轨道上，如图3-68所示。

2）选择效果窗口的"视频特效"→"键控"→"轨道遮罩键"，按住鼠标左键不放，将其拖到"视频2"轨道"练习素材"片段上，松开鼠标左键。

3）将"视频3"轨道左边的"眼睛"关闭，在特效控制台窗口设置"遮罩"为视频3，"合成方式"为Luma遮罩，效果如图3-69所示。

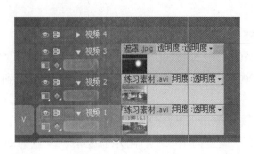

图 3-68　片段所在的位置　　　　　　　　　　　　图 3-69　抠像效果

2. 色度键

1）导入"图像 5"到项目文件管理器窗口中，将"图像 5"和背景片段分别拖到时间线窗口的"视频 2"和"视频 1"轨道中，如图 3-70 所示。"图像 5"如图 3-71 所示。

2）选择效果窗口的"视频特效"→"键控"→"色度键"，按住鼠标左键不放，将其拖到"视频 2"轨道"图像 5"片段上，松开鼠标左键。

3）选择"视频 2"轨道"图像 5"片段，在特效控制台窗口中选择滴管工具，在"图像 5"的蓝背景处单击一下，设置"相似性"为 20，效果如图 3-72 所示。

图 3-70　排列位置　　　　　　　　　　　　　图 3-71　原素材效果

3. 淡入与淡出

1）在时间线窗口中导入两个片段，并将其放置在"视频 1"轨道上，如图 3-73 所示。

图 3-72　抠像效果　　　　　　　　　　　　　图 3-73　导入片段

2）选择"钢笔工具" ，将鼠标分别放在第一片段黄线上的结束处前 2 s 和结束处，出现一个加号时单击，添加两个关键帧，如图 3-74 所示，再将结束处的关键帧拖到最底部。

3）将鼠标分别放在第二片段黄线上的开始处后 2 s 和开始处，出现一个加号时单击，添加两个关键帧，再将开始处的关键帧拖到最底部，如图 3-75 所示。

图 3-74　加入关键帧　　　　　　　　　　图 3-75　拖动关键帧

3.2.7　输出多媒体文件格式

在 Premiere Pro CS5.5 中，不但可以输出 AVI、MOV 等基本的视频格式，还可以输出为 WMA、HDV、MPEG、P2、H.264 等多媒体文件格式。

1. 指定输出范围

在 Premiere Pro CS5.5 中，输出范围默认为第一片段的开始点到最后片段的结束点，也可改变其输出范围。

1）在时间线窗口中，将工作区域的开始点放置到轨道所需指定输出范围的开始位置，完成入点设置。

2）将工作区域的结束点放置到轨道所需指定输出范围的结束位置，完成结束点设置。

3）如果需要对所设置的入点或出点再次进行调整，可以通过按住鼠标左键拖曳工作区域开始点或结束点进行调整。

4）执行菜单命令"文件"→"导出"→"媒体"或按〈Ctrl + M〉组合键，打开"导出设置"对话框，如图 3-76 所示。

5）在"格式"中选择 QuickTime，"预设"中选择 PAL DV，如图 3-77 所示，单击"输出名称"后的序列 01.mov，打开"另存为"对话框，设置保存位置及文件名后，如图 3-78 所示，单击"保存"按钮，系统将在所设置的入点与出点间进行指定区域输出操作。

图 3-76　导出设置　　　　　　　　　　图 3-77　PAL DV 格式

6）单击"导出"按钮，开始导出。

2. 输出静止图像序列

Premiere Pro CS5.5 不但可以将节目输出为一个视频文件，而且还可以以帧为单位将节目输出为一个静止的图像序列。

1）按〈Ctrl + M〉组合键，打开"导出设置"对话框，在"预置"中选择"Targa"，单击"输出名称"后的序列 01. tga，打开"另存为"对话框，设置保存位置及文件名后，如图 3-78 所示，单击"保存"按钮。

2）单击"导出"按钮，即可输出静帧，如图 3-79 所示。

3. 输出 H. 264 格式

Premiere Pro CS5.5 可以将制作好的剪辑输出为 H. 264 格式的流媒体文件，从而便于在网上发布。

1）按〈Ctrl + M〉组合键，打开"导出设置"对话框，在"预置"中选择"H. 264"，单击"输出名称"后的序列 01. mp4，打开"另存为"对话框，设置保存位置及文件名后，如图 3-79 所示，单击"保存"按钮。

2）单击"导出"按钮，即可输出 MP4 格式，如图 3-80a 所示。

图 3-78　另存为　　　　　　　　　　　　　图 3-79　静态图像序列

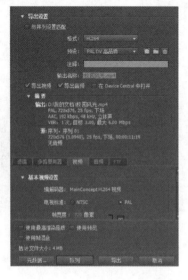

a)

b)

图 3-80　导出格式

a）H. 264 格式　b）MPEG 格式

4. 导出 MPEG 格式

在 Premiere Pro CS5.5 版本中，可以直接将项目文件导出并保存为能够用于制作 VCD 或者 DVD 格式的 MPEG 电影格式。

1）按〈Ctrl + M〉组合键，打开"导出设置"对话框，在"预置"中选择"MPEG2"，单击"输出名称"后的序列 01. mpg，打开"另存为"对话框，设置保存位置及文件名后，单击"保存"按钮。

2）单击"导出"按钮，即可输出 MPEG 格式，如图 3-80b 所示。

5. 导出音频格式

在 Premiere Pro CS5.5 版本中，提供了输出音频格式，包括 WAV、AC35.1 声道、AC3 双声道、AC3 单声道等。

1）按〈Ctrl + M〉组合键，打开"导出设置"对话框，在"预置"中选择"Windows Waveform"，单击"输出名称"后的序列 01. wav，打开"另存为"对话框，设置保存位置及文件名后，单击"保存"按钮。

2）单击"导出"按钮，即可输出 WAV 格式。

任务 3.3　视频格式的转换

视频转换工具软件"魔影工厂"，支持常见视频格式文件的相互转化，也可把视频文件格式转化成 GIF 动画。支持的视频文件包括 MPEG1/2/4、VOB、DAT、AVI、RM。能直接把 DVD 影碟转化为 VCD 格式的视频文件，可保存到硬盘上，并自带播放功能；可以在导入一个视频文件后，进行预览，在预览的同时就可以进行转化，并且互不干扰，支持批量转化；可以批量导入相同或者不同格式的视频文件进行转化；能够迅速地完成大批量的转化工作。支持 Intel 的超线程（Hyper – Thread）技术，可使计算机在 CPU 内部同时执行多个任务而大大加速转化的进程、提高转化的效率。设置功能简单明了而且实用，读者可以很方便地对要转化的目标格式文件进行相关设置。

"魔影工厂"可在 FLV、MPEG – 2、MPEG – 4、RM、GIF 等几种格式的影片或动画之间进行任意格式转换。下面以将 MPEG – 2 片段转换为 MP4 格式为例，介绍一下转换的过程。

1）在桌面上双击"魔影工厂"图标，打开"魔影工厂"主界面，如图 3-81 所示。

2）单击"常见视频文件"→"MP4 文件"按钮，打开"选择一个或多个文件进行转换"对话框，选择要进行格式转换的文件，如图 3-82 所示，单击"打开"按钮。

图 3-81　"魔影工厂"主界面

图 3-82　"选择一个或多个文件进行转换"对话框

3）单击输出路径右边的"浏览"按钮，打开"选择输出路径"对话框，设置好输出文件夹，如图 3-83 所示，单击"选择文件夹"按钮。

4）单击"转换模式"右边的"高级"按钮，打开"MP4 文件 - 高级选项"对话框，对参数进行设置，如图 3-84 所示，单击"确定"按钮。

图 3-83　选择输出路径　　　　　　　　　　图 3-84　MP4 文件 - 高级选项

5）单击"开始转换"按钮，系统开始进行格式转换工作，下方会显示进度条以及转换的时间，如图 3-85 所示。

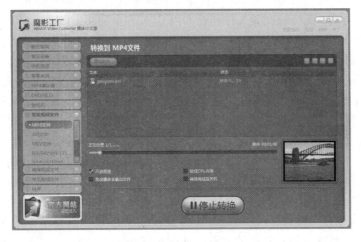

图 3-85　正在转换

综合实训

实训 1　制作卡拉 OK 影碟

实训情景设置

制作卡拉 OK 影碟和制作普通影碟没有什么区别，但卡拉 OK 的字幕需要变色，也就是要随着歌曲的推进，一个字一个字地变色，以引导演唱者演唱。手工制作这样的字幕非常麻烦，工作量也相当大。读者可以使用专业的卡拉 OK 字幕制作工具——Sayatoo 来制作字幕。

操作步骤

1. 歌词的制作

Sayatoo 卡拉字幕精灵是专业的音乐字幕制作工具。通过它可以很容易地制作出非常专业的高质量的卡拉 OK 音乐字幕特效。可以对字幕的字体、颜色、布局、走字特效和指示灯模板等许多参数进行设置。它拥有高效智能的歌词录制功能，通过键盘或鼠标就可以十分精确地记录歌词的时间属性，而且可以在时间线窗口上直接进行修改。其插件支持 Adobe Premiere、Ulead VideoStudio/MediaStudio 等视频编辑软件，可以将制作好的字幕项目文件直接导入使用。此外通过生成虚拟的 32 位带 Alpha 通道的字幕 AVI 视频文件，可以在几乎所有的视频编辑软件（如 Sony Vegas、Conopus Edius 等）中导入使用。输出的字幕使用了反走样技术，非常清晰、平滑。

Sayatoo 生成的虚拟字幕 AVI 视频直接导入 64 位的 Premiere Pro CS5.5 使用。用鼠标右键单击 Sayatoo 2.15 安装软件图标，从弹出的快捷菜单中选择"以管理员身份运行"菜单项，在安装过程中不要改变安装路径，直至安装完成。

（2）唱词的制作

歌词为"小城故事多 充满喜和乐 若是你到小城来收获特别多 看似一幅画 听像一首歌人生境界真善美这里已包括 谈的谈 说的说 小城故事真不错 请你的朋友一起来 小城来做客谈的谈 说的说 小城故事真不错 请你的朋友一起来 小城来做客"。将其输入到记事本中，并对其进行编排，编排完毕，保存退出。

1）在桌面上双击"Sayatoo 卡拉字幕精灵"图标，启动 KaraTitleMaker 字幕设计窗口。

2）打开"KaraTitleMaker"对话框，执行菜单命令"文件"→"导入歌词"，或单击时间线窗口左侧的 **T** 按钮，或在歌词列表窗口内空白处单击右键鼠标，从弹出的快捷菜单中选择"导入歌词"菜单项，打开"导入歌词"对话框，选择刚才保存的记事本文件，单击"打开"按钮，导入歌词。导入的歌词文件必须是文本格式，每行歌词以回车键结束。或者选择"新建"直接在歌词对话框中输入歌词。

3）执行菜单命令"文件"→"导入音乐"，打开"导入音乐"对话框，选择音乐文件"小城故事"，单击"打开"按钮，导入音乐。

4）在"基本"选项卡中设置"预设"为 DV PAL，"排列"为双行，第一行"对齐方式"为左对齐，"偏移 X"为 80，"偏移 Y"为 490，第二行"对齐方式"为右对齐，"偏移 X"为 -80，"偏移 Y"为 530，"字体名称"为经典粗黑简，"字体大小"为 34，"填充颜色"为白色，"描边"颜色为蓝色，"描边"宽度为 2，取消勾选"阴影"，如图 3-86 所示。

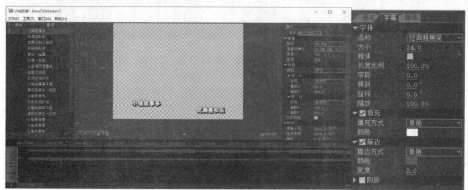

图 3-86　KaraTitleMaker

5）在"块"选项卡中设置"填充"颜色为红色（R255，G60，B0），"描边"颜色为白色，"描边"宽度为8，"指示灯"→"灯数量"为3，设置为三盏灯顺序，如图3-87所示。

6）单击控制台上的"录制" 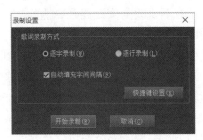 按钮，打开"录制设置"对话框，如图3-88所示，可以对录制的一些参数进行调整。

图3-87　模板特效

图3-88　歌词录制设置

7）单击"开始录制"按钮，开始录制歌词，可以使用键盘或者鼠标来记录歌词的时间信息。显示器窗口上显示的是当前正在录制的歌词的状态。

如果需要对某一行歌词重新进行录制，首先将时间线上指针移动到该行歌词开始演唱前的位置，然后在歌词列表中单击选择需要重新录制的歌词行，再单击控制台上的"录制"→"开始录制"按钮对该行歌词进行录制。

8）歌词录制完成后，在时间线窗口上会显示出所有录制歌词的时间位置。可以直接用鼠标修改歌词的开始时间和结束时间，或者移动歌词的位置，如图3-89所示。

图3-89　移动歌词位置

9）执行菜单命令"文件"→"保存项目"，打开"保存项目"对话框，在"文件名称"文本框内输入名称，单击"保存"按钮。

10）执行菜单命令"工具"→"生成虚拟字幕Avi文件"，打开"生成虚拟字幕Avi文件"对话框，单击"输入字幕项目kax文件"右侧的"浏览"按钮，打开"打开"对话框，选择刚才保存的文件，单击"确定"按钮，如图3-90所示。

11）单击"开始生成"按钮，生成虚拟字幕AVI视频后，打开"AviGen"对话框，虚拟 AVI 视频生成完成，单击"确定"→"退出"按钮。

12）回到"KaraTitleMaker"窗口，单击"关闭"按钮。完成字幕的制作。

13）在 Premiere Pro CS5.5 中，按〈Ctrl＋I〉组合键，打开"导入文件"对话框，选择"小城故事.avi""小城故事.mp3"和"磁器口素材"文件，单击"确定"按钮。

14）将"小城故事.avi"和"小城故事.mp3"文件从项目窗口中拖动到"视频2"和"音频1"轨道上，与开始点对齐，如图3-91所示。

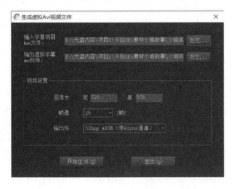

图 3-90　生成虚拟字幕 AVI 视频

图 3-91　添加字幕

15）执行菜单命令"文件"→"保存"，保存项目文件，正片的制作完成。

2. 编辑视频

1）在源监视器窗口中按照电视画面编辑技巧，依次设置素材的入出点，添加到时间线的"视频1"轨道中，与起始位置对齐，具体设置视频片段见表3-1。在"视频1"轨道的位置如图3-92所示。

表 3-1　设置视频片段

视频片段序号	入　　点	出　　点	视频片段序号	入　　点	出　　点
片段 1	22:20	35:07	片段 14	8:45:05	8:51:09
片段 2	1:00:22	1:06:23	片段 15	18:57:19	19:03:15
片段 3	7:37:00	7:42:24	片段 16	6:09:09	6:15:15
片段 4	1:54:10	2:00:13	片段 17	19:36:09	19:42:08
片段 5	8:33:21	8:40:02	片段 18	20:07:04	20:10:13
片段 6	9:46:10	9:52:14	片段 19	21:10:05	21:13:06
片段 7	3:27:12	3:33:09	片段 20	21:51:00	21:56:21
片段 8	11:23:14	11:29:16	片段 21	22:18:14	22:24:14
片段 9	18:25:13	18:31:15	片段 22	22:47:21	22:53:10
片段 10	14:58:04	15:00:22	片段 23	09:24:08	9:29:19
片段 11	15:42:18	15:45:14	片段 24	12:28:22	12:34:24
片段 12	15:03:05	15:15:05	片段 25	24:50:13	24:55:20
片段 13	17:57:12	18:03:04			

2）单击"视频1"轨道左边的"折叠/展开轨道"按钮▶，展开"视频1"轨道，在工具箱中选择"钢笔工具"，在2:28:11和2:30:00的位置上单击，加入两个关键帧。拖曳终点的关键帧到最低点位置上，如图3-92所示，这样素材就出现了淡出的效果。

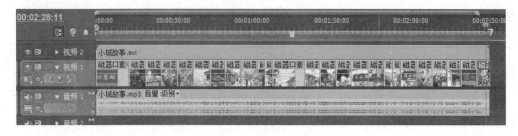

图 3-92　添加多个片段

3．片头及单位标识的制作

1）执行菜单命令"字幕"→"新建字幕"→"默认静态字幕"，打开"新建字幕"对话框，在"名称"文本框内输入"小城故事"，单击"确定"按钮。

2）在字幕窗口上单击，输入"小城故事 作词 庄奴 作曲 汤尼 原唱 邓丽君"等文字。

3）当前默认为英文字体，选择"小城故事"，单击上方水平工具栏中的 经典行... ▼ 右侧的小三角形，从弹出的快捷菜单中选择"经典粗黑简"，字体大小为80。

4）在字幕属性窗口中，单击"色彩"右边的色彩块，打开"彩色拾取"对话框，将"色彩"设置为D64C4C，单击"确定"按钮。

5）单击"描边"→"外侧边"→"添加"按钮，添加外侧边，将"大小"设置为20。

6）选择"作词 庄奴 作曲 汤尼 原唱 邓丽君"，单击上方水平工具栏中的 经典行... ▼ 右侧的小三角形，从弹出的快捷菜单中选择STKaiTi，字体大小为40，如图3-93所示。

7）单击"基于当前字幕新建字幕"按钮，打开"新建字幕"对话框，在"名称"文本框内输入"重电影视"，单击"确定"按钮。

8）删除"小城故事 作词 庄奴 作曲 汤尼 原唱 邓丽君"字幕，输入"重电影视"，选择"圆矩形工具"，绘制一个图形，如图3-94所示。

图 3-93　片头字幕

图 3-94　制作单位标识

9）关闭字幕设置窗口，在时间线窗口中将当前时间指针定位到0:24位置。

10）将"小城故事"字幕添加到"视频3"轨道中，使其开始位置与当前时间指针对齐，长度为7:06 s。

11）在效果窗口中选择"视频切换"→"划像"→"菱形"，添加到"小城故事"字幕的起始位置，使标题逐步显现，将特技长度调整为2 s。

12）在效果窗口中选择"视频切换"→"3D 运动"→"翻转"，添加到"小城故事"字幕的结束位置。

13）在时间线窗口中将当前时间指针定位到 1∶31∶01 位置。

14）将"重电影视"字幕添加到"视频 3"轨道中，使其开始位置与当前时间指针对齐，长度为 6 s。

15）在效果窗口中选择"视频切换"→"擦除"→"棋盘划变"，添加到"重电影视"字幕的起始位置，使标题逐步显现，如图 3-95 所示。

16）在效果窗口中选择"视频切换"→"划像"→"划像形状"，添加到"重电影视"字幕的结束位置，如图 3-96 所示。

图 3-95　标识中间位置

图 3-96　标识结束位置

17）在时间线窗口中将当前时间指针定位到 2∶22∶02 位置。

18）将"重电影视"字幕添加到"视频 3"轨道中，使其开始位置与当前时间指针对齐，长度为 7 s。

19）在效果窗口中选择"视频切换"→"划像"→"星形划像"，添加到"重电影视"字幕的起始位置，使标题逐步显现。

20）在效果窗口中选择"视频切换"→"叠化"→"交叉叠化"，添加到"重电影视"字幕的结束位置。素材在时间线上的排列如图 3-97 所示。

图 3-97　素材在时间线上的排列

21）在节目监视器窗口中单击"播放"按钮进行预览，如果满意就可以将文件输出了。输出时可使用 Adobe Media Encoder 将文件编码为 MPEG2 文件，这样，一个包含变色字幕、翻唱歌曲音轨的 MPEG 文件就制作出来了，它可以很方便地刻录成 DVD。

实训 2　涠洲岛风光片制作

涠洲岛位于广西北海市正南面 21 海里的海面上，距北海市区 36 海里，是中国最年轻的火山岛，也是广西最大的海岛。现将在涠洲岛拍摄的美丽风景视频和照片编辑在一起，通过添加转场、字幕和音乐等，可以制作出涠洲岛的纪录片。最终效果如图 3-98 所示。

图 3-98　最终效果

本片头的制作需要用到 Shine（发光）插件，请用户自行下载安装。

1. 导入素材

1）启动 Premiere Pro CS5.5，打开"新建项目"对话框，在"名称"文本框中输入文件名，设置文件的保存位置，单击"确定"按钮。

2）打开"新建序列"对话框，在"序列预置"选项卡下选择"有效预置"模式为"DV - PAL"的"标准 48 kHz"选项，在"序列名称"文本框中输入序列名，单击"确定"按钮，进入 Premiere Pro CS5.5 的工作界面。

3）按〈Ctrl + I〉组合键，打开"导入"对话框，选择本书配套教学素材"项目 1\纪录片\素材"文件夹内的"涠洲岛"视频素材，单击"打开"按钮，将所选的素材导入到项目窗口中。

4）单击项目窗口下的"新建文件夹"按钮，新建 4 个文件夹，分别取名为"图片""音乐""配音"和"字幕"，重复步骤 3 分别将图片、音乐、配音导入到相应的文件夹内，如图 3-99 所示。

图 3-99　"项目"窗口

5）在项目窗口中双击"涠洲岛"视频素材，将其在源监视器窗口中打开。

2. 片头的设计与制作

1）在项目窗口的下方单击"新建分项"按钮，从弹出的下拉菜单中选择"彩色蒙版"，打开"新建彩色蒙版"对话框，单击"确定"按钮，打开"颜色拾取"对话框，将其设置为蓝色（6464C8），如图 3-100 所示，单击"确定"按钮。打开"选择名称"对话框，将其命令为蓝色色块。单击"确定"按钮。拖到"视频 1"轨道上，长度 15 s。

2）将"鸟瞰涠洲岛""鸟瞰涠洲岛 1""鳄鱼山公园 2"和"鳄鱼山公园 4"拖到时间线窗口的"视频 2"轨道，与起始位置对齐，每个片段长度为 2：13 s，共 10 s，再将"鸟瞰涠洲岛"拖动到"视频 2"轨道上，与前一片段对齐，长度 5 s。如图 3-101 所示。

3）分别选择第二、第三和第四片段，用鼠标右键单击，从弹出的快捷菜单中选择"缩放为当前画面大小"菜单项，将其放大到全屏。

4）选择第一个"鸟瞰涠洲岛"片段，将当前时间指针移到起始位置，单击特效控制台选项卡，打开特效控制台对话框，展开"运动"选项，单击"缩放比例"左侧的"切换动画"按钮，添加第一个关键帧。

图 3-100　颜色拾取

图 3-101　图片排列位置

5）将当前时间指针移到 1 s 位置，单击"添加/移除关键帧"按钮，添加第二个关键帧。

6）将当前时间指针移到 2：13 s 位置，将"缩放比例"参数改为 0，添加第三个关键帧，如图 3-102 所示，单击"确定"按钮。

7）展开"视频 2"轨道，在工具栏中单击"钢笔工具"按钮，在"鸟瞰涠洲岛"片段的 0 和 0：13 s 处单击，添加关键帧，将起始点位置的关键帧拖到最底部；选择"涠洲岛全景 1"片段，按〈Ctrl＋C〉组合键，再分别选择"鸟瞰涠洲岛 1""鳄鱼山公园 2"和"鳄鱼山公园 4"片段，右键单击，从弹出的快捷菜单中选择"粘贴属性"菜单项，替换运动和淡入，使 4 个片段产生相同的运动及淡入效果，如图 3-103 所示。

图 3-102　缩放比例的关键帧

图 3-103　淡入的设置

8）选择第二个"鸟瞰涠洲岛"片段，用"钢笔工具"在 13：17 s 和 15 s 处单击，添加两个关键帧，将结束点位置的关键帧拖到最底部，添加淡出效果。

9）将"鸟瞰涠洲岛 1""鳄鱼山公园 2"和"鳄鱼山公园 3"片段分别拖动到"视频 3""视频 4"和"视频 5"轨道上，与第二个"鸟瞰涠洲岛"片段对齐，如图 3-104 所示。

图 3-104　图片的排列

10）分别选择第"鸟瞰涠洲岛1""鳄鱼山公园2"和"鳄鱼山公园3"片段，用鼠标右键单击，从弹出的快捷菜单中选择"缩放为当前画面大小"菜单项，将其放大到全屏。

11）选择第二个"鸟瞰涠洲岛"片段，将当前时间指针移到10 s位置，在特效控制台窗口中，将"缩放比例"设置为20%，单击"位置"左边的"添加/删除关键帧"按钮，添加第一个关键帧。

12）选择第二个"鸟瞰涠洲岛"片段，按〈Ctrl + C〉组合键，再分别选择"鸟瞰涠洲岛1""鳄鱼山公园2"和"鳄鱼山公园4"片段，右键单击，从弹出的快捷菜单中选择"粘贴属性"菜单项，替换淡入、缩放及位置关键帧。

13）选择第二个"鸟瞰涠洲岛"片段，将当前时间指针移到11 s位置，"位置"值设置为（129，288），如图 3-105所示。

14）选择"鸟瞰涠洲岛1"片段，将当前时间指针移到11 s位置，"位置"值设置为（283，288）；选择"鳄鱼山公园2"片段，　"位置"值设置为（437，288）；选择"鳄鱼山公园3"片段，"位置"值设置为（593，288）。

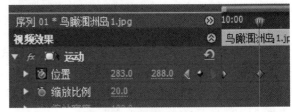

图 3-105　位置关键帧

15）选择"蓝色色块"，在0:12 s处加入淡入，13:17 s处加入淡出，如图 3-106所示。

图 3-106　淡入淡出的设置

16）执行菜单命令"字幕"→"新建字幕"→"默认静态字幕"，打开"新建字幕"对话框，"名称"为片头字幕，单击"确定"按钮，打开"字幕"对话框，输入"涠洲岛风光"，设置"字体"为方正康体简体，"字号"为50，选择"描边"→"外侧边"，单击"添加"按钮，如图 3-107所示。

17）单击"基于当前字幕新建"按钮，打开"新建字幕"对话框，"名称"为片头字幕1，单击"确定"按钮，删除"涠洲岛风光"，输入"旅游胜地"，设置"字幕样式"为Lithos Gold Strokes 52，"字体"为方正行楷，"字号"为80，单击"水平居中"和"垂直居中"按钮，如图 3-108所示。

18）单击"关闭"按钮，关闭"字幕"对话框。将"片头字幕"拖到"视频6"轨道，拖动尾部到15 s处与结束点对齐。将"片头字幕1"拖到"视频7"轨道，起始位置11 s，结束位置15 s，将"径向划变"和"卷走"分别添加到"片头字幕1"的开始和结束处，如图 3-109 所示。

图 3-107　字幕参数的设置

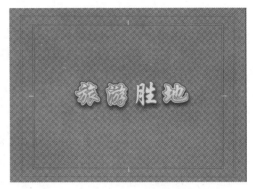

图 3-108　字幕参数的设置1

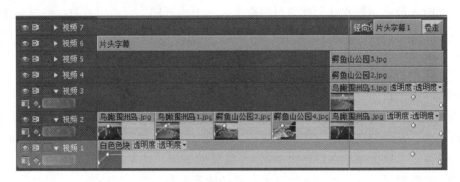

图 3-109　字幕的排列

19）为"片头字幕1"添加"Trapcode"→"Shine"特效，将"Transfer Mode"（转换模式）设置为 Hue（色调），"Colorize"（颜色）→"Base on"（基于）为 Alpha，"Color-ize"为 None（无），为"Ray Lenght"在 12∶02 s、12∶0 3 s、13∶15 s 和 13∶19 s 添加 4 个关键帧，其值分别为 0、4、4 和 0，为"Source Point"在 12∶0 3 s 和 13∶16 s 添加两个关键帧，其值为（155，288）和（600，288）。

20）将"片头音乐009"片段拖到"音频4"轨道上，选择"片头音乐009"片段，按〈Alt＋R〉组合键，打开"素材速度/持续时间"对话框，在"持续时间"文本框中输入1412，单击"确定"按钮，素材增长。

3. 正片的制作

解说词如下。

第一段　涠洲岛位于

涠洲岛位于广西壮族自治区北海市南方北部湾海域，是中国最大、地质年龄最年轻的火山岛，该岛位于北部湾中部，北临广西北海市，东望雷州半岛，东南与斜阳岛毗邻，南与海南岛隔海相望，西面面向越南。

涠洲岛南北方向的长度为 6.5 千米，东西方向宽 6 千米，总面积 24.74 平方千米，岛的最高海拔 79 米，涠洲岛上居住着 2000 多户人家，1.6 万多人口，其中 75% 以上是客家人。

第二段　涠洲岛是火山

涠洲岛是火山喷发堆凝而成的岛屿，有海蚀、海积及溶岩等景观，尤其南部的海蚀火山港湾更具特色。

涠洲岛在1994年被辟为省级旅游度假区，现在也是中国国家地质公园。

涠洲岛是中国最年轻的火山岛，也是广西最大的海岛。这里夏无酷暑，冬无严寒，是广西热量最丰富的地方。

四周烟波浩渺，岛上植被茂密，风光秀美，尤以奇特的海蚀、海积地貌，火山熔岩及绚丽多姿的活珊瑚为最，素有"南海蓬莱岛"之称。涠洲岛与火山喷发堆积和珊瑚沉积融为一体，使岛南部的高峻险奇与北部的开阔平缓形成鲜明对比，其沿海海水碧蓝见底，海底活珊瑚、名贵海产瑰丽神奇，种类繁多。堪称人间天堂、蓬莱宝岛。

第三段　天主教堂

天主教堂是欧洲哥特式建筑，整个建筑群由教堂、男女修道院、医院、神父楼、育婴室等组成。当时还没有钢筋水泥，建筑材料全取自岛上的珊瑚、岩石、石灰拌海石花及竹木建造。一百多年来，涠洲岛天主教堂虽经历了多少风雨的冲刷，仍保存完好。

由于"文革"的"扫四旧"，除教堂和钟楼外，其余都已荡然无存了。迄今仍可供教徒们在教堂内弥撒祈祷和供后人观瞻。

第四段　火山口

火山口意即火山喷发时的口子，在涠洲岛的西南边，在"鳄鱼"山脚下，因壮观的火山熔岩而出名，是涠洲岛上最主要的景区，2010年1月13日，顺利通过了国家旅游局专家评审组审核评定，被国家旅游局评为国家4A级旅游景区。这里的火山岩石千姿百态，各种形状都有，奇妙极了，让人不得不感叹大自然的妙笔生花。

火山口确实很美，岩层一层一层的，像关于火山喷发的科普书一样，在说着涠洲岛久远的故事。有风的时候，一浪涌着一浪，扑到岸边的岩石上腾起高高的白花，发出"轰轰"的响声，蓝天、白云、岩石、巨浪交相辉映，美不胜收。

第五段　滴水丹屏

滴水丹屏在涠洲岛滴水村南岸边，原名滴水岩。绝壁上部绿树成荫，壁上层间裂隙常有水溢出，一点点往下滴，如朱帘垂挂。滴水丹屏的海滩非常不错，靠近水边的沙子很细腻，中间铺满了碎珊瑚，再往岸边就是松树林。在这里游泳的人很多，在海里随着海浪的涌动时而跳跃，时而漂浮。

第六段　五彩滩

五彩滩，原名芝麻滩，是因沙滩上有许多像芝麻一样的黑色的小石粒而得名。退潮后的芝麻滩格外漂亮，巨大的火山岩石一层一层的，在阳光的照射下特别壮观。大片大片的火山熔岩裸露出来，特别宽阔。许多地方虽然海水退了，但还是留下了大片大片的一洼一洼的水，在蓝天的映射下，一洼一洼的水在视线中也变成了蓝色，和裸露的岩石一起，很是迷人。远处蓝蓝的天和蓝蓝的海水成了一色，白白的云点缀蓝蓝的天，让天空更生动；海水时而很温柔地亲吻着火山岩石，时而遇到岩石便跳跃起来，飞溅成白色的美丽的浪花。

（1）配音的录制

1）插入话筒，在Premiere Pro CS5.5窗口中，单击"调音台"选项卡，单击"激活录制轨"按钮，如图 3-110 所示。

2）录音可分段录制，将当前时间指针拖到要录音的位置，单击"录制" ⬤ 按钮，再单击"播放" ▶ 按钮，开始录音。

3）录制完成，单击"停止"按钮，结束录音。

4）如果不满意，可以删除重新录制，直到满意为止。

5）依次录制"涠洲岛位于""涠洲岛是火山""天主教堂""火山口""滴水丹屏"和"五彩滩"。

（2）解说词字幕的制作

图 3-110　同步录音

分段将上述解说词复制到记事本中，并对其进行编排，编排完毕，如图 3-111 所示，保存退出，用于解说词字幕制作。

1）在桌面上双击"Sayatoo 卡拉字幕精灵"图标，启动 KaraTitleMaker 字幕设计窗口。

2）打开"KaraTitleMaker"对话框，执行菜单命令"文件"→"导入歌词"，从弹出的快捷菜单中选择"导入歌词"菜单项，打开"导入歌词"对话框，选择"涠洲岛位于.txt"文件，单击"打开"按钮，导入解说词，如图 3-112 所示。

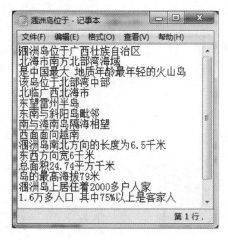

图 3-111　记事本

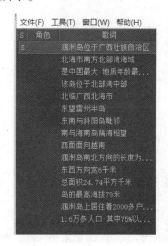

图 3-112　导入的解说词

3）执行菜单命令"文件"→"导入媒体"，打开"导入音乐"对话框，选择音频文件"涠洲岛位于.wav"，单击"打开"按钮。

4）在"基本"选项卡中设置"预设"为 DVPAL，"排列"为单行，"对齐方式"为左对齐，"偏移 X"为 60，"偏移 Y"为 480；在"字幕"选项卡中设置"字体名称"为黑体，"字体大小"为 40，"填充颜色"为白色，"描边颜色"为黑色，"描边宽度"为 6，如图 3-113 所示。在模板特效中，覆盖参数与填充参数一致，去掉"指示灯"的勾选。

5）单击控制台上的"录制"按钮，打开"录制设置"对话框，选择"逐行录制"单选按钮，如图 3-114 所示。

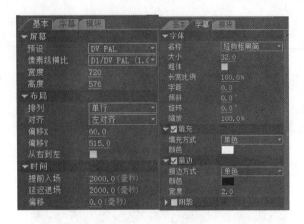

图 3-113　字幕属性　　　　　　　　　　　图 3-114　歌词录制设置

6）单击"开始录制"按钮，开始录制歌词，使用键盘获取解说词的时间信息，解说词一行开始按下键盘的任意键，结束时松开键；下一行开始又按下任意键，结束时松开键，周而复始，直至完成。

7）歌词录制完成后，在时间线窗口上会显示出所有录制歌词的时间位置。可以直接用鼠标修改歌词的开始时间和结束时间，或者移动歌词的位置，如图 3-115 所示。

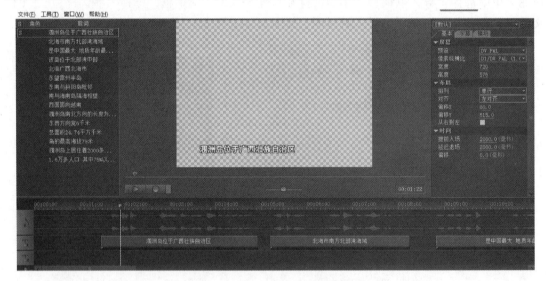

图 3-115　录制后的窗口

8）执行菜单命令"文件"→"保存项目"，打开"保存项目"对话框，在"文件名称"文本框内输入名称，单击"保存"按钮。

9）执行菜单命令"工具"→"生成虚拟字幕 Avi 文件"，打开"生成虚拟字幕 Avi 文件"对话框，单击"输入字幕项目 kax 文件"右侧的"浏览"按钮，打开"打开"对话框，选择"涠洲岛位于 . kax"文件，单击"打开"按钮，如图 3-116 所示。

10）单击"开始生成"按钮，生成虚拟字幕 AVI 视频后，打开"AviGen"对话框，虚拟 AVI 视频生成完成，单击"确定"→"退出"按钮。

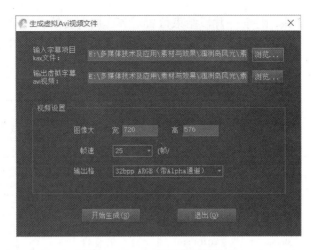

图 3-116　生成虚拟字幕窗口

11）执行菜单命令"文件"→"新建项目"，新建一个项目。重复 2～10 步骤，直到所有字幕制作完毕。

12）回到"KaraTitleMaker"窗口，单击"关闭"→"是"按钮，完成字幕的制作。

13）在 Premiere Pro CS5.5 中，单击项目窗口，按〈Ctrl＋I〉组合键，导入刚才制作的字幕文件。

（3）编辑视频

在源监视器窗口中按照电视画面编辑技巧，依次设置素材的入出点，添加到时间线的"视频 1"轨道中，与前一片段对齐。

1）按〈Ctrl＋N〉组合键，新建一个序列。

2）分别将"涠洲岛位于.wav"和"涠洲岛位于.avi"拖放到"音频 1"和"视频 2"轨道上，起始位置为 4：14 s。

3）将当前时间指针移到 1：01：07 s 处，分别拖动"涠洲岛是火山.wav"和"涠洲岛是火山.avi"到"音频 1"和"视频 2"轨道上，起始位置与当前时间指针对齐。

4）将当前时间指针移到 2：27：21 s 处，分别拖动"天主教堂.wav"和"天主教堂.avi到"音频 1"和"视频 2"轨道上，起始位置与当前时间指针对齐。

5）将当前时间指针移到 3：29：13 s 处，分别拖动"火山口.wav"和"火山口.avi"到"音频 1"和"视频 2"轨道上，起始位置与当前时间指针对齐。

6）将当前时间指针移到 4：48：02 s 处，分别拖动"滴水丹屏.wav"和"滴水丹屏.avi"到"音频 1"和"视频 2"轨道上，起始位置与当前时间指针对齐。

7）将当前时间指针移到 5：31：13 s 处，分别拖动"五彩滩.wav"和"五彩滩.avi"到"音频 1"和"视频 2"轨道上，起始位置与当前时间指针对齐。

8）在项目窗口中双击"涠洲岛"素材，将当前时间指针移到 0 处，在源监视器窗口中双击左下方的时间码，输入时间 34：25：11，按〈Enter〉键，再按〈I〉键，设置入点。

9）双击源监视器左下方的时间码，输入时间 34：33：07，按〈Enter〉键，再按〈O〉键，设置出点。

10）将其拖到"视频 1"轨道，与起始位置对齐。

11）重复 8~10 步骤，与前一片段结束位置对齐，周而复始，直至完成。

12）具体入点、出点见表 3-2。片段是视频素材的入点和出点，图片是时间线的入点和出点位置，在"视频 1"轨道的位置如图 3-117 所示。

表 3-2　出、入点

视频片段及图片序列号	入　点	出　点	视频片段及图片序列号	入　点	出　点
片段 1	34:25:11	34:33:07	鸟瞰涠洲岛	2:21:15	2:25:21
涠洲岛镇全景	7:13	11:13	片段 39	4:14:02	4:17:09
片段 3	38:53:05	38:56:05	片段 40	18:51:08	18:58:02
片段 4	27:10:18	27:12:18	片段 41	19:04:15	19:11:01
片段 5	32:36:12	32:39:02	片段 42	19:29:10	19:35:07
片段 6	32:43:14	32:48:10	片段 43	19:44:02	19:49:02
片段 7	39:58:20	40:01:10	片段 44	20:03:19	20:10:20
片段 8	2:09:03	2:11:21	片段 45	20:16:01	20:22:19
片段 9	4:43:17	4:46:19	片段 46	20:51:18	20:57:06
片段 10	17:19:22	17:25:14	片段 47	19:56:03	20:01:17
片段 11	18:30:19	18:33:13	天主教堂	3:19:01	3:24:16
片段 12	18:24:02	18:28:12	片段 49	38:24:20	38:29:17
片段 13	3:44:17	3:47:18	片段 50	26:11:16	26:18:12
片段 14	35:54:24	35:58:18	鳄鱼山公园 1	3:37:06	3:39:12
片段 15	40:46:22	40:49:14	片段 52	27:03:06	27:10:11
片段 16	37:41:10	37:47:21	片段 53	24:57:05	25:01:18
片段 17	30:23:04	30:28:12	片段 54	27:31:09	27:38:21
片段 18	29:38:11	29:40:22	片段 55	30:08:06	30:11:00
片段 19	28:09:20	28:12:00	片段 56	27:43:01	27:46:03
片段 20	30:02:01	30:06:06	片段 57	28:08:17	28:11:06
片段 21	1:34:13	1:40:17	片段 58	28:30:01	28:31:18
地质公园	1:21:21	1:25:00	片段 59	28:37:24	28:40:09
片段 23	15:27:15	15:33:22	片段 60	28:49:12	28:51:18
片段 24	24:09:22	24:17:22	片段 61	30:42:14	30:45:10
片段 25	9:25:07	9:27:13	片段 62	27:16:16	27:19:15
片段 26	22:50:19	22:54:13	片段 63	29:50:06	29:53:20
片段 27	27:03:10	27:06:19	片段 64	30:25:17	30:29:16
片段 28	27:22:13	27:26:14	片段 65	38:23:15	38:27:15
珊瑚	1:51:19	1:54:07	片段 66	39:11:21	39:16:01
片段 30	34:39:08	34:42:20	片段 67	39:05:16	39:08:18
片段 31	27:40:06	27:47:05	片段 68	38:16:15	38:21:07
片段 32	31:18:22	31:22:06	片段 69	39:32:20	39:39:02
片段 33	17:43:13	17:48:11	片段 70	3:56:08	4:01:05
片段 34	13:35:09	13:37:24	片段 71	3:26:20	3:35:17
海底	2:15:15	2:17:19	片段 72	3:45:08	3:49:24
海底图片 1	2:17:19	2:19:12	片段 73	1:30:08	1:34:16
海底图片 3	2:19:12	2:21:15	片段 74	1:17:17	1:23:08

视频片段及图片序列号	入　点	出　点	视频片段及图片序列号	入　点	出　点
片段 75	4：20：17	4：26：24	片段 86	14：47：11	14：49：23
片段 76	35：40：00	35：49：02	片段 87	11：19：01	11：22：08
片段 77	5：42：07	5：45：11	五彩滩 1	6：13：01	6：15：03
片段 78	5：54：13	5：58：05	片段 89	11：25：09	11：29：11
片段 79	11：58：22	12：02：12	蓝天 1	6：19：05	6：24：04
片段 80	9：39：01	9：42：24	蓝天 2	6：24：04	6：27：10
片段 81	16：38：13	16：41：19	蓝天 3	6：27：10	6：29：22
片段 82	16：24：06	16：28：05	片段 93	15：34：24	15：37：06
片段 83	9：03：14	9：09：08	片段 94	12：48：06	12：50：13
片段 84	10：32：05	10：36：14	片段 95	38：22：07	38：29：14
片段 85	11：07：16	11：12：01			

图 3-117　片段的排列

13）选择"特效"→"特效"→"转场"→"2D"→"拉伸"添加到"片段 1"与"涠洲岛镇全景"图片之间。

4. 加入音乐

1）在项目窗口中，双击"月光小夜曲"，在源监视器窗口中打开，分别将 0：24 s 和 2：28：20 s 设置为入点和出点。

2）将其拖到时间线窗口的"音频 2"轨道，与起始位置对齐。

3）在 5：02 s、5：24 s 和 2：25：18 s 处单击，加入关键帧，将 5：24 s 和 2：25：18 s 的关键帧往下拖一点儿，减小音量。

4）将 2：27：21 s 处的关键帧拖到最低处，实现音乐的淡出。

5）在项目窗口中，双击"绿岛小夜曲"，在源监视器窗口中打开，分别将 28：22 s 和 2：47：20 s 设置为入点和出点。

6）将其拖到时间线窗口的"音频 2"轨道，与前一音频结束位置对齐。

7）在 2：28：01 s、2：31：04 和 4：44：14 s、4：46：21 处单击，加入关键帧，并将 2：31：04 和 4：44：14 s 这两个关键帧往下拖一点，减小音量。

8）将起点和结束点的关键帧拖到最低处，实现音乐的淡入淡出。

9）在项目录窗口中，双击"爱的礼物"，在源监视器窗口中打开，分别将 0 s 和 2：06：21 s 设置为入点和出点。

10）将其拖到时间线窗口的"音频 2"轨道，与前一音频结束位置对齐。

11）在 4：46：23 s、4：49：02 s、6：39：09 s、6：41：22 s、6：50：10 s、6：50：13 s 处单击，加入

关键帧，并将 4：49：02 s 和 6：39：09 s 两个关键帧往下拖一点，减小音量。

12）将起点和结束点的关键帧拖到最低处，实现音乐的淡入淡出。如图 3-118 所示。

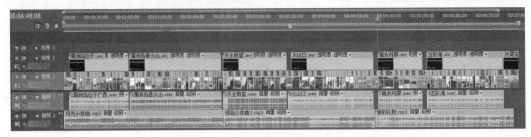

图 3-118　音频关键帧的设置

5. 片尾的制作

1）首先将工作人员名单输入到记事本，并保存。

2）选择片段 31：54：36 s ~ 31：58：14 s 和 32：53：10 s ~ 33：02：16 s 添加到"视频 2"轨道上并与片段 95 对齐。

3）执行菜单命令"字幕"→"新建字幕"→"默认滚动字幕"，在"新建字幕"对话框中输入字幕名称，单击"确定"按钮，打开字幕窗口，自动设置为纵向滚动字幕。

4）使用文字工具输入演职人员名单，插入赞助商的标志，输入其他相关内容，如图 3-119 所示。

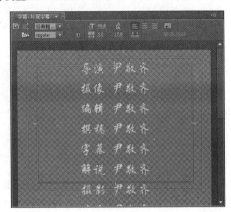

图 3-119　输入演职人员名单

5）输入完演职人员名单后，按〈Enter〉键，拖动垂直滑块，将文字上移出屏为止。单击字幕设计窗口合适的位置，输入单位名称及日期，如图 3-120 所示。

6）执行菜单命令"字幕"→"滚动/游动选项"或单击字幕窗口上方的"滚动/游动选项"按钮，打开"滚动/游动选项"对话框。在对话框中勾选"开始于屏幕外"，使字幕从屏幕外滚动进入。

"后卷"：设置滚屏停止后，静止多少帧。

设置完毕，单击"确定"按钮即可，如图 3-121 所示。

图 3-120　输入单位名称及日期

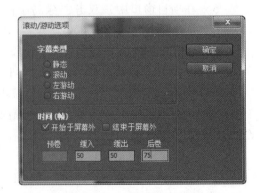

图 3-121　滚动/游动选项

可以在"缓入"和"缓出"中分别设置字幕由静止状态加速到正常速度的帧数，以及字幕由正常速度减速到静止状态的帧数，平滑字幕的运动效果。

7）关闭字幕设置窗口，拖放到时间线窗口中的相应位置，预览其播放速度，调整其延续时间，完成最终效果。

6. 片头与正片的合成

片头与正片是分别用一个序列来制作的，要将其合成，可新建一个序列，将片头和正片序列拖到时间线即可。

1）执行菜单命令"文件"→"新建"→"序列"，新建序列3。

2）将序列1和序列2拖到序列3的时间线"视频1"和"音频1"轨道上，如图3-122所示。至此涠洲岛风光片制作完成。

图3-122　序列的排列

7. 输出 mpeg2 文件

输出 mpeg2 文件步骤如下。

1）按〈Ctrl + M〉组合键，打开"导出设置"对话框。

2）"格式"选择 MPEG2，"预设"选择 PAL DV 高品质，单击"输出"按钮。

3）单击"输出名称"后的文件名，打开"另存为"对话框，设置保存的名称和位置，单击"保存"按钮。

4）单击"导出"按钮，开始输出。

项目小结

完成这个项目后得到什么结论？有什么体会？完成项目评价表，如表3-3所示。

表3-3　综合实训项目

项　目	内　容	评价标准	得　分	结　论	体　会
1	MV 制作	5			
2	涠洲岛风光片制作	5			
	总评				

拓展练习

题目：制作一个电视音乐片。

规格：编辑模式为 AVCHD 720p、25fps，时间为一首歌的长度，输出格式为 mp4。

要求：运用 Edius7 软件本身的视频特效、切换等效果，制作音乐电视片头。

习题

1. 数字视频的重要性体现在（　　　）。

A. 可以不失真地进行无限次复制　　　　　B. 易于存储

C. 可以对数字视频进行非线性编辑　　　　D. 可以用计算机播放电影节目

2. 下列关于 Premiere Pro CS5.5 中"过渡效果"的叙述正确的是（　　　）。

A. 过渡效果是实现视频片段间转换的转场效果的方法

B. 过渡是指两个视频轨道上的视频片段有重叠时，从一个片段平滑、连续地变化到另一段的过程

C. 两视频片段间只能有一种过渡效果

D. 视频过渡也是一个视频片段

3. 下列关于 Premiere Pro CS5.5 的描述正确的是（　　　）。

A. Premiere Pro CS5.5 与 Photoshop 是同一家公司的产品

B. Premiere Pro CS5.5 可以将多种媒体数据综合集成一个视频文件

C. Premiere Pro CS5.5 具有多种活动图像的特技处理功能

D. Premiere Pro CS5.5 是一个专业化的动画与数字视频处理软件

4. 进入 Premiere Pro CS5.5 视频编辑环境后会出现的窗口是（　　　）。

A. 项目窗口　　　B. 时间线窗口　　　C. 特技转换窗口　　　D. 预览窗口

5. 创建 Premiere Pro CS5.5 的"新建项目"时需要设置的参数是（　　　）。

A. 编辑模式　　　B. 输出　　　C. 显示格式　　　D. 帧大小

6. 为什么要对数字视频进行压缩？

7. 数字视频为什么可以压缩？

8. 什么是 M – JPEG 压缩？

9. 常见数字视频格式有哪些？

10. 魔影工厂可进行哪些视频格式的转换？

11. Premiere Pro CS5.5 是什么软件？

12. 如何设置静态图片的默认持续时间？

13. 练习闪电效果的使用。

14. Premiere Pro CS5.5 能进行哪些视频格式的编码？

项目 4　三 维 动 画

技能目标及知识目标

能应用 3ds Max 进行二维、三维和高级建模，材质和贴图应用，摄像机与灯光的设置，创建三维动画，渲染与输出。

掌握 3ds Max 的各种建模。

掌握材质和贴图。

掌握摄像机与灯光的设置。

掌握三维动画的制作。

掌握 3ds Max 渲染与输出。

课前导读

3ds Max 是一款功能强大的三维制作软件，可以使用 3ds Max 在自己的计算机上快速创建专业品质的 3D 模型、照片级真实的静止图像以及电影品质的动画。

某些事物用语言很难表达清楚，在没有视频和图像时，可以用动画来实现。我们可以将 3ds Max 动画分成几个任务来处理，第一个任务是 3ds Max 的建模，第二个任务是材质与贴图应用，第三个任务是创建三维动画，第四个任务是完成两个项目实训。

任务 4.1　三维动画的建模

问题的情景与实现

3ds Max 的建模包括二维基本样条线建模、三维基本造型建模、常用编辑修改器，复合对象建模、高级建模等，是三维动画的基础，我们将其当作一个任务来学习。

4.1.1　制作石桌、石凳效果

通过简单石桌、石凳的制作，掌握"阵列"命令和"锥化"修改器的使用方法。具体操作步骤如下。

1. 制作石桌

1）单击"创建"面板中的"几何体"按钮，然后在下拉列表中选择"扩展基本体"，单击"切角圆柱体"按钮，在顶视图中画一个切角圆柱体。

2）单击"修改"图标，进入"参数"面板，设置"半径"为 100，"高度"为 10，"圆角"为 3，"圆角分段"为 2，"端面分段"为 1，如图 4-1 所示，结果如图 4-2 所示。

2. 制作桌腿

1）单击创建面板中的几何按钮，然后单击其中的圆柱体按钮，接着在顶视图中创建一个圆柱体，最后进入"参数"面板，修改圆柱体的参数，"半径"为 14，"高度"为 -160，

"高度分段"为5，"边数"为18，结果为图4-3所示。

2）单击"修改器列表"右边的小三角形按钮，从下拉列表框中选择"锥化"命令，调节"曲线"为-2，如图4-4所示。

图4-1　"切角圆柱体"参数

图4-2　效果

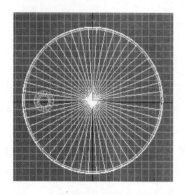

图4-3　效果

图4-4　圆柱体参数

3. 制作其余桌腿

1）在顶视图选中作为桌腿的圆柱体，单击工具栏中的"视图" 视图 右侧的小三角形按钮，从弹出的快捷菜单中选择"拾取"，单击"使用轴点中心" 按钮，然后再单击场景中的桌面。

2）单击"层次" 按钮，打开"层次"对话框，单击"轴"→"仅影响轴"按钮，如图4-5所示，将桌腿的中心点拖到桌面的中心点，如图4-6所示。这样可以使桌腿坐标原点转为桌面坐标原点。

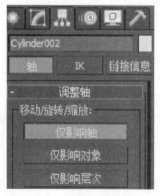

图4-5　仅影响轴

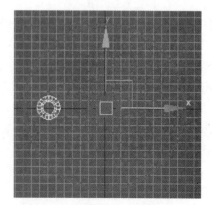

图4-6　拖桌腿中心到桌面中心

164

3）在顶视图中选择桌腿，执行菜单命令"工具"→"阵列"，打开"阵列"对话框，选择 ID 并设置数量为 4，激活"总计"中的"旋转"，设置"Z"为 360°，如图 4-7 所示，单击"确定"按钮，结果如图 4-8 所示。

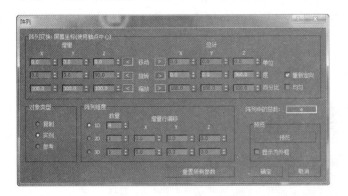
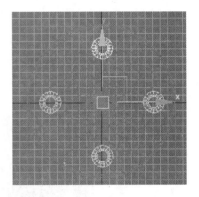

图 4-7　阵列　　　　　　　　　　　　　　　图 4-8　阵列后效果

4. 制作石凳

1）在顶视图中创建一个圆柱体，然后进入修改面板，修改圆柱体参数，"半径"为 30，"高度"为 100，"高度分段"为 10，"边数"为 24，如图 4-9 所示。

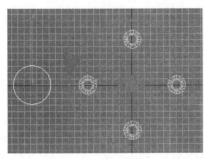

图 4-9　创建圆柱体并设置参数

2）单击"修改器列表"右侧的小三角形按钮，从弹出的快捷菜单中选择"锥化"菜单项，"曲线"为 1.2，勾选"对称"，如图 4-10 所示，结果如图 4-11 所示。

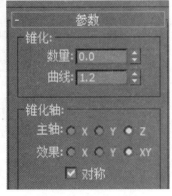

图 4-10　锥化参数　　　　　　　　　　　　　图 4-11　锥化后效果

3）在顶视图中选中石凳，单击工具栏中的"视图" 视图 ▼ 右侧的小三角形按钮，从弹出的快捷菜单中选择"拾取"，单击"使用轴点中心" 按钮，再单击场景中的桌面。

4）单击"层次" 按钮，打开"层次"对话框，单击"轴"→"仅影响轴"按钮，将石凳的中心点拖到桌面的中心点。这样可以使石凳坐标原点转为桌面坐标原点。

5）在顶视图中选择石凳，执行菜单命令"工具"→"阵列"，打开"阵列"对话框，选择 ID 并设置数量为 4，激活"总计"中的"旋转"，设置"Z"为 360°，单击"确定"按钮，结果如 4-12 所示。

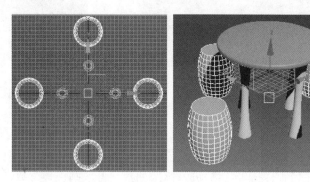

图 4-12　阵列后效果

6）选择透视图，单击工具栏中的"渲染产品"按钮，即可完成。

4.1.2　制作椅子效果

通过制作一把椅子效果，掌握样条线、弯曲修改器的使用方法，金属材质的设定方法。具体操作步骤如下。

1）单击"创建"面板下"图形"中的"矩形"按钮，在前视图中建立一个二维矩形。然后进入修改面板，将参数中的"长度"设为 200，"宽度"设为 70，"角半径"设为 5，如图 4-13 所示，这样矩形就产生一个半径圆角。选中"渲染"中的"在渲染中启用"和"在视口中启用"复选框，设置"厚度"值为 3，如图 4-14 所示，这样矩形在视图和渲染时均可看到，如图 4-15 所示。

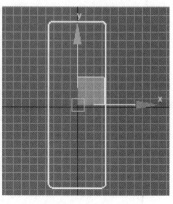

图 4-13　矩形参数　　　　图 4-14　渲染参数　　　　图 4-15　矩形

2）进入"修改"面板，执行"修改器列表"下拉列表中的"编辑样条线"命令。然后进入顶点级别，单击"优化"按钮，在前视图中的矩形上增加4个顶点，结果如图4-16所示。增加节点前应单击"捕捉开关" 按钮，使光标对齐视图中的栅格，然后在矩形上添加顶点。

3）利用工具箱上的"选择并移动工具"，在前视图中框选8个顶点，如图4-17所示，然后单击右键，从弹出的快捷菜单中选择"角点"命令，接着关掉"捕捉"按钮，在左视图中调整顶点的位置，如图4-18所示。

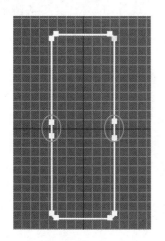
图4-16 增加4个顶点

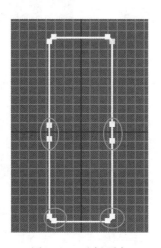
图4-17 选择顶点

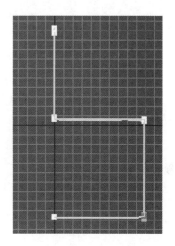
图4-18 调整顶点位置

4）制作椅子腿的圆角部分：选中图4-19所示的顶点，然后在"修改"面板中调整圆角半径的数值为10，如图4-20所示。同理，调整其余顶点，结果如图4-21所示。

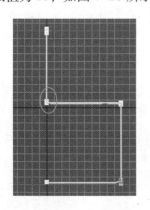
图4-19 选择顶点

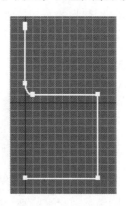
图4-20 调整圆角

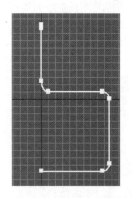
图4-21 圆角效果

5）单击创建命令面板下的"几何"按钮，从下拉列表框中选择"扩展基本体"选项，然后单击切角长方体按钮，接着分别在前视图和顶视图中的椅子腿上建立两个切角长方体，作为椅子靠背和坐垫，如图4-22和图4-23所示，效果如图4-24所示。

6）选择其中一个切角长方体，进入修改面板，执行"修改器列表"中的弯曲命令，设置"弯曲轴"为X轴，"角度"为-38.5，同理，修改另一个长方体，如图4-25所示。

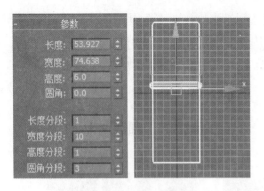

图 4-22 靠背及参数

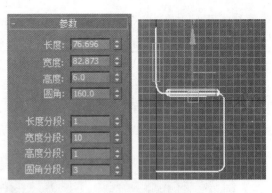

图 4-23 坐垫及参数

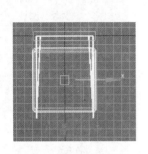

图 4-24 椅子效果

图 4-25 弯曲效果

7）单击工具栏上的"材质编辑器"按钮，进入材质编辑器，然后选择一个空白的材质球，"明亮基本参数"选择金属，"环境光"为（R130，B130，G130），"漫反射"为（R170，B170，G170），"高光级别"为78，"光泽度"为75，参数设置如图 4-26 所示。接着将金属反射贴图指定给"反射"贴图右侧的按钮，如图 4-27 所示，最后选中场景中的椅子腿模型，单击材质编辑器上的"将材质指定给选定对象"按钮，将调好的材质赋给椅腿，效果如图 4-28 所示。

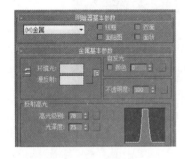

图 4-26 金属参数设置

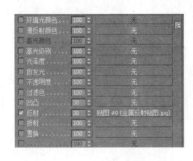

图 4-27 反射贴图设置

图 4-28 最终效果

4.1.3 制作足球

通过制作一个足球效果，掌握"网格平滑""球面化"和"面挤出"修改器的综合使用方法，具体操作步骤如下。

1）单击"创建"→"几何体"按钮，然后在"标准基本体"下拉菜单中选择"扩展基本体"选项，接着单击"异面体"按钮，在顶视图中创建一个异面体，设置异面体的参数，选择"十二面体/二十面体"，P为0.35，结果如图4-29所示。

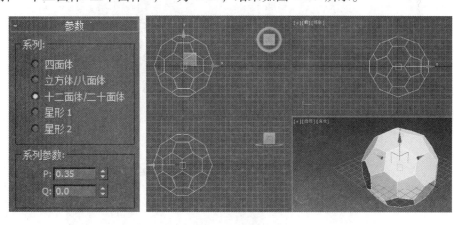

图4-29　参数及效果

2）右击视图中的异面体，在弹出的快捷菜单中选择"转换到"→"转换为可编辑的网格"命令，将其转换为可编辑的网格物体。

3）进入"修改"面板中可编辑网格的"多边形"层级，选择视图中的所有面，选择"元素"单选按钮，然后单击"炸开"按钮，如图4-30所示，将所有的面炸开。

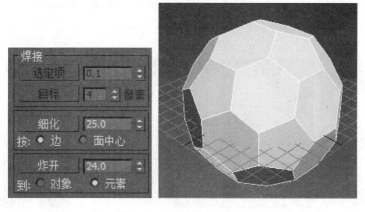

图4-30　炸开参数及效果

4）选择视图中的所有图形，进入"修改"面板，执行修改器中的"网格平滑"命令，设置修改参数。

5）此时看上去变化不大。执行修改器中的"球形化"命令，设置参数及结果如图4-31所示。此时可以看到效果了。

6）执行修改器中的"面挤出"命令，设置参数"数量"为5，"比例"为95，结果如图4-32所示。

7）再次执行修改器中的"网格平滑"命令，设置参数及结果如图4-33所示。

8）赋予足球模型"多维/子对象"材质，然后渲染，效果如图4-34所示。

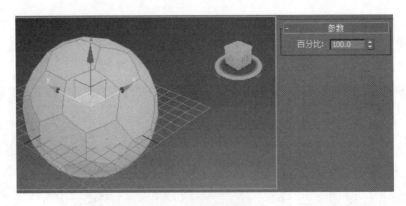

图 4-31 球形化效果

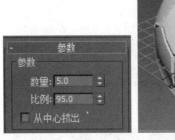

图 4-32 面挤出效果

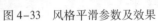

图 4-33 风格平滑参数及效果

图 4-34 最终效果

4.1.4 制作沙发效果

通过制作一个欧式沙发效果,掌握"放样"建模,"倒角剖面""网格平滑"和"FFD"修改器的综合使用方法。具体操作步骤如下。

1)单击"创建"→"几何体"按钮,然后在"标准基本体"下拉菜单中选择"扩展基本体"选项,接着单击"切角长方体"按钮,在顶视图中创建一个切角长方体,进入"修改"面板,设置切角长方体的参数,"长度"为8,"宽度"为75,"高度"为25,"圆角"为3,"宽度分段"为12,"圆角分段"为5,如图 4-35 所示。

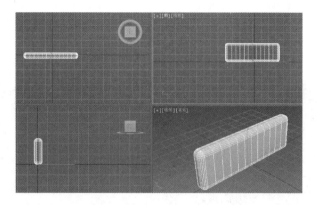

图4-35　切角长方体效果

2）执行修改器下拉列表中的"FFD3×3×3"命令，然后进入"控制点"级别，调整控制点的位置，结果如图4-36所示。

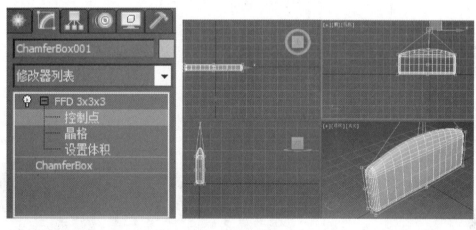

图4-36　FFD3×3×3效果

3）进入"图形"面板，单击"线"按钮，然后在前视图中绘制图4-37所示的封闭线段，命名为"倒角截面"。

4）在前视图中创建图4-38所示的线段，命名为"倒角轮廓"。

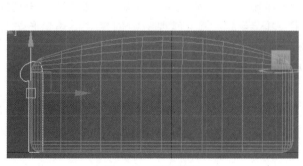

图4-37　封闭线条

图4-38　绘制线段

5）在视图中选择"倒角截面"造型，进入"修改"命令面板，执行修改器下拉列表中的"倒角剖面"命令，接着单击"拾取剖面"按钮，拾取视图中的"倒角轮廓"造型，结果如图4-39所示。

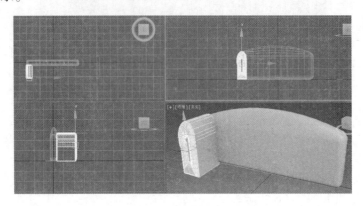

图4-39　倒角剖面效果

6）在前视图中选中"倒角剖面"后的造型，单击工具栏中的"镜像"按钮，在弹出的对话框中设置参数"镜像轴"X，"偏移"为70，"克隆当前选择"为复制，如图4-40所示，单击"确定"按钮，结果如图4-41所示。

图4-40　镜像参数

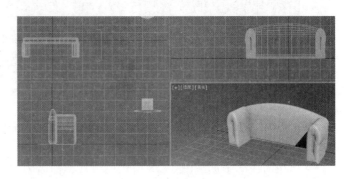

图4-41　镜像效果

7）单击创建命令面板中的几何体按钮，然后在"标准基本体"下拉菜单中选择"扩展基本体"选项，接着单击"切角长方体"按钮，在顶视图中创建一个切角长方体，进入"修改"面板，设置切角长方体的参数，"长度"为30，"宽度"为75，"高度"为5，"圆角"为1，"圆角分段"为5，效果如图4-42所示。

8）同理再创建一个长方体，旋转位置如图4-43所示。

9）单击创建命令面板中的几何体按钮，然后在"标准基本体"下拉菜单中选择"扩展基本体"选项，接着单击"切角长方体"按钮，在顶视图中创建一个切角长方体，进入"修改"面板，设置切角长方体的参数，"长度"为21，"宽度"为20，"高度"为7，"圆角"为2.5，"长度分段"为7，"宽度分段"为4，"圆角分段"为5，"高度分段"为1，如图 4-44 所示。

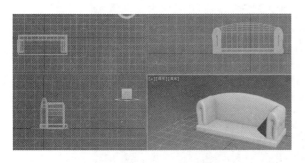

图 4-42 沙发垫效果

图 4-43 再创建一个长方体

图 4-44 沙发垫参数及效果

10）执行修改器下拉列表中的"FFD3 × 3 × 3"命令，然后进入"控制点"级别，调整控制点的位置，结果如图 4-45 所示。

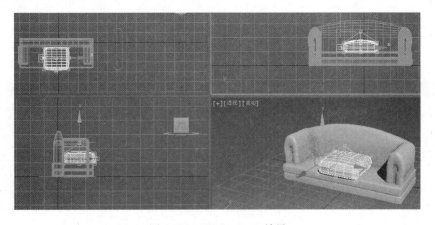

图 4-45 FFD3 × 3 × 3 效果

11）进入"几何体"命令面板，单击"长方体"按钮，然后在顶视图中创建长方体，设置参数，"长度"为 22，"宽度"为 18，"高度"为 7，"长度分段"为 5，"宽度分段"

为8，"高度分段"为3，放置位置如图4-46所示。

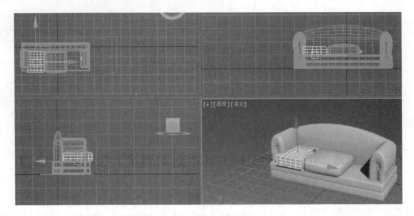

图4-46　长方体参数及效果

12）进入"修改"命令面板，执行修改器下拉列表中的"编辑网格"命令，进入多边形级别，选中图4-47所示的多边形，接着单击"挤出"按钮，在视图中进行挤出操作，结果如图4-48所示。

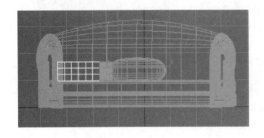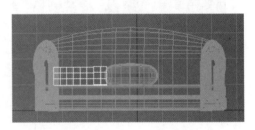

图4-47　选中多边形　　　　　　　　　　　　图4-48　挤出效果

13）执行修改器下拉列表中的"网格平滑"命令，将其进行光滑处理。结果如图4-49所示。

14）进入修改命令面板，执行修改器下拉列表中的"FFFD×3×3×3"命令，进入控制点级层，调整控制点的位置，结果如图4-50所示。

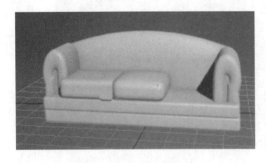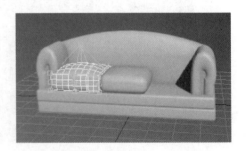

图4-49　网格平滑效果　　　　　　　　　　图4-50　FFFD×3×3×3效果

15）利用工具栏中的"镜像"工具，镜像另一侧的坐垫，结果如图4-51所示。

16）制作靠垫的方法与坐垫相同，最终结果如图4-52所示。

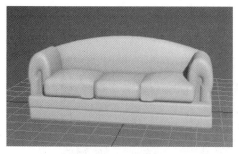
图 4-51　镜像效果

图 4-52　最终效果

4.1.5　制作窗帘

通过制作一个窗帘效果，掌握"放样"建模的方法。具体操作步骤如下。

1）在顶视图中利用"线"工具创建两条曲线作为放样截面图形，"初始类型"和"拖动类型"均设为"平滑"，如图 4-53 所示，效果如图 4-54 所示。

图 4-53　设置

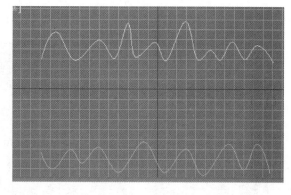

图 4-54　截面图形

2）在前视图中创建一条直线作为放样路径，结果如图 4-55 所示。

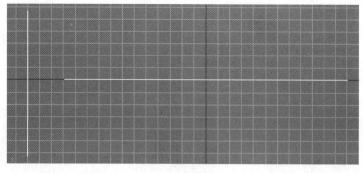

图 4-55　放样路径

3）选择"创建"→"几何体"→"复合对象"→"放样"，在直线主路径 0 和 100 处分别单击"获取图形"按钮，放样两条曲线，如图 4-56 所示。

4）此时无法看到窗帘实体，这是因为法线翻转的原因，解决这个问题的方法很简单，只要进入修改命令面板选中"蒙皮参数"卷展栏中的"翻转法线"复选框即可，如图 4-57 所示，效果如图 4-58 所示。

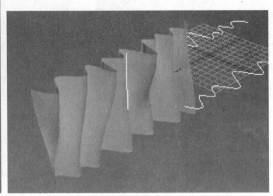

图 4-56　放样效果

图 4-57　勾选翻转法线

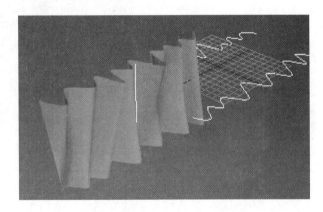

图 4-58　效果

5）为了制作窗帘一边收的效果，必须先将两条曲线左对齐。选中窗帘模型，进入修改命令面板中的"图形"级层，分别拾取视图中的两条放样曲线，再单击"左"按钮，如图 4-59 所示，效果如图 4-60 所示。

图 4-59　"左"按钮

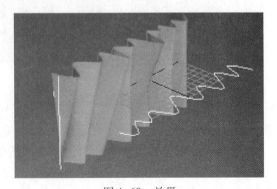

图 4-60　效果

6）退出次对象层级，然后单击"变形"卷展栏中的"缩放"按钮，如图4-61所示，打开图4-62所示的窗口。

图4-61　变形

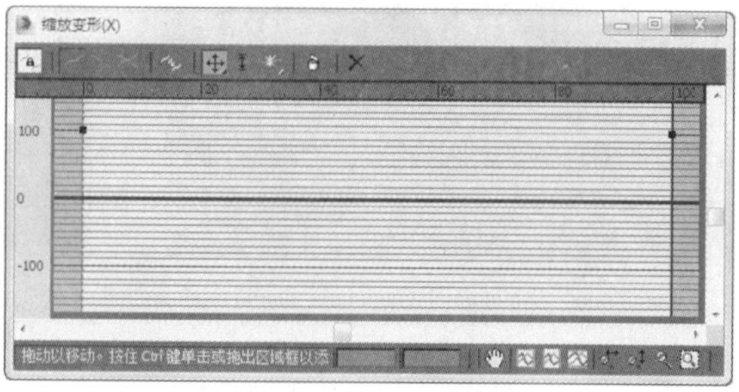

图4-62　缩放变形

7）利用"插入角点"工具添加一个角点，然后调节曲线控制柄，如图4-63所示，效果如图4-64所示。

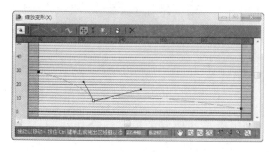

图4-63　调节曲线控制柄

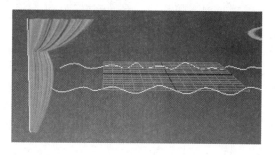

图4-64　效果

8）在前视图中利用"线"工具创建曲线作为放样截面。"初始类型"和"拖动类型"均设为"平滑"，如图4-65所示。

9）在顶视图中创建直线作为放样路径，如图4-66所示。

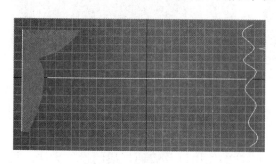

图4-65　放样截面

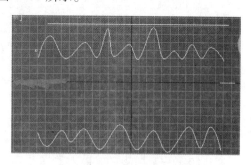

图4-66　放样路径

10）以直线为路径放样曲线截面，效果如图4-67所示。

11）进入"修改"命令面板，激活"图形"层级，拾取视图中的放样曲线，单击"底"按钮，将曲线对齐，如图4-68所示，然后退出"图形"层级。

12）单击"变形"卷展栏中的"缩放"按钮，在打开的窗口中利用"插入角点"工具添加9个控制点并调节位置，如图4-69所示。

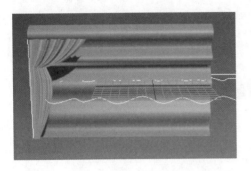
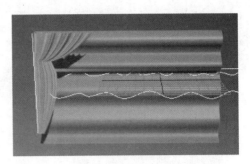

图4-67 效果 　　　　　　　　　　　　　　　图4-68 效果

13）将所有的角点转为"贝塞尔平滑"点，如图4-70所示，效果如图4-71所示。

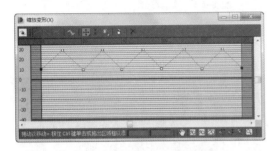
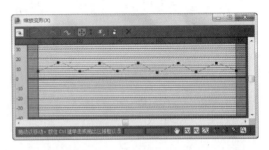

图4-69 添加控制点 　　　　　　　　　　图4-70 转为"贝塞尔平滑"点

14）最后将一边收的窗帘镜像一个到另一侧，然后与制作好的窗帘组合在一起，效果如图4-72所示。

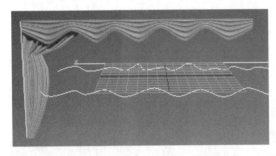

图4-71 效果 　　　　　　　　　　　　　图4-72 最终效果

4.1.6　制作烟灰缸

通过制作一个烟灰缸效果，掌握"布尔"运算的使用以及玻璃材质的设置方法。具体操作步骤如下。

1）进入几何体命令面板，在"标准基本体"下拉列表中选择"扩展基本体"选项，然后单击"切角圆柱体"按钮，在顶视图中创建一个切角圆柱体，参数设置"半径"为100，"高度"为45，"圆角"为5，"圆角分段"为5，"边数"为30，效果如图4-73所示。

2）选择视图中的切角圆柱体，执行菜单命令"编辑"→"克隆"，然后在打开的"克

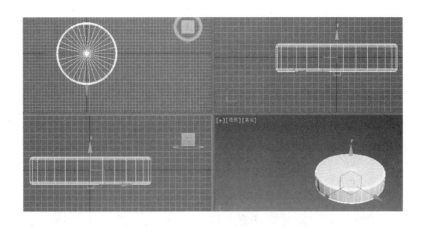

图 4-73　切角圆柱体

隆选项"对话框中进行设置,在"对象"里单击"复制"单选按钮,单击"确定"按钮,从而原地复制出一个切角圆柱体。

3)在前视图中沿 Y 轴向上移动复制后的切角圆柱体,并在"修改"命令面板中将它的半径改为 70,结果如图 4-74 所示。

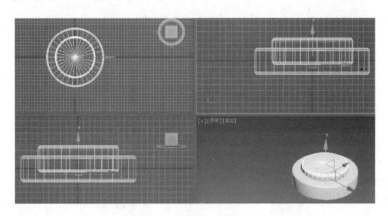

图 4-74　复制圆柱体

4)选择视图中大的切角圆柱体,然后选择创建面板中的几何体下拉列表中的"复合对象"选项,单击"布尔"按钮后单击"差集(A-B)",接着单击"拾取操作对象 B"按钮,拾取视图中的小切角圆柱体,运算后的结果如图 4-75 所示。

5)进入几何体命令面板,单击"圆柱体"按钮,然后在前视图中创建一个圆柱体,设置其参数"半径"为 15,"高度"为 50,结果如图 4-76 所示。

6)在顶视图选择圆柱体单击"层次" ▦ 按钮,打开"层次"对话框,单击"轴"→"仅影响轴"按钮,将圆柱体的中心点拖到烟灰缸的中心点,如图 4-77 所示。这样可以使圆柱坐标原点转为烟灰缸坐标原点。

7)在顶视图中选择圆柱体,执行菜单命令"工具"→"阵列",打开"阵列"对话框,选择 ID 并设置数量为 4,激活"总计"中的"旋转",设置"Z"为 360°,如图 4-78 所示,单击"确定"按钮,结果如图 4-79 所示。

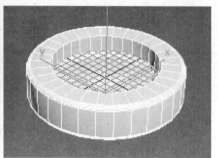

图 4-75　运算后结果

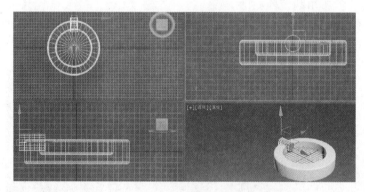

图 4-76　圆柱体

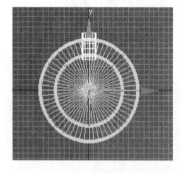

图 4-77　移动中心点

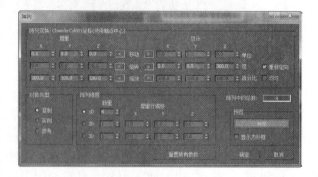

图 4-78　阵列

8）用鼠标右键单击某个圆柱体，从弹出的快捷菜单中选择"转换为"→"转换为可编辑网格"命令，然后在"修改"菜单中单击"附加"按钮，拾取视图中其余 3 个圆柱体，将它们结合成一个整体以便再次进行"布尔"运算，结果如图 4-80 所示。接着再次单击"附加"按钮，退出附加操作。

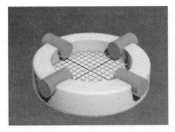

| 图 4-79 效果 | 图 4-80 附加操作 |

9）选择"布尔"运算后的物体，进入"几何体"命令面板，在"标准基本体"下拉列表中选择"复合对象"选项，然后单击"布尔"按钮，接着单击"拾取操作对象 B"按钮，拾取视图中整合后的物体，运算后的效果如图 4-81 所示。

10）在工具栏上单击"渲染"→"渲染设置"按钮，打开"渲染设置"对话框，展开"指定渲染器"卷展栏，单击"产品级"后的"选择渲染器"按钮，打开"选择渲染器"对话框，选择 NVIDIA mental ray 选项，单击"确定"按钮。进入"全局照明"选项卡，暂时取消勾选"启用最终聚集"，单击"关闭"按钮。

11）选择"创建"→"灯光"→"标准"命令面板，单击 mr area Spot 按钮，在场景中创建一盏灯光并调节其位置，如图 4-82 所示。

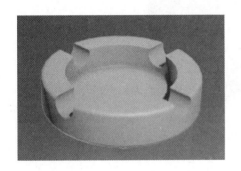
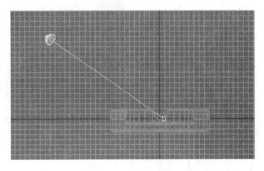

| 图 4-81 效果 | 图 4-82 建立 MR 区域聚光灯 |

12）进入"修改"面板，展开"强度/颜色/衰减"卷展栏，将控制灯光强度的"倍增"值设置为 0.8，并在"聚光灯参数"卷展栏中增大"衰减区"值为 76，使灯光的明暗区变得柔和些，没有明显分界线。

13）选择刚才创建的聚光灯，按住〈Shift〉键，使用"选择并移动"工具拖曳复制出第 2 盏 mr 区域聚光灯，进入"修改"面板，取消勾选"阴影"参数组中的"启用"选项，展开"强度/颜色/衰减"卷展栏，将控制灯光强度的"倍增"值设置为 0.3，并在"聚光灯参数"卷展栏中设置"衰减区"值为 45，"聚光区"为 20，最后调节复制出的辅光位置，使其产生合理的照明效果，如图 4-83 所示。

14）打开材质编辑器，在材质编辑器的工具栏右下角单击 Standard 标准按钮，进入"材质/贴图浏览器"对话框，选择"光线跟踪"材质，单击"确定"按钮。设置"明暗处理"为 Phong，"环境光"RGB 为（0，0，0），"漫反射"RGB 为（231，231，:231），"高光级别"为 300，"光泽度"为 85，"发光度"RGB 为（128，128，128），"透明度"RGB

为（128，128，128），"折射率"为1.6，如图4-84所示。

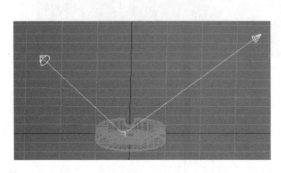

图4-83　建立辅MR区域聚光灯

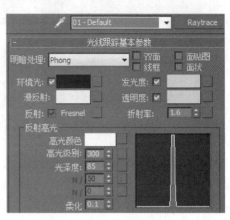

图4-84　光线跟踪参数

15）按〈F9〉键开始渲染，效果如图4-85所示。

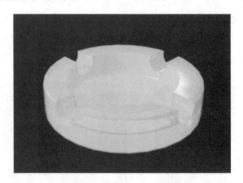

图4-85　渲染后的效果

4.1.7　制作勺子效果

通过制作一个勺子效果，如图4-86所示，掌握多边形建模，"壳""涡流平滑"修改器及不锈钢材质的综合应用。具体操作步骤如下。

1）在顶视图中创建一个平面，"长度"为100，"宽度"为130，"长度分段"为4，"宽度分段"为4，如图4-87所示。

图4-86　最终效果

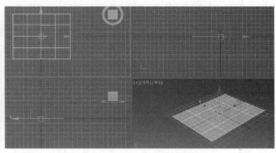

图4-87　创建平面

2）单击透视图左上角的"真实"文字，从弹出的快捷菜单中选择"边面"选项，（快捷键是〈F4〉），如图4-88所示。

3）右击视图中的平面，从弹出的快捷菜单中选择"转换为"→"转换为可编辑多边形"选项，从而将平面转换为可编辑的多边形。

4）制作勺子的大体形状。选择视图中的平面，进入"修改"命令面板，执行修改器下拉列表框中的"FFD3×3×3"命令，然后进入"控制点"级别。接着利用工具栏中的"选择并均匀缩放"和"选择并移动"工具对控制点进行缩放和移动处理，结果如图4-89所示。最后再将调整好大体形状的物体转换为可编辑多边形，如图4-90所示。

图4-88　快捷菜单

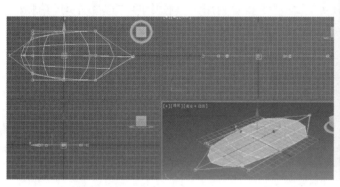

图4-89　添加 FFD3×3×3

5）制作勺柄的大体形状。进入多边形编辑"边"级别，选择图4-91所示的两条边，然后选择工具栏中的"选择并移动"工具，配合键盘上的〈Shift〉键向右移动，拉伸出勺柄的大体长度，如图4-92所示。

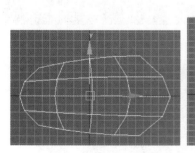

图4-90　效果

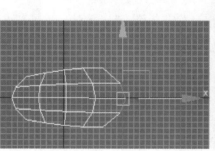

图4-91　转换为可编辑多边形

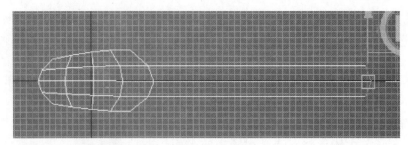

图 4-92　制作勺柄

6）添加一条边。利用工具栏中的"选择对象" 工具选择图 4-93 所示的边，然后单击"连接"按钮，从而添加一条边，如图 4-94 所示。

图 4-93　选择线条

图 4-94　添加一条边

7）进入可编辑多边形的"顶点"级别，然后利用工具栏中的"选择并均匀缩放"工具，沿 X 轴进行缩放，使 3 个顶点在垂直方向成为一条线，结果如图 4-95 所示。接着将其移动到如图 4-96 所示的位置。

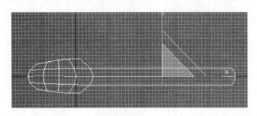

图 4-95　拉直线条

图 4-96　移动线条

8）选择图 4-97 所示的顶点后右击，从弹出的快捷菜单中选择"转换到面"选项。从而选中图 4-98 所示的多边形，接着在左视图中将其沿 Y 轴向下移动，结果如图 4-99 所示。

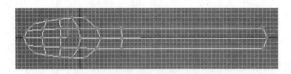

图 4-97　选择顶点

图 4-98　选择多边形

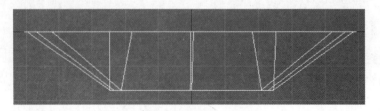

图 4-99　沿 Y 轴向下移动（左）

9）进入可编辑多边形的"边"级别，选择图4-100所示的边，然后在前视图中将其沿Y轴向下移动，如图4-101所示。接着进入可编辑多边形的"顶点"级别，在前视图中调整顶点的形状，如图4-102所示。

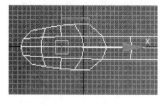

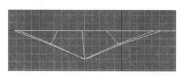

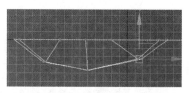

图4-100　选择边　　　　　图4-101　向下移动　　　　　图4-102　结果

10）在左视图中选择图4-103所示的顶点，沿Y轴向下移动，并适当调整其余顶点的位置，从而形成勺子凹陷，如图4-104所示。

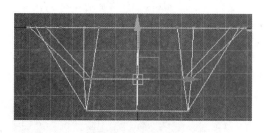

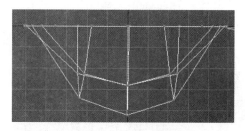

图4-103　选择顶点　　　　　　　　　图4-104　向下移动

11）进入可编辑多边形"顶点"级别，在前视图中调整勺柄上顶点的位置，如图4-105所示。

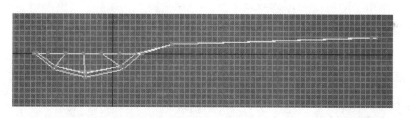

图4-105　调整勺柄

12）进入可编辑多边形的"边"级别，单击"连接"按钮，添加边，如图4-106所示。然后进入"顶点"级别，在前视图中调整顶点位置，如图4-107所示。

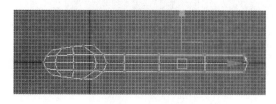

图4-106　添加边　　　　　　　图4-107　调整顶点位置

13）在顶视图中利用工具栏中的"选择并均匀缩放"工具沿Y轴缩放顶点，如图4-108所示，然后调整勺柄末端顶点的位置，如图4-109所示。

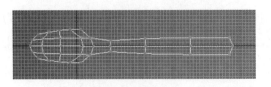

图 4-108　缩放顶点

图 4-109　调整末端顶点位置

14）为了制作出勺柄末端的加宽形状，下面在勺末端添加边，如图 4-110 所示，然后利用工具栏中的"选择并均匀缩放"工具沿 Y 轴缩放，如图 4-111 所示。

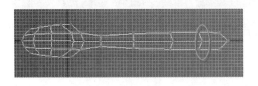

图 4-110　添加边

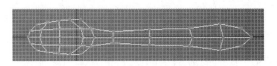

图 4-111　缩放边

15）制作出勺柄处的突起部分，在顶视图中选择图 4-112 所示的边，然后在前视图中沿 Y 轴向上移动，如图 4-113 所示。

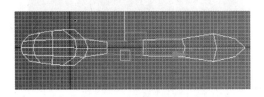

图 4-112　选择边

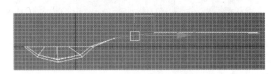

图 4-113　向上移动

16）制作出勺子的厚度。在修改器中单击"可编辑多边形"，退出次对象编辑模式。然后执行修改器下拉列表中的"壳"命令，"内部量"为 2，"外部量"为 2，如图 4-114 所示。

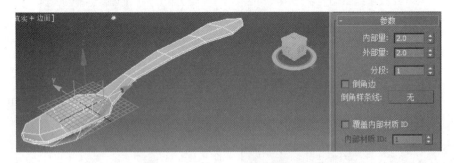

图 4-114　添加"壳"并设置参数

17）制作出勺子的平滑感。执行修改器下拉列表框中的"涡轮平滑"命令，"迭代次数"为 2，结果如图 4-115 所示。

18）单击工具栏中的"材质编辑器"按钮，进入材质编辑器，然后选择一个空白的材质球，明暗器基本参数为金属，"环境光"为（R90，G90，B90），"漫反射"为（R130，G130，B130），"高光级别"为 78，"光泽度"为 75，如图 4-116 所示，接着展开"贴图"

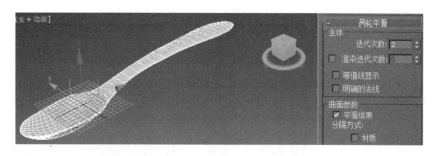

图 4-115　添加"涡轮平滑"并设置参数

卷展栏，给"反射"右侧的按钮指定素材中的"贴图/金属反射贴图"文件，如图 4-117 所示。

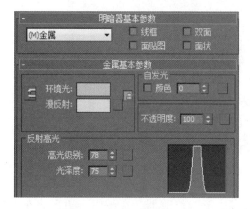

图 4-116　明暗器参数

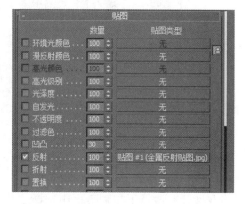

图 4-117　贴图

19）选择视图中的勺子模型，然后单击材质编辑器工具栏中的"将材质指定给选择对象"按钮，将材质赋予勺子模型。

20）选择透视图，然后单击工具栏中的"渲染产品"按钮进行渲染，效果如图 4-86 所示。

4.1.8　制作漂亮的小雨伞

通过制作小雨伞，掌握双面、多维/子对象材质的设置。使用星形样条线作为起始轮廓，配合挤出和锥化修改器制作成伞面形状，使用可编辑多边形修改器删除多余的面，伞骨是根据伞面的棱线分离出来的，伞架则是由伞骨镜像而来，伞杆是使用圆形样条线配合可编辑样条线和可编辑多边形命令制作而成，最终效果如图 4-118 所示。

1. 伞的制作过程

1）进入创建命令面板，在图形面板中选择"星形"，在顶视图中创建一个星形，"半径1"为 100，"半径 2"为 85，"点"为 8，"圆角半径 2"为 25，效果如图 4-119 所示。

2）进入修改命令面板，在下拉列表中选择"挤出"，"数量"为 42，"分段"为 5，效果如图 4-120 所示。

3）进入修改命令面板，在展开修改器下拉列表框中选择"锥化"修改器，设置"数量"为 - 1.0，"曲线"为 0.6，效果如图 4-121 所示。

图 4-118 　最终效果

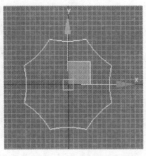

图 4-119 　创建星形

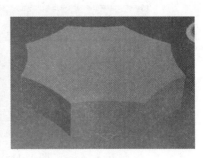

图 4-120 　挤出效果

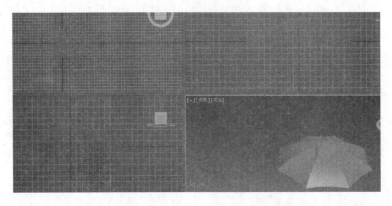

图 4-121 　伞面效果

4）在展开修改器下拉列表框中选择"编辑多边形"修改器，在编辑多边形修改器的选择参数组中按下"多边形"按钮，在透视图中选择伞底部的面并将其删除，如图 4-122 所示。

5）进入该修改器的"边"子对象层级，在按住〈Ctrl〉键的同时在顶视图中选择图 4-123 所示的边，然后找到"编辑边"卷展栏中的"创建图形"按钮，单击旁边的"设置"按钮，将新创建的图形命名为"支架"，如图 4-124 所示，单击"确定"按钮。双击"边"子对象层级，退出子对象层级编辑状态。

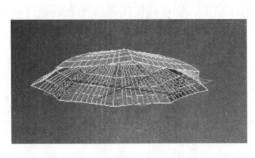

图 4-122 　删除底面

图 4-123 　选择边

6）选择工具栏中的"按名称选择"按钮，在出现的对话框中选择"支架"，在前视图中利用"选择并移动"工具将"支架"稍微往下移动，使支架的位置正确，并展开"渲染"卷展栏，勾选"在渲染中启用"和"在视口中启用"，"厚度"为0.5，如图4-125所示，然后单击透视图使其成为当前视图，效果如图4-126所示。

图4-124　创建图形

图4-125　参数设置

7）进入"支架"的"线段"子对象层级，单击工具栏上的"镜像"按钮，从弹出的"镜像：世界坐标"对话框中选择Y轴为镜像轴，并在克隆选项中点选"复制"选项，单击"确定"按钮，如图4-127所示。

图4-126　效果

图4-127　镜像

8）选择镜像后的图形，进入图形的"线段"子层级，在前视图中选择上面的所有选段并将其删除，效果如图4-128所示。

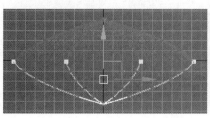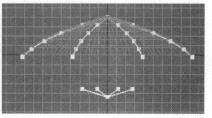

图4-128　选择线段并删除

9）在前视图中利用"选择并移动"工具将"小支架"移动到正确的位置上，效果如图4-129所示。

10）单击"图形"面板中的"线"按钮，在前视图中绘制图4-130所示的线段。

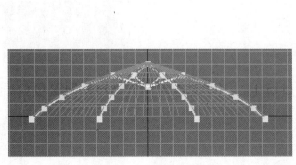

图4-129　移动小支架　　　　　　　　　　　图4-130　绘制线段

11）将绘制的线段移动到伞的正确位置，进入"修改"面板，展开"渲染"卷展栏，勾选"在渲染中启用"和"在视口中启用"，设置"厚度"为4，效果如图4-131所示。

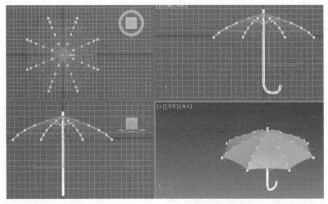

图4-131　移动伞杆

12）展开修改器下拉列表框，为线段添加"编辑多边形"修改器，然后进入线段的"多边形"子对象层级，选择线段中间部分的面，接着找到"编辑多边形"卷展栏中的"挤出"按钮，单击其后的"设置"按钮，设置"高度"为 - 1.0，选择"本地法线"，如图4-132所示，挤出后的效果如图4-133所示。

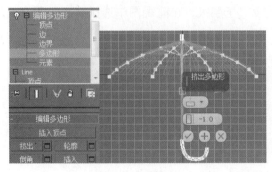

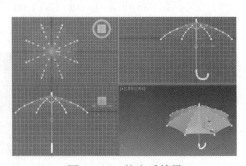

图4-132　挤出　　　　　　　　　　　　　　图4-133　挤出后效果

13）在修改面板中进入"编辑多边形"的"多边形"子层级，选择场景中伞杆的顶端和中间部分，然后在"多边形：材质 ID"卷展栏的"设置 ID"文本框后面输入数字 1，并按下键盘上的回车键确认，如图 4-134 所示，这样就将这部分的多边形材质 ID 设置为 1 了。

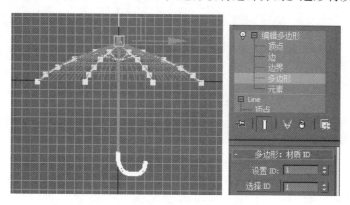

图 4-134　设置 ID 为 1

14）选择伞杆的把手部分，在"多边形：材质 ID"卷展栏的"设置 ID"文本框后面输入数字 2，并按下键盘上的回车键确认，如图 4-135 所示，这样就将这部分多边形材质 ID 设置为 2 了。

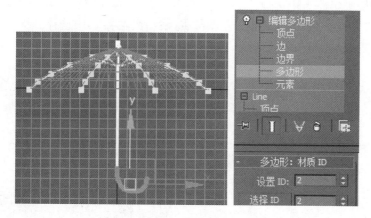

图 4-135　设置多边形材质 ID 为 2

2. 制作地面与调整场景

1）单击"创建"→"几何体"→"标准基本体"→"平面"，在顶视图中创建一个"平面"并且旋转伞模型的角度，这样一个简单的雨伞场景就制作好了，如图 4-136 所示。

2）选择伞面模型，单击工具栏上的"材质编辑器"按钮，打开材质编辑器对话框，在材质编辑器中选择一个空材质球。并按下"将材质指定给选定对象"按钮，将材质赋予伞面模型，并将这个材质命名为"伞面"。

3）伞布采用双面材质，这样可以给伞面的内部和外部分别设置不同的材质类型，单击"标准"按钮，从弹出的"材质/贴图浏览器"中选择"双面"材质，单击"确定"按钮，打开"替换材质"对话框，单击"确定"按钮。

4）单击"双面"材质中的"正面材质"后面的按钮，进入正面材质设置，将正面材质

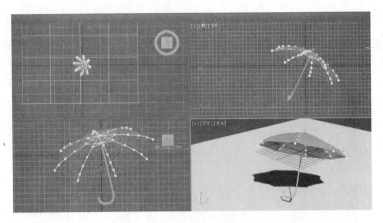

图 4-136　雨伞场景

的明暗器基本参数改成 Oren – Nayar – Blinn，设置"漫反射"为蓝红色，其 RGB 值为
(199，135，187)。

5）单击"转到父对象"按钮，接着单击"背面材质"后面的按钮，进入背面材质编辑，同样将明暗器基本参数改成 Oren – Nayar – Blinn，将"漫反射"设为浅灰色，其 RGB 值为 (210，210，210)，渲染效果如图 4-137 所示。

6）在"材质编辑器"中选择一个空材质球，命名为"地面"，并将其赋予场景中的场面材质，单击"标准"按钮，从弹出的"材质/贴图浏览器"中选择"无光/投影"材质，单击"确定"按钮，如图 4-138 所示。

图 4-137　渲染效果

图 4-138　无光/投影参数

7）执行菜单命令"渲染"→"环境"，打开"环境和效果"对话框，将背景颜色改为灰色，RGB 值为 (120，120，120)，如图 4-139 所示。

3. 创建天光

1）单击"灯光"按钮进入灯光创建面板，在类型下拉列表中选择"标准"类型，按下"天光"按钮，在视图上的任意位置创建一盏天光，天光可以均匀地照亮场景，位置并不重要，只要便于选择即可。执行菜单命令执行菜单命令"渲染"→"渲染设置"，打开"渲染设置"对话框，单击"高级照明"选项卡，在"无照明插件"列表中选择光线跟踪，将

"光线/采样"值设置为90，如图4-140所示。

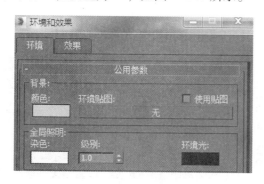

图4-139 环境颜色

图4-140 光跟踪器

2）进入天光的修改面板，单击"贴图"下面的"无"按钮，从弹出的"材质/贴图浏览器"中选择"位图"选项，单击"确定"按钮，打开"选择位图图像文件"对话框，选择素材文件"campus_probe. hdr"，单击"打开"→"确定"按钮。

3）打开"材质编辑器"窗口，拖曳天光贴图按钮到一个空的材质球上释放，在弹出的"实体（副本）贴图"对话框中选择"实例"方式，在材质编辑器中选择 HDR 贴图改为"环境"类型，将贴图的方式改为"球形环境"，如图4-141所示。

4. 伞骨和伞架材质

打开材质编辑器，选择一个空白球，制作伞骨和伞架的材质，将它赋予场景中的伞骨和伞架，并将其命名为"伞骨和伞架"，在"明暗器基本参数"中选择"金属"类型，"高光级别"为147，"光泽度"为75，展开"贴图"卷展栏，单击"反射"后面的"无"按钮，从弹出的"材质/贴图浏览器"中选择"位图"材质，单击"确定"按钮。打开"选择位图图像文件"对话框，选择"METAL01. TGA"图案，如图4-142所示。

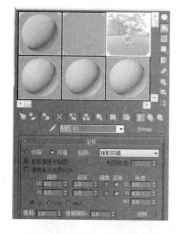

图4-141 贴图

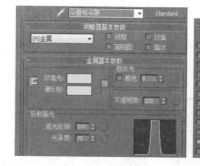

图4-142 伞骨和伞架的材质

5. 伞杆材质

1）打开材质编辑器，选择一个空白球，制作伞把的材质，将它赋予场景中的伞杆，单击 Standard 按钮，从弹出的"材质/贴图浏览器"中选择"多维/子对象"材质，单击"确定"按钮。在"多维/子对象基本参数"面板中单击"设置数量"按钮,将材质数量设置为2,如图 4-143 所示,将材质赋予伞把。

2)将"伞骨和伞架"材质复制到第 1 个材质按钮中,如图 4-144 所示。

图 4-143　多维/子对象数量设置

图 4-144　复制材质

3)单击第 2 个材质"无"按钮,从弹出的"材质/贴图浏览器"中选择"标准"材质,单击"确定"按钮。"漫反射"RGB 为(155,0,143),"高光级别"为 118,"光泽度"为 54,展开"贴图"卷展栏,单击"反射"后面的"无"按钮,从弹出的"材质/贴图浏览器"中选择"光线跟踪"材质,单击"确定"按钮,如图 4-145 所示。

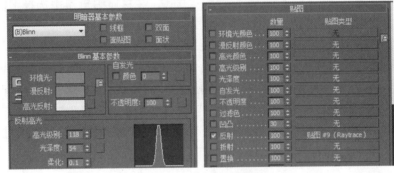

图 4-145　把手材质设置

6. 输出设置

1)执行菜单命令"渲染"→"渲染设置",打开"渲染设置"对话框,进入"高级照明"选项卡,将"光线/采样"值改为 250,进入"光线跟踪器"选项卡,勾选"启用",选择"快速自适应抗锯齿器",进入"公用"选项卡,增大图像输出尺寸(800×600),如图 4-146 所示。

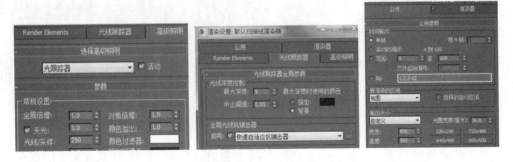

图 4-146　渲染设置

2）按〈F9〉键设置渲染，最终效果如图 4-118 所示。

4.1.9 制作易拉罐

制作一个易拉罐效果，如图 4-147 所示，掌握材质编辑器的基本参数的使用方法。具体操作步骤如下。

1. 制作罐体

1）在前视图中创建一个矩形，如图 4-148 所示。

2）选择这个矩形，进入"修改"命令面板，执行修改器中的"编辑样条线"命令。然后进入"顶点"层级，单击"优化"按钮，接着用鼠标移动到矩形的两条短边上，待光标变成夹点形状时单击，即可添加一个顶点。

3）同理，在两边上各加两个"顶点"，如图 4-149 所示。

4）关掉"优化"按钮，然后移动顶点和调整顶点控制柄，如图 4-150 所示。

图 4-147　最终效果

提示：如果需要对顶点的两条控制柄分别进行调整，可以在选中顶点的同时单击鼠标右键，在弹出的快捷菜单中选择"贝赛尔角点"，如图 4-151 所示，这样即可将其他形式的顶点转化成贝赛尔角点，然后就可以单独对任意一条控制柄进行调整了。

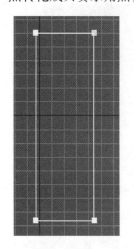
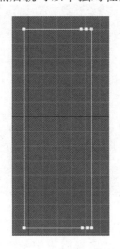
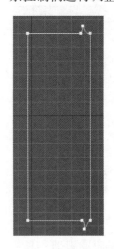

图 4-148　创建矩形　　图 4-149　添加顶点　　图 4-150　调整顶点位置　　图 4-151　优化顶点

5）退出"顶点"层级，执行修改器上的"车削"命令，参数设置及结果如图 4-152 所示。

提示：此时如果对罐体的外形还不满意，可以进入修改器"编辑样条线"中的"顶点"层级，对顶点进行再次修改。

2. 制作易拉罐材质

1）单击工具栏上的"材质编辑器"按钮，进入材质编辑器。选中一个材质球，设置

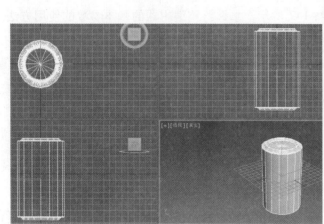

图 4-152 车削后的效果

"金属基本属性参数"卷展栏中的参数,"环境光"RGB 值为(91,91,91),"漫反射"RGB 值为(131,131,131),"高光级别"为 70,"光泽度"为 75,如图 4-153 所示。

2)指定反射贴图。展开"贴图"卷展栏,将素材中的"贴图/金属反射贴图"指定给"反射"右侧的贴图按钮,如图 4-154 所示。

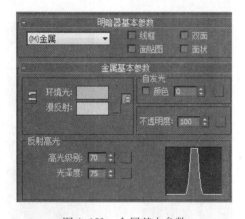
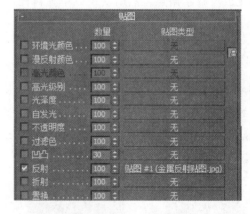

图 4-153 金属基本参数　　　　　　　图 4-154 反射贴图

3)选中罐体。单击材质编辑器工具栏上的"将材质指定给选定对象"按钮,将刚才的贴图赋给罐体,然后单击工具栏上的"渲染产品"按钮,渲染后的效果如图 4-155 所示。

4)将素材中的"贴图/饮料包装平面图"指定给"漫反射颜色"右侧的贴图按钮,如图 4-156 所示。

5)为了直接在视图中看到效果,可以单击材质编辑器工具栏上的"在视口中显示明暗处理材质"按钮,这样在视图中就可以观察贴图后的模型情况了,如图 4-157 所示。

图 4-155　效果

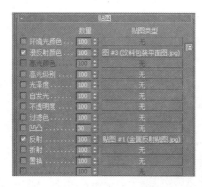

图 4-156　漫反射颜色贴图

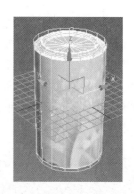

图 4-157　贴图效果

6）此时的效果不是很理想，这是因为贴图轴向不对。为了解决这个问题需要对饮料包装的贴图进行进一步调整。选中罐体，执行修改器上的"UVW 贴图"命令，设置"贴图"为柱体，"对齐"为 X，单击"适配"按钮，如图 4-158 所示，效果如图 4-159 所示。

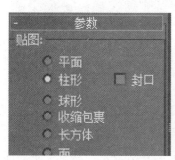

图 4-158　参数设置

图 4-159　效果

7）此时饮料包装贴图范围过大，需要缩小。单击材质编辑器中"漫反射"的带 M 字样的按钮，进入饮料包装贴图的扩展参数面板，"瓷砖 V"为 1.13，去掉"瓷砖 UV"的勾选，设置参数如图 4-160 所示，结果如图 4-161 所示。

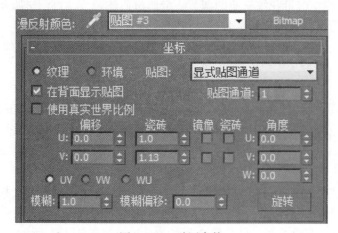

图 4-160　贴图参数

图 4-161　效果

8）复制一个饮料罐，然后制作一个地面，在"材质编辑器"中选择一个空材质球，命名为"地面"，并将其赋予场景中的地面材质，单击"标准"按钮，从弹出的"材质/贴图浏览器"中选择"无光/投影"材质，单击"确定"按钮，如图 4-162 所示。

9）执行菜单命令"渲染"→"环境"，打开"环境和效果"对话框，单击"背景"下的"颜色"色块，打开"颜色"对话框，将 RGB 值设置为（120，120，120），单击"确定"按钮如图 4-163 所示。渲染后的效果如图 4-147 所示。

图 4-162　无光/投影参数

图 4-163　环境颜色

任务 4.2　材质与贴图

问题的情景及实现

好的作品除了模型之外，还需要材质与贴图的配合，这些材质有颜色、纹理、光洁度及透明度等外观属性。给物体制定了材质后，再加上灯光效果才能完美地表现出物体的造型和质感。材质与贴图是三维创作中非常重要的环节，其重要性和难度不亚于建模。

4.2.1　餐具

为餐具设置材质与贴图，主要学习带花纹材质的调节、金属材质的调节、玻璃材质和透明阴影的调节以及 mr 聚光灯的阴影效果的设置。具体操作步骤如下。

打开配套素材中的初始文件，场景中提供了全套的模型和 3 组反光板，架设了摄像机并调节好了角度，如图 4-164 所示。

1. 指定渲染器

1）按下〈F10〉键打开"渲染设置"窗口，在"指定渲染器"卷展栏中单击■按钮，从弹出的"选择渲染器"对话框中选择"NVIDIA mental ray"渲染器，这样就将产品级渲染器指定成 mental ray 渲染器了。进入"全局照明"选项卡，取消勾选"启用最终聚集"，如图 4-165 所示。

2）创建主光源。在视图中创建一盏"mr 区域聚光灯"作为主光，在它的修改器面板中启用阴影，并采用"光线跟踪"类型的阴影计算方式，主光的"倍增"为 0.8；"衰减区/区域"值改为 76，使灯光的明暗区域变得柔和一些，没有明显的分界，如图 4-166 所示。

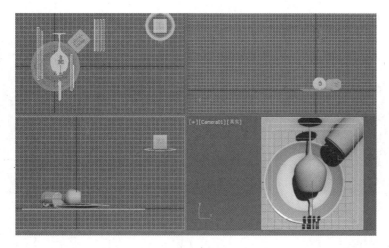

图 4-164　初始文件

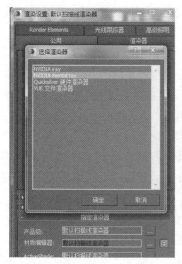

图 4-165　选择渲染器

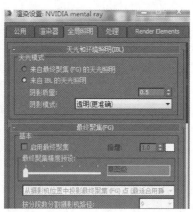

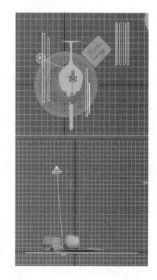

图 4-166　添加主光源

3）为场景创建一盏辅光。选择刚才创建的 mr 区域聚光灯，按住〈Shift〉键，使用"移动"工具，拖曳复制出第 2 盏 mr 区域聚光灯，在前视图中将其放置在"窗户"的右边位置，进入辅光灯的修改面板，禁用阴影功能，并将"倍增"值改为 0.3，"聚光区/光束"值改为 20，"衰减区/区域"值改为 45，最后调节复制出的辅助光，使其产生合理的照明效果，如图 4-167 所示。

2. 地面材质

地面采用的是抛光瓷砖材质，主要采用一张瓷砖贴图在表面，并控制好它的高光反射即可。

按下〈M〉键打开"材质编辑器"在材质编辑器中选择名称为"地面"的材质球。它已经赋予了场景中的地面模型，首先单击"漫反射"颜色的面的通道，从弹出的"材质/贴图浏览器"中选择"位图"贴图方式，然后选择素材中的一张瓷砖图案作为地面贴图，并在"坐标"卷展栏中将瓷砖的 UV 值分别设置为 3 和 2。单击"转到父对象"按钮，将"高光级别"设置为22,参数设置如图4-168所示,渲染效果如图4-169所示。

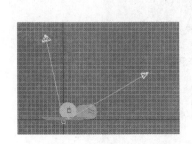

图4-167　添加辅助光

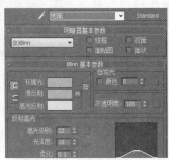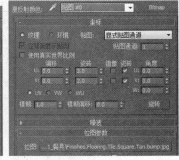

图4-168　地面参数设置

3. 盘子材质

1)设置陶瓷材质。在"材质编辑器"中选择名称为"盘子"的材质球,它已经赋予了场景中的盘子模型,单击右侧的"标准"按钮,从弹出的"材质/贴图浏览器"中双击"多维/子对象"材质,单击"设置数量"按钮,将材质数量设置为2,单击第1个材质按钮,设置ID号为1的陶瓷材质,首先单击右侧的"标准"按钮,从弹出的"材质/贴图浏览器"中双击"光线跟踪"材质,在光线跟踪材质设置中,将"漫反射"颜色改为灰白色,RGB值为(231,231,231),然后在"反射"后面的复选框中单击两次,使其变为Fresnel反射方式,"高光级别"为300,"光泽度"为85,如图4-170所示。

2)设置盘子花边。单击"转到父对象"按钮返回到多维对象子材质的顶层,单击第二材质球,为其设置盘子的花边。在第一个子材质按钮上单击鼠标右键,从弹出的快捷菜单中选择"复制",然后在第二个子材质按钮上单击鼠标右键并选择"粘贴",这样就将调节好的陶瓷材质复制到第二个子材质上。

在第二个子材质的设置中,单击"漫反射"后面的通道按钮,为其贴入一张花纹图案,名称为"panbei.jpg",并且按下材质编辑器中的"在视口中显示标准贴图"按钮,使花纹显示在视图中,设置"偏移"U值为0.085,"瓷砖"UV值为(5.7,9.3),"角度"W值为90,如图4-171所示,效果如图4-172所示。

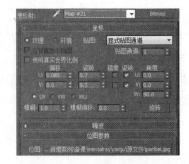

图4-169　地面效果　　　　图4-170　光线跟踪参数设置　　　　图4-171　贴图参数的设置

4. 套杯材质

餐具中配套的杯子与盘子的材质相同,都具有相同的材质花纹和反光性质,因此可以复制材质中的第二个子材质,然后更改花纹贴图设置。

在"材质编辑器"中选择名称为"套杯"的材质球，它已经赋予了场景中的套杯模型，单击右侧的"标准"按钮，在弹出的"材质/贴图浏览器"中双击"光线跟踪"材质，在光线跟踪材质设置中，将"漫反射"颜色改为灰白色，RGB值为（231，231，231），然后在"反射"后面的复选框中单击两次，使其变为Fresnel反射方式，"高光级别"为300，"光泽度"为85，如图4-173所示。

单击"漫反射"后面的通道按钮，为其贴入素材中的另一张花纹图案，名称为"bei.jpg"，按下材质编辑器中的"在视口中显示标准贴图"按钮，使花纹显示在视图中，设置"偏移"U值为0.065，"瓷砖"UV值为（4.3，11.1），"角度"W值为90°，如图4-174所示，效果如图4-175所示。

图4-172 贴图效果

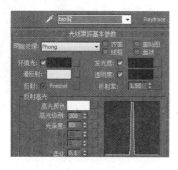
图4-173 套杯参数设置

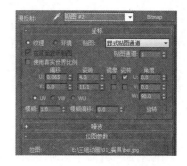
图4-174 贴图参数设置

5. 添加HDR环境反射

按下键盘上的数字〈8〉键，打开"环境和效果"窗口，在"环境贴图"通道中贴入配套素材提供的一张HDR贴图，名称为"DH218SN.HDR"，如图4-176所示。打开"材质编辑器"将"环境贴图"通道中的贴图以"实例"的方式拖曳到材质编辑器的一个空材质球上。在材质编辑器中选择HDR贴图改为"环境"类型，将贴图的方式改为"球形环境"，然后勾选"裁剪/放置"选项中的"应用"，选项，如图4-177所示，接着单击"查看贴图"按钮，在打开的"指定裁剪/放置"窗口中调节画面中的角点，使其呈现出合理的反射区，如图4-178所示。

图4-175 效果图

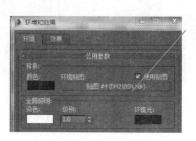
图4-176 环境贴图

图4-177 贴图设置

关闭"指定裁剪/放置"窗口，再次渲染摄像机视图，仔细观察反射物表面，它们呈现出了真实的环境反射，如图4-179所示。

6. 玻璃杯材质

在"材质编辑器"中选择名称为"杯子"的材质球，它已经赋予了场景中的玻璃杯模型，单击"标准"按钮，在弹出的"材质/贴图浏览器"中双击"Autodesk实心玻璃"材质，将实心玻璃卷展栏的"颜色"选择为自定义，并将颜色设置为白色，"反射"值设置为5，如图4-180所示，效果如图4-181所示。

图4-178　裁剪区域

图4-179　环境反射

图4-180　实心玻璃设置

7. 反射板的调节

在材质编辑器中分别选中3组反光板所对应的材质球，将"漫反色"颜色改为白色，"自发光"值改为100，在"漫反射"通道贴入"输出"贴图，如图4-182所示。然后根据不同反光亮度调节RGB偏移值，"反射板1"为10，"反射板2"为5，"反射板3"为2，如图4-183所示，效果如图4-184所示。

图4-181　杯子效果

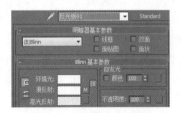

图4-182　反射板参数设置

a)

b)

c)

图4-183　RGB偏移设置

8. 金属勺材质

1）设置勺子材质。打开"材质编辑器"，选择名称为"勺子"的材质球，它已经赋予

202

了场景中的勺子模型，被指定为"多维/子对象"材质，并且子对象数量为2。进入第1个子对象材质，这是勺子部分的材质，单击"标准"按钮，在弹出的"材质/贴图浏览器"中双击"mental ray"材质，然后在 mental ray 材质的设置中单击"曲面"后面的通道按钮，为其添加一个"metal"（金属）明暗器，在接下来的（金属）明暗器设置中，将 Surface Material（曲面材质）设置成灰色，RGB 为（0.8，0.8，0.8），将 reflect Color（反射颜色）设置为 RGB（0.86，0.86，0.86），然后勾选 Blur Reflection（模糊反射）并将模糊 Spread（扩散）值调节为2，使其具有磨砂金属的效果，如图 4-185 所示。

图 4-184　反射板效果

图 4-185　金属勺子材质设置

2）设置勺柄材质。勺柄也是不锈钢金属颜色，只不过它的表面颜色显得更黑，因此它的设置过程与勺子的设置完全相同，可将上面的金属复制到第二子材质上，然后提高 Surface Material（曲面材质）的灰度，RGB 值为（0.58，0.58，0.58），Reflect Color（反射颜色）设置为 RGB（0.79，0.79，0.79）。

9. 调节软阴影

选择场景中的主光源，进入修改面板，展开"区域灯光参数"卷展栏，将矩形灯光的"高度"和"宽度"都调整为 25.4。单击"渲染"按钮进行测试，可观察到场景中的阴影已经变得较为柔和了，如图 4-186 所示。

10. 输出设置

在主工具栏中单击"渲染设置"按钮，打开"渲染设置"对话框，在"公用"选项卡中增大输出尺寸，进入"渲染器"选项卡，增大图像采样数，这样就可以渲染最终的成品图了，如图 4-187 所示。

图 4-186　参数设置

图 4-187　最终效果

4.2.2 油性笔

通过对油性笔材质的调节，掌握透明效果、金属效果、次表面散射及焦散效果的使用技巧。

具体操作步骤如下。

1. 将渲染器切换为 mental ray，并关闭最终聚集

1）打开素材中的初始文件，场景中有 3 支油性签字笔和一个作为地面的平面，如图 4-188 所示。笔身为透明材质，笔帽为硬塑料材质，笔中间的前端部分为软塑料材质。为增强场景气氛，还为场景添加了遮挡阴影，反光板及透明焦散效果。

2）按下〈F10〉键打开"渲染设置"窗口，在"指定渲染器"卷展栏中单击■按钮，从弹出的"选择渲染器"对话框中选择"NVIDIA mental ray"渲染器，这样就将产品级渲染器指定成 mental ray 渲染器了。进入"全局照明"选项卡，取消勾选"启用最终聚集"，如图 4-189 所示。

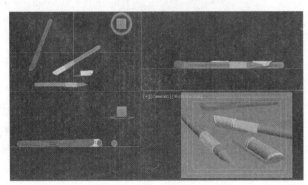
图 4-188　初始图

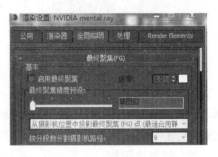
图 4-189　渲染设置

2. 创建灯光

1）创建主光源。在视图中创建一盏"mr 区域聚光灯"作为主光，在它的修改器面板中启用阴影，并采用"光线跟踪"类型的阴影计算方式，主光的"倍增"为 1；在"聚光灯"参数中将"聚光区/光速"值改为 0.5，"衰减区/区域"值改为 72，进入"阴影参数"参数卷展栏，将"阴影密度"值改为 0.7。

2）为了增加场景气氛，我们可以假设光线是从窗外射进来的，场景已建立好了类似窗户的遮挡物，单击鼠标右键，从弹出的快捷菜单中选择"全部取消隐藏"，将窗户显示出来。

3）为场景创建一盏辅光。在顶视图中创建一盏"mr 区域泛光灯"，在前视图中将其放置在"窗户"的中间位置，进入辅光灯的修改面板，禁用阴影功能，并将"倍增"值改为 0.3，再为灯光设置一个偏暖的颜色，其 RGB 值为（254，249，233），如图 4-190 所示。

3. 制作地面材质

接下来制作地面木地板材质，按下〈M〉键打开"材质编辑器"，选择名称为"地面"的材质球，它已赋予了场景中的平面模型。

1）在标准材质中将"高光级别"和"光泽度"参数均设置为 32，使之呈现出较大的

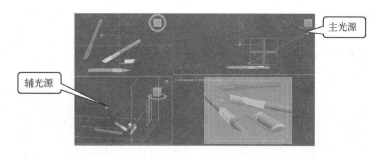

图 4-190　添加光源

高光面积和较弱的光泽度。

2）在"贴图"卷展栏中，单击"漫反射颜色"后面的通道按钮，从弹出的"材质/贴图浏览器"中选择"位图"贴图方式，然后选择素材中的一张木板图案作为地面贴图，其名称为"woood_t14"，并在"坐标"卷展栏中，将瓷砖的 UV 值改为 5。

3）按照上述方法在"凹凸"通道也贴入素材中的木质灰度图，其名为"woood_B14"，瓷砖的 UV 值也为 5。单击"转到父级对象"按钮返回总层级，将"凹凸"通道的"数量"值为 20。

4）在"贴图"卷展栏中，单击"反射"后面的通道按钮，从弹出的"材质/贴图浏览器"中选择"光线跟踪"贴图，保持所有参数不变。单击"转到父级对象"按钮，返回总层级，将"反射"通道的数量值改为 20，如图 4-191 所示。

4. 添加环境贴图

此时的地板比较黑，因为默认的环境为黑色。为了丰富地面的反射效果，可以为环境通道添加一张 HDR 贴图。按下〈8〉键打开"环境和效果"窗口，在"环境贴图"通道中贴入素材中的"ketchen_Probe.hdr"贴图。打开"材质编辑器"，将"环境贴图"通道中的贴图以"实例"的方式拖曳到一个空白材质球上，在下面的参数设置中将"贴图"方式改为"球形环境"，如图 4-192 所示。渲染摄像机视图，可以观察到地面的亮度比以前增加了许多，如图 4-193 所示。

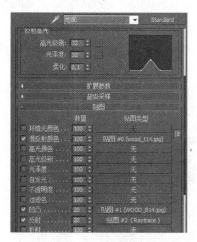

图 4-191　地面材质设置

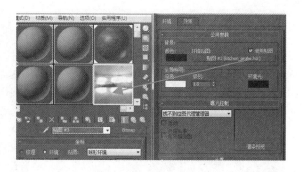

图 4-192　环境贴图

a) b)

图4-193 环境贴图

a) 贴图前 b) 贴图后

5. 使用3S材质制作油性笔前半部分

1) 制作油性笔的前半部分。打开材质编辑器，选择名称为"蓝笔前3S"的材质球，它已赋予了相应的模型，单击"标准"按钮，在弹出的"材质/贴图浏览器"中双击 Subsurface Scattering Fast Material 材质，在其参数设置中将 Ambient/Extra light（环境/附加光）改为蓝色，RGB 值为（0，43，99）；将 Front surface scatter color（前曲面散射颜色）的 RGB 值改为（3，27，235），将 Back surface scatter color（后曲面散射颜色）的 RGB 值改为（113，145，174），如图4-194所示。

2) 制作红色笔的前半部分。选择名称为"红笔前3S"的材质球，它已赋予了相应的模型，单击"标准"按钮，在弹出的"材质/贴图浏览器"中双击 Subsurface Scattering Fast Material 材质，在其参数设置中将 Ambient/Extra light（环境/附加光）改为红色，RGB 值为（233，0，0）；将 Front surface scatter color（前曲面散射颜色）的 RGB 值改为（230，12，12），将 Back surface scatter color（后曲面散射颜色）的 RGB 值改为（230，95，95）。

3) 制作绿色笔的前半部分。选择名称为"绿笔前3S"的材质球，它已赋予了相应的模型，单击"标准"按钮，在弹出的"材质/贴图浏览器"中双击 Subsurface Scattering Fast Material 材质，在其参数设置中将 Ambient/Extra light（环境/附加光）改为红色，RGB 值为（0，108，0）；将 Front surface scatter color（前曲面散射颜色）的 RGB 值改为（36，188，0），将 Back surface scatter color（后曲面散射颜色）的 RGB 值改为（112，221，101），效果如图4-195所示。

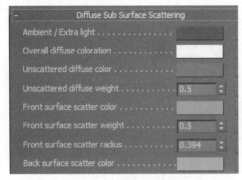

图4-194 蓝笔材质设置 图4-195 效果图

6. 使用塑料材质制作笔帽和尾部材质

1）制作蓝色笔帽和笔尾材质。在材质编辑器中选择名称为"蓝笔帽和尾巴"的材质球，它已经赋予了相应的场景对象。将默认的标准材质更换为 Autodesk Plastic/Viny 材质，接着在它的"塑料"卷展栏中将"类型"设置为"塑料（实体）"方式，"颜色"为"使用颜色"，然后更改色块的 RGB 值为（0.273，0.468，0.806），这是一个较亮的蓝色，如图 4-196 所示，效果如图 4-197 所示。

图 4-196　蓝塑料参数设置

图 4-197　蓝效果图

2）用同样的方法制作红色油性笔和绿色油性笔的笔帽和尾部材质，只是赋予不同的颜色值，红色的 RGB 值为（0.986，0.043，0.043），绿色的 RGB 值为（0.072，0.475，0.058），如图 4-198 所示，效果如图 4-199 所示。

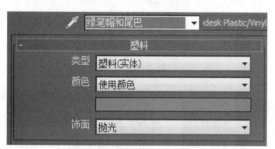

图 4-198　绿塑料参数设置

图 4-199　绿效果图

7. 笔帽和笔身的透明材质

在编辑器中选择名称为"笔帽和笔身"的材质球，它已经赋予了相应的透明对象，首先将默认标准材质更换为"Autodesk 实心玻璃"材质，接着在"实心玻璃"卷展栏中将"颜色"改为"自定义"，"自定义颜色"改为白色，并将"反射"设置为1.5，"折射"设置为1.2，如图 4-200 所示，效果如图 4-201 所示。

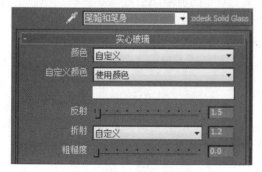

图 4-200　透明材质设置

图 4-201　透明材质效果

8. 创建反光板

1）创建并旋转反光板。在顶视图中创建一个长方体对象作为反光板，长度为650，宽度为1300，高度为50，将其摆放到场景的上方并旋转一定的角度，如图4-202所示。

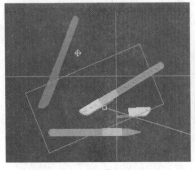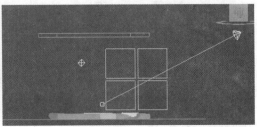

图4-202　创建并旋转反光板

2）设置反光材质。在"材质编辑器"中选择名称为"反光板"的材质球，并将其赋予场景中新建的长方体对象，接着将"漫反射"颜色调节为纯白色，将"自发光"值设为100，最后为漫反射通道贴入一张Ouptput"输出"贴图，并提高"RGB偏移"值为2，如图4-203所示，渲染摄像机视图可以观察到透明材质部分有反光板的高光存在，如图4-204所示。

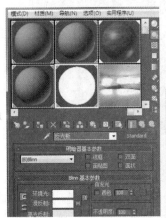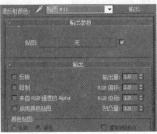

图4-203　反光材质设置　　　　　　　　　图4-204　反光效果

3）在地面反射材质中排除反光板作用。从上一步的渲染图中可以观察到，地板中也清晰地反射出反光板的影子，显得很不真实，因此可以将反射影像从地板上的材质排除。选择"地面"材质，进入它的反射贴图通道，在"光线跟踪器参数"中单击"排除局部"按钮，从弹出的"排除/包含"对话框中将新建的长方体反光板排除，如图4-205所示，效果如图4-206所示。

9. 笔身金属部分

1）油性笔的笔头和笔尖一般都采用不锈钢类的高反射金属，在mental ray中有专门的金属明暗器来模拟这类材质。在材质编辑器中选择名称为"笔身金属"的材质球，它已经赋予了相应的笔身金属对象。

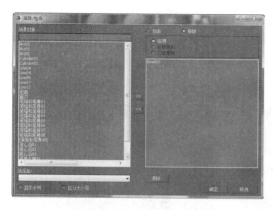

图 4-205　排除反光

图 4-206　排除反光效果

2）将默认的标准材质更换为 mental ray 材质，接着在 mental ray 的"曲面"通道中贴入"Metal"明暗器，在"Metal"明暗器的设置中将 Surface Material（曲面材质）的颜色设置为白色，其余参数保持不变，如图 4-207 所示，效果如图 4-208 所示。

图 4-207　金属材质设置

图 4-208　金属材质效果

10. 笔芯前半部分

笔芯前半部分指的是包含的颜料的油性笔管，笔管内呈现质地较硬的反射性质，因此用 Autodesk 的塑料材质进行模拟，并根据实际情况设置偏暗的颜色。

1）设置蓝色笔芯前半部分材质。在材质编辑器中选择名称为"蓝笔芯前"的材质球，它已经赋予了相应的场景对象。首先将默认的标准材质更换为 Autodesk Plastic/Viny 材质，接着在它的"塑料"卷展栏中将"类型"设置为"塑料（实体）"方式，颜色为"使用颜色"，然后更改色块的 RGB 值为（0.058，0.058，0.23），这是一种深蓝色。

2）用同样的方法制作红色油性笔和绿色油性笔的笔芯前半部分，只是赋予不同的颜色值。红色的 RGB 值为（0.396，0.05，0），是一种暗红色；绿色的 RGB 值为（0.036，0.273，0.108），是一种墨绿色，如图 4-209 所示，效果如图 4-210 所示。

11. 笔芯后半部分

笔芯的后半部分是指笔管中没有颜料的部分，这部分在透明材质中呈现出白色的塑料质地，由于在画面中所占比例比较小，我们可以采用简化的设置方法，以减小渲染资源的消耗。

在材质编辑器中选择名称为"笔芯后"的材质球，它已经赋予了相应的场景对象。在默认的标准材质中将"不透明度"改为 60，"高光级别"值为 18，"光泽度"值为 7，如图 4-211 所示，渲染效果如图 4-212 所示。

12. 调节焦散效果

为了丰富场景细节，还可以为场景加入焦散效果。焦散是灯光照射到透明材质或金属材质上时发生反射或折射的光线在周围物体上留下光影的效果。在 mental ray 中调节焦散效果必须具备以下条件：第一，必须有生成和接受焦散的对象；第二，必须有发射焦散光子的灯光；第三，材质必须支持焦散效果或存在支持焦散效果的明暗器；第四，在全局照明中必须启用焦散效果功能。

图 4-209 绿笔芯前参数设置

图 4-210 效果图

图 4-211 笔芯后材质设置

图 4-212 笔芯后效果

1）分别选择场景中所示透明对象和主光源，单击鼠标右键并选择"对象属性"选项，在"对象属性"的选项卡中勾选"生成焦散"选项，如图 4-213 所示。

2）按下〈F10〉键，打开"渲染设置"对话框，在"全局照明"选项卡中启用焦散功能，并将焦散的"倍增"设置为 500，将"每个灯光的平均焦散光子"数量设置为 100000，如图 4-214 所示，渲染效果如图 4-215 所示。

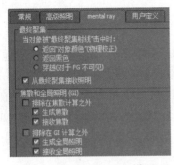

图 4-213 mental ray 设置

图 4-214 全局照明设置

图 4-215 效果图

项目实训

实训目的：通过本实训使学生进一步掌握三维物体的建模、材质与贴图用三维动画的制作。

实训1　指环动画

在影视广告片头中，金属效果是最受青睐的材质之一。小到文字、标志，大到虚拟演播室的场景等，都可以用金黄色、不锈钢金属材质来表现。具体操作步骤如下。

1. 指环的制作

1）在顶视图中创建一个长为280，宽为380，取名为"红色板"的平面，如图4-216所示。

2）单击"创建"，在顶视图中创建一个圆管物体，取名"指环"，"半径1"为25，"半径2"为22.5，"高度"为7.8，"高度分段"为2，"边数"为47，如图4-217所示。

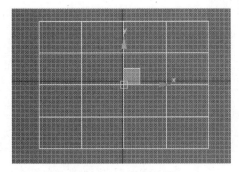 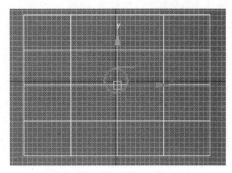

图4-216　创建平面　　　　　　　　图4-217　创建圆管物体

3）选择"指环"圆管物体，单击"修改"选项卡进入修改面板，在修改器列表中选择"网格平滑"命令，"迭代次数"为2，如图4-218所示。

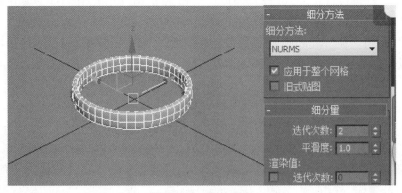

图4-218　网格平滑

4）建立摄像机。单击"创建"→"摄像机"→"目标"，在顶视图中创建一个摄像机，如图4-219所示。选择摄像机，单击"修改"选项卡，进入"修改"面板，在摄像机参数卷展栏中设置"视野"为45。

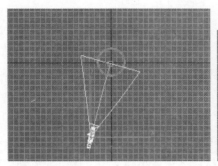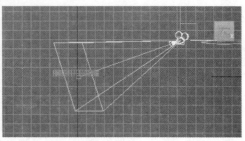

图 4-219　创建目标摄像机（顶部视图和左视图）

5）选择透视窗口，按〈C〉键，将透视窗口转换为 Camera01。再次按〈Shift + F〉组合键，打开摄像机安全框，如图 4-220 所示。

6）创建灯光，单击"创建"→"灯光"→"泛光灯"，在顶视图中创建一盏泛光灯，顶部视图如图 4-221 所示，左视图如图 4-222 所示。

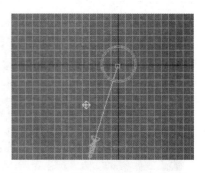

图 4-220　摄像机安全框　　　　　图 4-221　创建泛光灯（顶部视图）

7）选择泛光灯，勾选阴影"启用"复选框，设置灯光颜色为白色，如图 4-223 所示。

8）在工具栏中单击"材质编辑器"按钮，打开"材质编辑器"对话框，选择第一个空白球，取名为"红色板材质"，设置"漫反射" RGB 值为（150，0，0），展开贴图卷展栏，单击"反射"右边的"无"按钮，打开"材质/贴图浏览器"对话框，选择"光线跟踪"，单击"确定"按钮。在"光线跟踪器参数"中选择"反射"单选按钮，如图 4-224 所示。"反射"数量设置为 4，如图 4-225 所示。

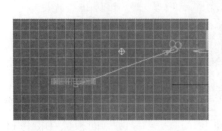

图 4-222　创建泛光灯（左视图）　　图 4-223　泛光灯参数设置　　图 4-224　光线跟踪参数

9）选择"红色板"物体，单击"将材质指定给选定对象"按钮，将"红色板材质"指定给所选物体。

10）在材质编辑器中选择第二个空白球，取名"金属材质"，明暗器基本参数设置为Strauss（金属加强），"颜色"RGB值为（255，144，0），"光泽度"为80，"金属度"为40，如图4-226所示。

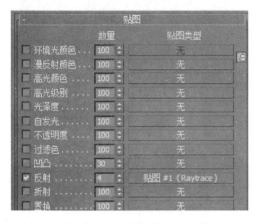

图4-225 "反射"数量的设置

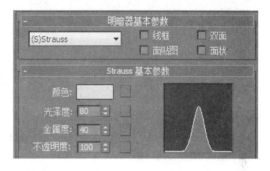

图4-226 明暗器参数设置

11）展开贴图卷展栏，单击"反射"后面的"无"按钮，打开"材质/贴图浏览器"对话框，选择"混合"，单击"确定"按钮，如图4-227所示。

12）单击"颜色#1"后面的"无"按钮，打开"材质/贴图浏览器"对话框，双击"位图"选项，打开"选择位图图像文件"对话框，选择"PICTURE. JPG"文件，单击"打开"按钮。在"坐标"界面中设置"偏移U"为0.56，"模糊偏移"为0.02，如图4-228所示。

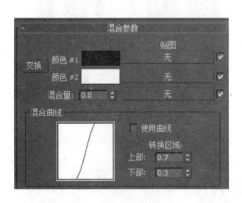

图4-227 混合参数

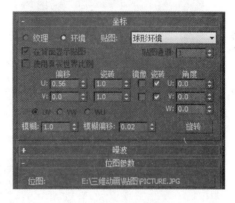

图4-228 坐标的设置

13）单击"转到父对象"按钮，返回"混合参数"对话框，单击"颜色#2"后面的"无"按钮，打开"材质/贴图浏览器"对话框，双击"光线跟踪"选项，打开"光线跟踪器参数"对话框，在"跟踪模式"中选择"反射"，如图4-229所示。

14）单击"转到父对象"按钮，返回"混合参数"对话框，单击"混合量"后面的"无"按钮，打开"材质/贴图浏览器"对话框，双击"光线跟踪"选项，打开"光线跟踪器参数"对话框，在"跟踪模式"中选择反射。

15）单击"转到父对象"按钮，返回"混合参数"对话框，如图4-230所示。选择"指环"物体，单击"将材质指定给选定对象"按钮，将"金属材质"指定给所选物体。选择摄像机视图，单击"渲染产品"按钮，效果如图4-231所示。

图4-229　光线跟踪参数设置

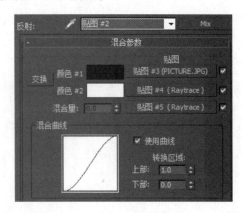

图4-230　混合参数

2. 指环动画的制作

1）选择指环，在工具栏上单击"曲线编辑器"，打开"轨迹视图-曲线编辑器"对话框，选择"Y轴旋转"，单击"添加关键点" 按钮，在曲线的60和90帧处添加两个关键点，选择"移动关键点" 按钮，拖动60帧的关键点位置为-90°，效果如图4-232所示。曲线如图4-233所示。

图4-231　指环效果

图4-232　旋转效果

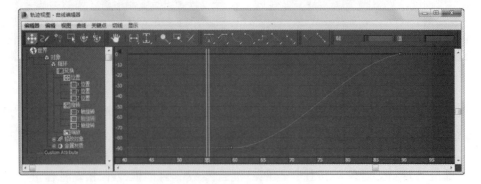

图4-233　Y轴旋转曲线

2）选择"Z位置"，单击"添加关键点" 按钮，在曲线的60、67、77和90帧处添加4个关键点，选择"移动关键点" 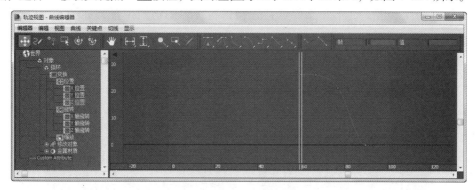 按钮，其对应值为 26、25.7、21 和 0，如图 4-234 所示。

图 4-234　Z 位置曲线

3）选择"X 轴旋转"，单击"添加关键点"  按钮，在曲线的 0 和 90 帧处添加 2 个关键点，选择"移动关键点" 按钮，拖动 0 帧的值为 -720°，如图 4-235 所示。

图 4-235　X 旋转曲线

4）关闭"轨迹视图 - 曲线编辑器"对话框，选择指环，单击"自动关键点"按钮，移动播放指针，在前视图调节指环的 Y 位置，使指环始终保持在地面的上方，如图 4-236 所示，单击"自动关键点"按钮。

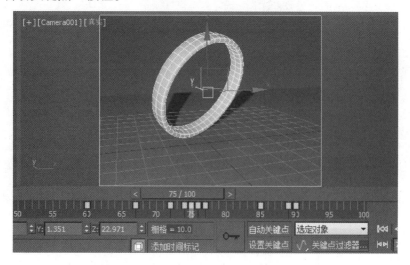

图 4-236　Y 位置关键点

5）选择摄像机的目标点，单击"自动关键点"按钮，移动播放指针，在左视图中调节摄像机目标点的 Y 位置，使指环始终保持在摄像机屏幕的适当位置，如图 4-237 所示，单击"自动关键点"按钮。

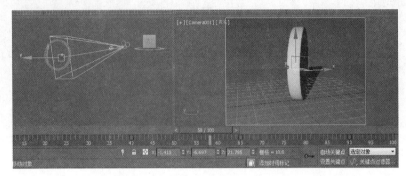

图 4-237　摄像机目标点 Y 位置关键点

3. 立体文字制作

1）单击"创建"→"图形"→"文本"，在"参数"卷展栏的文本框中输入"金指环"，设置字体为汉仪综艺简体，大小为 15，单击前视图，如图 4-238 所示。

2）单击"修改"→"修改器列表"右侧的小三角形，选择"倒角"，设置倒角值如图 4-239所示。

3）在工具栏中单击"材质编辑器"按钮，打开"材质编辑器"对话框，将第二个球的材质拖到第三个空白球中，命名为"金属材质 1"，选择"金指环"文字，单击"将材质指定给选择对象"按钮，如图 4-240 所示，文字效果如图 4-241 所示。

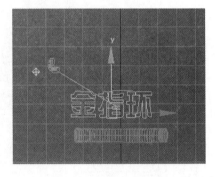

图 4-238　金指环文字

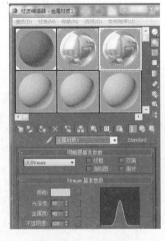

图 4-239　倒角值设置　　　　图 4-240　材质设置　　　　图 4-241　文字效果

4）选择"金指环"文字，将播放指针放到 90 帧处，单击"自动关键点"按钮，将播放指针移动到 0 帧处，"金指环"文字移动到摄像机后面，如图 4-242 所示。

5）将播放指针移到到 55 帧，调节文字的位置，如图 4-243 所示。

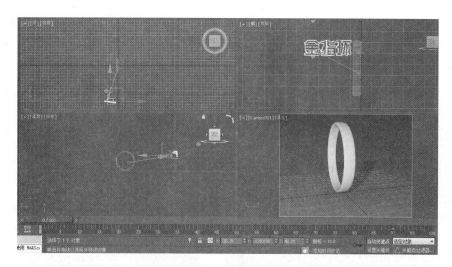

图 4-242　0 帧文字位置

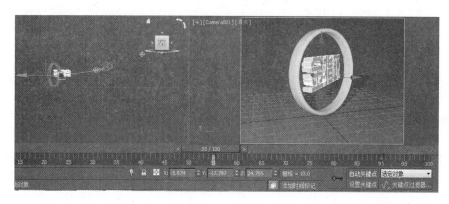

图 4-243　55 帧文字位置

6）在 55～90 帧之间再添加一些关键点，如 65、68、73 和 83 帧，调节文字的位置，使文字穿过金指环而产生碰撞，如图 4-244 所示。

图 4-244　55～90 帧之间的关键帧

7）单击工具栏的"渲染设置" 按钮，打开"渲染设置"对话框，在"时间输出"中选择"范围"单选按钮，如图 4-245 所示。

8）单击"渲染输出"的"文件"按钮，打开"渲染输出文件"对话框，"保存类型"为 AVI 文件，"文件名"为"金指环 1"，如图 4-246 所示，单击"保存"→"渲染"按钮，开始渲染。

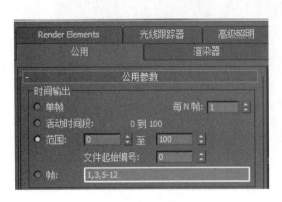

图 4-245　渲染设置

图 4-246　渲染输出文件

实训 2　散落的麻将

通过制作散落的麻将，学习 3ds Max 的 MassFX 动力学模拟麻将散落效果，"多维/子对象"材质应用及硬塑料材质的调节。具体操作步骤如下。

1. 麻将模型的制作

（1）初始场景

在前视图创建一个"长度"为 80，"宽度"为 120，"高度"为 40 ，"圆角"为 4，"长度分段""宽度分段""高度分段"和"圆角分段"都为 4 的切角长方体，其名称为"麻将"，如图 4-247 所示。

（2）配置 ID

在前视图中右击麻将，从弹出的快捷菜单中选择"转换为"→"转换为可编辑多边形"选项，选择可编辑多边形的"多边形"子层级，在场景中选择麻将的正面，然后在"多边形：材质 ID"卷展栏的"设置 ID"文本框中输入数字 1，再按下键盘上的回车键，这样就将麻将正面的材质 ID 号设置为 1 了，如图 4-248 所示。

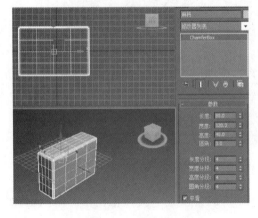

图 4-247　麻将模型

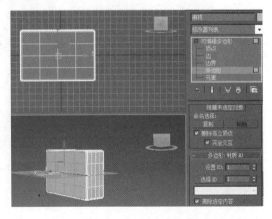

图 4-248　设置 ID 为 1

使用同样的方法选择麻将的侧面多边形，将其 ID 号设置为 2，再选择麻将后面的多边形，将其 ID 号设置为 3，如图 4-249 所示。

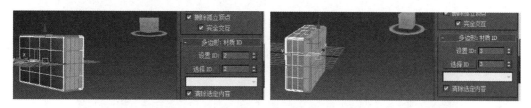

图 4-249　设置 ID 为 2 和 3

（3）测试 ID

第一种是在"多边形：材质 ID"的选择文本框中输入已经设置好的 ID 号然后单击"选择 ID"按钮，观察场景选择的多边形是否正确；第 2 种方法是打开"材质编辑器"，将模型的材质类型设置为"多维/子对象"材质，设置材质数量为 3，分别将 3 个子材质的颜色改为白色、蓝色和黄色，然后在场景中观察，3 种颜色是否对应正确的多边形面，如图 4-250 所示。

（4）创建桌面

在麻将模型的下面创建一个长方体作为场景的桌面，桌面的长度和宽度尽量大些，这样在进行动力学模拟时能够将麻将散落在桌面上，如图 4-251 所示，另外，桌面一定要用长方体而不要用平面，因为动力学解算时会将平面误认为凹面体导致模拟出错。

图 4-250　测试 ID 是否正确

图 4-251　创建一个长方体

（5）复制麻将

选择麻将模型，执行菜单命令"工具"→"阵列"，打开"阵列"对话框，按下"预览"按钮，能够实时地看到阵列复制效果，将"增量"参数组中的 X 移动值设置为 140，在"阵列维度"参数组中点选"2D"模式，在数量中输入 8，然后将"增量行偏移值"的 Y 设置为 100，如图 4-252 所示，单击"确定"按钮。

（6）摆放位置

选择场景中的所有麻将模型，使用"移动"和"旋转"工具将它们斜放在桌面模型的上方，如图 4-253 所示。

（7）创建刚体

在工具栏的空白处单击鼠标右键，从弹出的下拉菜单中选择"MassFX 工具栏"选项，选择场景中的所有的麻将模型，单击 MassFX 工具栏的█按钮，从弹出的下拉列表中选择

图 4-252　阵列

"将选定项设置为动力学刚体",如图 4-254 所示;选择场景中的桌面,单击 MassFX 工具栏的■按钮,从弹出的下拉列表中选择"将选定项设置为静态刚体"。

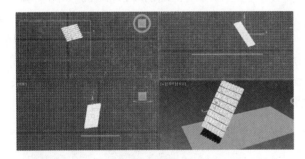

图 4-253　移动旋转

图 4-254　设置刚体

（8）动力学模拟

在 MassFX 工具栏中单击■（开始模拟）按钮,此时麻将模型就会从空中坠落下来,先后砸到桌面上,当麻将在桌面散开后,再次单击■按钮停止模拟。

（9）烘焙模拟效果

在 MassFX 工具栏中单击■按钮并下拉,从弹出的下拉列表中选择"模拟工具"选项,打开"MassFX 工具"对话框,选择场景中的所有模型,单击"烘焙选定项"按钮,记录动画关键帧,如图 4-255 所示。

烘焙完成后选择所有麻将模型,将时间滑块移动到最后一帧。选择并删除所有关键帧点,这样场景中的麻将就保持了最后一帧的状态,如图 4-256 所示。

（10）调整视图和材质

调整透视图,使其出现一个比较合理的构图,然后打开材质编辑器,选择一个空材质球,取名为"桌面",并将其赋予场景中的桌面对象,麻将场景的前期准备工作就完成了,如图 4-257所示。

图 4-255　烘焙选定项

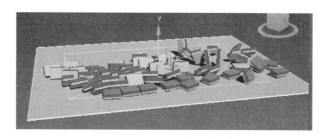

图 4-256　最后一帧的状态

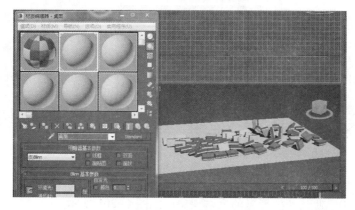

图 4-257　赋予桌面对象

2. 材质和灯光调节

（1）制作麻将正面材质

1）打开材质编辑器，单击 ID 号为 1 的子材质按钮，将它命名为"麻将正面"，将"高光级别"设置为 120，"光泽度"为 70。

2）展开"贴图"卷展栏，在"漫反射颜色"通道中贴入一张素材中的麻将位图文件，其名称为"西风–色彩.jpg"，在"凹凸"通道中也贴入一张黑白图，名称为"西风–凹凸.jpg"。为增加凹凸感，可将凹凸通道的"数量"提高到 100。

3）在"贴图"卷展栏中，再为"反射"通道贴入"光线跟踪"贴图，并将"反射"通道的数量值设置为 5，使其产生轻微的反射现象，如图 4-258 所示，效果如图 4-259 所示。

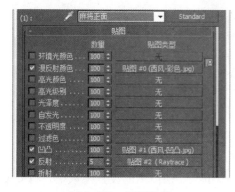

图 4-258　贴图设置

图 4-259　正面效果

（2）制作麻将侧面材质

1）在材质编辑器中单击"转到父对象"按钮，返回"麻将"材质的主层级，单击 ID

号为 2 的子材质按钮，进入材质 2 的设置，并将它命名为"麻将侧面"。

2）将"高光级别"设置为 120，"光泽度"为 70。展开"贴图"卷展栏，在"漫反射颜色"通道中贴入一张素材中的麻将位图文件，其名称为"西风 – 色彩 . jpg"，在位图的参数设置中，勾选"裁剪/放置"参数组中的"应用"选项，单击"查看图像"按钮，从弹出的窗口中将图案的范围裁剪为没有文字的部分，如图 4-260 所示，这样在麻将的侧面就不会出现文字图案了。

  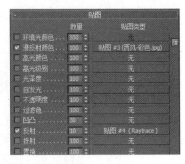

图 4-260　裁剪　　　　　　　　　　　　　　　　图 4-261　侧面贴图

3）在"贴图"卷展栏中，为"反射"通道贴入"光线跟踪"贴图，并将"反射"通道的数量设置为 10，使其产生轻微的反射现象，如图 4-261 所示。

（3）制作麻将背面材质

1）在材质编辑器中单击"转到父对象"按钮，返回"麻将"材质的主层级，单击 ID 号为 2 的子材质按钮，进入材质 3 的设置，并将它命名为"麻将背面"。

2）将"麻将背面"材质的"漫反射"颜色调节为绿色，RGB 值为（0，119，53）。提高反射调光参数，将"高光级别"设置为 120，"光泽度"为 70。

3）在"贴图"卷展栏中，为"反射"通道贴入"光线跟踪"贴图，并将"反射"通道的数量设置为 10，使其产生轻微的反射现象，如图 4-262 所示，效果如图 4-263 所示。

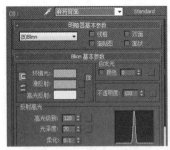 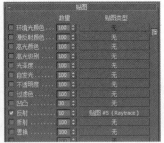 

图 4-262　背面贴图设置　　　　　　　　　　　　图 4-263　贴图效果

（4）制作桌面材质

在"材质编辑器"中选中名称为"桌面"的材质球，在它的"漫反射"通道中贴入一张素材中的桌布文件，其名称为"925018 – 04-embed. jpg"。在位图的设置参数中，将 U 和 V 向的"瓷砖"值均设置为 3，如图 4-264 所示，效果如图 4-265 所示。

（5）创建天光

1）在创建面板中按下"灯光"按钮，然后在灯光类型列表中选择"标准"类型，按下

"天光"按钮,在场景视图中单击创建一盏天光。

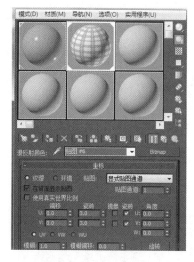

图 4-264 贴图设置

图 4-265 贴图后的效果

2)天光必须配合"光线跟踪"才能发挥正常的照明作用,执行菜单命令"渲染"→"渲染设置",打开"渲染设置"对话框,单击"高级照明"选项卡,单击"无照明插件"右边的小三角形,从弹出的下拉菜单中选择"光线跟踪",并将"光线/采样数"的值降低到 90,如图 4-266 所示。

(6)使用泛光灯创建高光

1)天光可以为场景提供均匀的照明和柔和的阴影,但是不会产生高光现象,要在麻将的棱角处产生高光,必须单独指定灯光,在灯光的创建面板中按下"泛光灯"按钮,然后在"高级效果"卷展栏中取消勾选"漫反射"选项,使该灯光不发挥照明作用,只产生高光反射,设置完后在视图中单击创建一盏泛光灯。

2)选择刚才创建的泛光灯对象,在工具栏中按下"对齐"按钮不放,从弹出的一系列按钮中选择 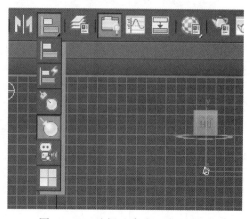 "高光对齐",如图 4-267 所示。接着在透视视图中按住鼠标不放并移动,此时就能观察到该灯光产生的高光会随着鼠标的移动而移动,当出现较为满意的高光效果时在透视图中单击鼠标进行确认,如图 4-268 所示。

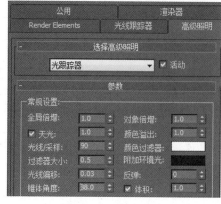

图 4-266 光线/采样

图 4-267 选择"高光对齐"按钮

（7）输出设置

执行菜单命令"渲染"→"渲染设置"，打开"渲染设置"对话框，在"公用参数"选项卡中设置图像的输出尺寸为2000×1124，在"光线跟踪器"选项卡中启用全局光照抗锯齿选项，在"高级照明"中提高"光线/采样数"的值为250，如图4-269所示，这样就可以单击"渲染"按钮，进行最后的图像渲染了，效果如图4-270所示。

图4-268　效果

a)

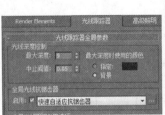

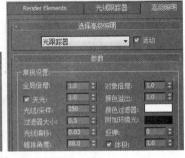
b)

图4-269
a）渲染　b）渲染设置

图4-270　最终效果

项目小结

完成这个项目得到什么结论？有什么体会？完成项目评价表，见表4-1。

表4-1　综合实训项目

项目	内容	评价标准	得分	结论	体会
1	指环动画	5			
2	散落的麻将	5			
	总评				

拓展练习

题目：制作一个新闻片头。

规格：屏幕比例为 800×600 像素，时间为 8 s。

要求：制作一个立体标志，放在屏幕的左上角，一个地球在屏幕中间旋转，金黄色的立体文字"重电电视台"从屏幕内飞出，金黄色的立体文字"新闻报道"从屏幕外飞入，停留 3 s。

习题

（1）3ds Max 2014 提供了 11 种二维基本样条线，它们是_____、_____、_____、_____、_____、_____、_____、_____、_____、_____和_____。

（2）3ds Max 2014 中有 10 种简单的标准基本体，它们是_____、_____、_____、_____、_____、_____、_____、_____、_____和_____。

（3）"编辑样条线"修改器包括_____、_____和_____ 3 个层级。

（4）二维图形布尔运算有 3 种情况，分别是_____、_____和_____。

（5）对放样后的物体进行"变形"有 5 种方法，分别是_____、_____、_____、_____和_____。

（6）布尔对象的运算方式有 5 种，分别是_____、_____、_____、_____和_____。

（7）在"连接"复合对象的"选取操作对象"卷展栏中，"选取操作对象"按钮的下面有 4 个单选按钮，分别为_____、_____、_____和_____，代表"连接"对象的 4 种连接方式。

（8）3ds Max 2014 中高级建模方式有 4 种，分别是_____、_____、_____和_____。

（9）"编辑网格"修改器是三维造型最基本的编辑修改器，分别为_____、_____、_____、_____和_____ 5 个层级。

（10）材质编辑器可分为_____、_____和_____ 3 个部分。

（11）在 3ds Max 2014 中，材质编辑器的作用就是表示对象是由什么材料组成的，而对象表面的质感是通过不同的阴影来表现的。3ds Max 2014 中材质由 8 种阴影模式组成，分别是_____、_____、_____、_____、_____、_____、_____和_____。

（12）在 3ds Max 2014 灯光面板的下拉列表中，有_____和_____两种灯光类型。

（13）轨迹视图有_____和_____两种不同的模式。

（14）动画控制器按参数类型分类可分为_____和_____两种类型。

项目 5　多媒体课件的制作

技能目标及知识目标

能使用 Authorware 的各种功能，实现动画制作、交互响应、流程控制、框架与导航等多媒体课件制作。

掌握 Authorware 各种动画的制作。

掌握 11 种交互响应的制作，了解交互响应使用的场合。

掌握流程控制的使用，了解流程控制使用的场合。

掌握框架与导航的使用，了解框架与导航的使用场合。

在多媒体课件制作中，有很多文字动画、物体动画，它们交互响应；框架与导航效果出现在多媒体课件上，使多媒体课件的出现形式多种多样，画面不再呆板，对受众来说更容易接受。

一个多媒体平台，应该能够读取其他所有开发工具制作出的成果，并且程序流程是可视的，可直接在屏幕上编辑文字、图像、动画和声音等媒体。Authorware 的出现，使得许多非专业人士都可以创作交互式多媒体软件。下面将多媒体课件制作分成几个任务来处理，第一个任务是动画制作，第二个任务是交互响应，第三个任务是流程控制，第四个任务是框架与导航，第五个任务是完成两个项目实训。

任务 5.1　动画制作

问题的情景及实现

多媒体程序最大的特征就是以动态的效果来吸引人的注意力，丰富多彩的动画设计往往比静态文字和图片更具有魅力。本任务主要完成如何使用 Authorware 自带的动画来快速制作动画。

5.1.1　指向固定点的动画

指向固定点的动画是 Authorware 7.0 动画中最简单的一种，即两点之间的动画。请看下面的例子，程序运行结果为一只蝴蝶从屏幕右侧飞向屏幕左侧。

1）首先拖动两个显示图标到主流程线上，分别存储背景和蝴蝶，然后拖动一个移动图标到主流程线上，实现蝴蝶的移动，设计好的流程线如图 5-1 所示。

2）双击"背景"图标，打开演示窗口，插入一幅风景图片，然后按〈Ctrl + W〉组合键返回流程线。

3）双击"蝴蝶"图标，插入一幅蝴蝶图片，设置图片绘图模式，在混合模式对话框中选择"透明模式"，则蝴蝶的白色区域消失。如图 5-2 所示。

图 5-1　流程线

图 5-2　演示窗口

4）返回流程线后，双击"移动"图标弹出"属性：移动图标"对话框，系统默认动画类型为"指向固定点"。在"定时"文本框中输入"5"，表示整个飞行过程需要 5 s。"目标"文本框中显示对象的二维坐标值，此坐标值是移动对象的初始位置。此时，用鼠标拖动蝴蝶到屏幕的左侧，可以发现"目标"文本框中的坐标随之变化为当前坐标值。当然也可以直接在 X 和 Y 的文本框中输入确定的坐标值。如图 5-3 所示。

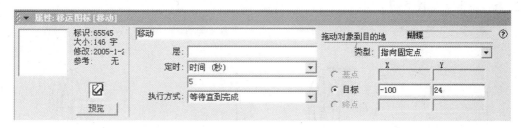

图 5-3　指向固定点的属性设置

5）返回主流程线后，单击工具栏上的"运行"按钮，程序开始运行。程序运行结束后，按〈Ctrl + Q〉组合键退出运行窗口，或者在运行窗口中单击"文件"→"退出"命令退出。

5.1.2　指向固定直线上某点的动画

指向固定直线上某点的动画是将对象从当前位置移动到一条直线上的通过计算得到的位置。这种类型的动画需要指定对象移动的起点和终点，以及计算对象移动终点所依赖的直线。对象移动的起点就是该对象在演示窗口中的初始位置，终点是指对象在给定直线上的位置。这种类型的移动对象可以利用变量或表达式控制直线路径上的对象和位置。

用下面的例子来说明点到直线动画是如何设计的。在屏幕的左侧画一个箭头，屏幕的右侧制作一个靶子。程序的流程线设置如图 5-4 所示。

下面是制作该动画的过程。

1）在流程线上双击"箭头"图标，打开演示窗口，在其中利用画线工具制作一个箭头。

2）在流程线上双击"靶子"图标，打开演示窗口，在其中利用圆工具及画线工具制作一个靶子。运行程序，如图5-5所示。

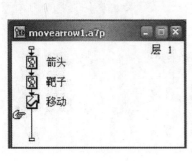

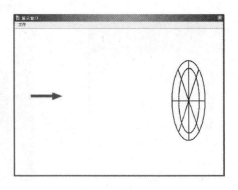

图5-4　流程线　　　　　　　　　　　　　图5-5　演示窗口

　　3）双击"移动"图标，在打开的"属性：移运图标"对话框中选择动画类型为"指向固定直线上的某点"，将箭头拖放到靶子的上方，在"起点"单选按钮后的X文本框中输入"0"，如图5-6所示。

　　4）选择"终点"单选按钮，在X文本框中输入终点值"100"。此时，可以看到在箭头的起点和终点位置之间产生一条直线。这条直线为箭头运动的范围，箭头所到的终点只能在这条直线上。如图5-7所示。

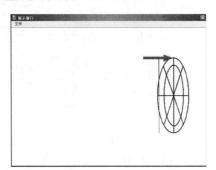

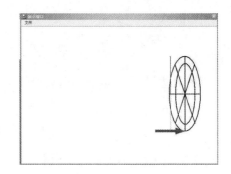

图5-6　起点位置　　　　　　　　　　　　图5-7　终点位置

　　5）选择"目标"单选按钮，在其文本框中输入"Random（0，100，1）"，其作用是随机决定箭头移动的终点在直线上的位置。如图5-8所示。

图5-8　指向固定直线上的某点属性的设置

5.1.3　指向固定区域内某点的动画

　　指向固定区域内某点的动画的制作过程同指向固定直线上某点的动画方式的制作过程十

228

分相似。二者的不同之处仅在于：指向固定区域某点的动画需要设置目标区域，而指向固定直线上某点的动画需要设置目标直线。下面通过使用一个实例来讲解此类动画是如何设计的。

具体的制作过程如下。

1）首先创建流程线如图 5-9 所示。

2）双击"台球"显示图标，打开演示窗口，在其中利用圆工具制作一个台球。

3）双击"球台"显示图标，打开演示窗口，在其中利用圆工具及画线工具制作一个球台。如图 5-10 所示。

图 5-9　流程线

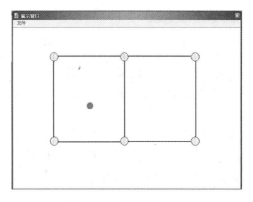

图 5-10　演示窗口

4）双击"射门"移动图标，打开"属性：移动图标"对话框，在"定时"文本框中中输入 0.5。在"类型"下拉列表中选择动画类型"指向固定区域内的某点"。

5）选择"基点"单选按钮，把台球拖放到球台的左上角，设置好基点。

6）选择"终点"单选按钮，在其 X 和 Y 文本框中分别输入 3 和 2，把台球拖放到球台的右下方。此时屏幕上显示出一个矩形框，此框即为台球移动的范围。

7）选择"目标"单选按钮，在其 X 和 Y 文本框中分别输入 Random(1,3,1) 和 Random(1,2,1)，如图 5-11 所示。单击运行按钮，程序开始运行，台球移动的范围始终为点到指定区域的动画。

图 5-11　指向固定区域内的某点属性的设置

5.1.4　指向固定路径终点的动画

指向固定路径终点的动画指移动对象沿着任意设计的运动路线移动到终点。下面通过一个具体的实例来说明制作方法，具体的内容是制作一个小球弹跳过程的动画。

1）根据提出的动画要求，创建图 5-12 所示的流程线。

2）双击"小球"图标，打开演示窗口，利用绘图工具箱绘制一个小球。

3）双击"跳动"移动图标，选择"类型"下拉列表中的"指向固定路径的终点"选项，输入运动时间为2。如图5-13所示。

图5-12　流程线　　　　　　　　图5-13　指向固定路径的终点属性的设置

4）选择小球，此时光标下方出现一个三角形标志。用鼠标把小球拖放到合适的位置，松开鼠标便产生了另一个三角形标志，用同样的方法产生其他节点。这些节点连接起来形成了运动路径。

5）双击路径上某个三角形标志，三角形标志会变成圆形标志，此时直线就会变为圆弧。三角形标志代表该点两侧是用直线相连，圆形标志代表该点两侧是曲线圆滑过渡。设置效果如图5-14所示。设置完成后将此文件保存为 ball. a7p，然后就可以运行这个动画了。

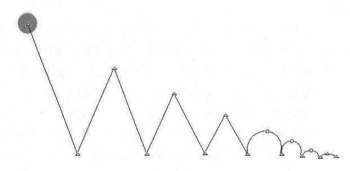

图5-14　指向固定路径的终点的动画效果

5.1.5　指向固定路径上任意点的动画

指向固定路径上任意点的动画的设置与指向固定路径终点的动画相似，区别在于，指向固定路径上任意点的动画可以选择路径上的任意一点作为动画的目标点，而指向固定路径终点的动画则是被移动的对象只能沿路径一次到达终点。

现在引用 ball. a7p 这个例子，对其进行相应的修改来制作投篮命中的精彩时刻。

1）从硬盘中调出文件 ball. a7p，将它保存为 ball1. a7p。然后拖放一个计算图标到"小球"和"跳动"之间，将其命名为"停止"。如图5-15所示。然后双击此图标，在打开的编辑框中输入 $x := 70$，关闭此对话框时，提示设定 x 变量的初始值，设定为0，选择"确定"按钮保存设置。如图5-16所示。

图5-15　流程图

图5-16　计算图标编辑框

2）双击"跳动"移动图标，设置动画类型为"指向固定路径上的任意点"，然后在"目标"文本框中输入新变量 x。如图5-17所示。

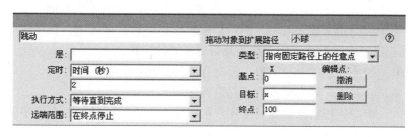

图5-17　指向固定路径上的任意点属性的设置

3）单击"运行"按钮运行程序，也可按〈Ctrl+R〉组合键运行程序，小球在路径上 x=70的位置处停止。

任务5.2　交互响应

问题的情景及实现

多媒体是将图、文、声、像等各种媒体表达方式有机地结合到一起，并具有良好交互性的计算机技术。所以，多媒体作品的一个重要特点就是交互性，也就是说程序能够在用户的控制下运行，其目的是使计算机与用户进行沟通，能够互相对对方的指示做出反应，从而使计算机程序在用户可理解、可控制的情况下顺利进行。本任务主要完成利用 Authorware 制作交互图标，为创作人员提供多种交互响应的方式。

1. 交互响应类型

拖动一个交互图标到流程线上，再拖动一个显示图标在其右侧，就会出现图5-18所示的11种响应类型对话窗口。未命名的交互设计窗口如图5-19所示。

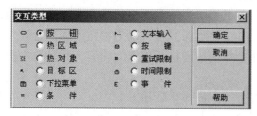

图5-18　交互类型

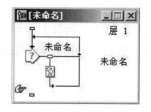

图5-19　交互设计窗口

"按钮"响应：可以在显示窗口创建按钮，并且用此按钮可以与计算机进行交互，按钮的大小和位置以及名称都是可以改变的，并且还可以加上伴音。Authorware 提供了一些标准按钮，供用户任意选用。用户还可以自己设计和选取其他按钮。在程序执行过程中，读者单击按钮，计算机就会根据用户的指令，沿指定的流程线（响应分支）执行；常在课件中用来做选择按钮、退出按钮等。

"热区域"响应：可以在演示窗口创建一个不可见的矩形区域，可以在这个区域内单击、双击或者把鼠标指针放在区域内，程序就会沿该响应分支的流程线执行。区域的大小和位置是可以根据需要在演示窗口中任意调整的。

"热对象"响应：与"热区域"响应不同，该响应的对象是一个实实在在的对象，对象可以是任意形状的，这两种响应互为补充，大大提高了 Authorware 交互的可靠性、准确性。

"目标区"响应：用来移动对象，当用户把对象移动到目标区域，程序就沿着指定的流程线执行。用户需要确定要移动的对象及其目标区域的位置。

"下拉菜单"响应：创建下拉菜单，控制程序的流向。

"按键"响应：对用户敲击键盘的事件进行响应。

"文本输入"响应：用它来创建一个用户可以输入字符的区域来改变程序的流程。常用于输入密码、回答问题等。

"重试限制"响应：限制用户与当前程序交互的尝试次数，当达到规定次数的交互时，就会执行规定的分支。常用它来制作测试题，即当用户在规定次数内不能回答出正确答案，就退出交互。

"时间限制"响应：当用户在限定的时间内未能实现特定的交互，即按指定的流程执行。常用于限时输入。

"条件"响应：当指定条件满足时，沿着指定的流程线执行。

"事件"响应：用于对触发事件进行响应。

2. 交互结构

交互结构是指交互作用的分支结构，它不仅仅是交互图标，而是由交互图标、分支类型、响应及分支流向组成的，如图 5-20 所示。其中"交互"设计图标是整个交互作用分支结构的入口。在"交互"设计图标中可以直接安排交互界面。

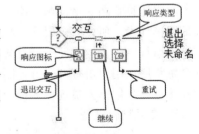

图 5-20　交互结构

5.2.1　按钮响应

在默认情况下，按钮为长方形三维按钮，也有圆形的单选按钮及方形的复选按钮，用户可以设置长方形按钮的弹起、单击和鼠标经过三种状态，还可以为按钮添加声音效果。

本实例将制作按钮响应效果，单击界面上的按钮则打开相应的内容，并且单击按钮时会发出声音。

下面以一个实例来介绍按钮响应的设置方法。操作步骤如下。

1）启动 Authorware，单击工具栏上的 □ 图标，新建一个文件，将其保存为"按钮响应"。

2）执行菜单命令"修改"→"文件"→"属性"，打开"属性：文件"对话框，在"大小"下拉列表中选择"根据变量"，取消"显示标题栏"和"显示菜单栏"复选框的选定状态。

3）拖动一个交互图标到流程线上，命名为"按钮组"，然后在其右侧添加一个群组图标，响应类型为"按钮"，命名为"客机"，如图5-21所示。

4）单击"客机"群组图标上面的响应类型标记🖑，打开"属性：交互图标"对话框，单击"鼠标"右端的 ⬚ 按钮，打开"鼠标指针"对话框，选择手形形状作为鼠标指针形状，如图5-22所示。

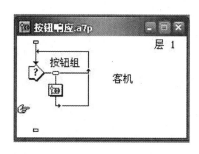

图5-21　流程图

图5-22　鼠标指针

5）单击"确定"按钮，返回到属性设置对话框，单击"按钮…"按钮，打开"按钮"对话框，单击"添加"按钮，打开"按钮编辑"对话框，单击"图案"右端的"导入"按钮，打开"导入哪个文件？"对话框，从中选择一个按钮形状（按钮可在其他软件，如Photo-shop中制作完成），单击"导入"按钮，将其导入到"按钮编辑"对话框，如图5-23所示。

从"按钮编辑"对话框可以看出，按钮状态分为4类共8种。4类分别为"未按"状态、"按下"状态、"在上"状态和"不允"状态；8种是指每一类状态都有其对应的"常规"状态和"选中"状态。在"状态"组合框中以列表的形式显示了这8种状态，单击选中其中某种状态之后，可以在按钮样式预览框中查看按钮在该状态下的外观，也可以对该状态下按钮使用的图像或标题进行编辑。在8种按钮状态中，"未按"状态是按钮的基本状态，其余7种状态可以被设置为与基本状态相同。

6）在"标签"下拉列表中选择"显示卷标"。选中标题文本，执行菜单命令"文本"→"字体"，将标题字体设置为黑体；执行菜单命令"文本"→"大小"将标题字号设置为14磅；执行菜单命令"窗口"→"显示工具盒"→"颜色"打开颜色选择框，将标题文本的颜色设置为白色，调整按钮标题的位置，使其位于按钮图像的中心，如图5-24所示。

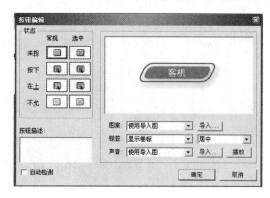

图5-23　按钮编辑

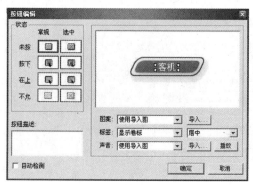

图5-24　编辑标题文本

7）单击"声音"后面的"导入"按钮，打开"导入哪个文件？"对话框，从中选择一个声音文件，单击"导入"按钮，返回到"按钮编辑"对话框。这样，单击按钮时即会发出声音。之后单击"确定"按钮返回到"按钮"对话框，单击"确定"按钮，第一个按钮就设置好了。

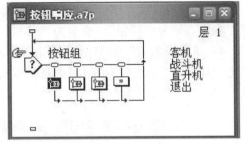

图 5-25　流程图

8）按照上面的方法再拖动两个群组图标和一个计算图标到流程线上，新添加的两个群组图标会沿用第一个群组图标的属性。分别命名为"战斗机""直升机"和"退出"，如图 5-25 所示。

9）双击"客机"群组图标，打开二级流程图窗口，添加一个显示图标，命名为"客机"，双击该图标，打开演示窗口，从中输入客机图片，如图 5-26 所示。

10）用同样的方法分别在"战斗机"和"直升机"群组图标中添加显示图标，并在各自的演示窗口中输入图片。

11）双击计算图标，打开代码窗口，输入下列代码：Quit(0)。

12）设置完成后的流程图如图 5-27 所示。

图 5-26　导入客机图片

图 5-27　最后的流程图

13）在流程线上双击交互 图标，打开演示窗口，在演示窗口中输入文字"单击按钮看飞机"，并调整按钮的位置，如图 5-28 所示。

14）保存文件。单击工具栏上的 按钮可以看到效果，如图 5-29 所示。

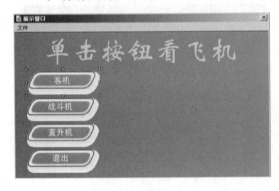

图 5-28　演示窗口

图 5-29　按钮实例效果

5.2.2 热区域响应

热区域是演示窗口中的一个特殊的矩形区域，在该区域中，单击或双击鼠标或将指针指向指定区域就可以进入相应的响应分支，其响应方式与按钮响应类似。

本实例将通过制作热区域响应来实现交互的效果，当用户指向热区域时会出现相应的画面。

其操作步骤如下。

1）启动 Authorware，单击工具栏上的 图标，新建一个文件，将其保存为"热区响应"。

2）执行菜单命令"修改"→"文件"→"属性"，打开"属性：文件"对话框，在"大小"下拉列表中选择"根据变量"，取消"显示菜单栏"复选框的选定状态。

3）在流程线上添加一个声音图标，命名为"背景音乐"，双击该图标，打开"属性：声音图标"设置对话框，单击"导入"按钮，打开"导入哪个文件？"对话框，从中选择一个音乐文件，如图5-30所示。

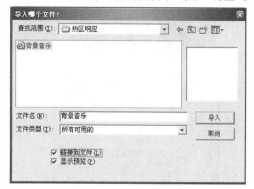

4）单击"导入"按钮，出现导入进度对话框，导入完成后，对话框自动关闭。单击

图5-30 导入背景音乐

"计时"选项卡，在"执行方式"下拉列表中选择"永久"，在"开始"文本框中输入~Sound Playing，以使音乐能循环播放，如图5-31所示。

图5-31 设置音乐文件的属性

5）拖动一个显示图标到"背景音乐"图标下面，命名为"背景"，双击该图标，打开演示窗口，单击工具栏上的 图标，打开"导入哪个文件？"对话框，选择一幅图片文件，单击"导入"按钮，将选择的图片插入到演示窗口中，然后根据插入图片的大小调整演示窗口的大小，以使演示窗口和图片大小吻合，如图5-32所示。

6）在流程线上添加一个交互图标，命名为"控制"，在其右侧添加一个群组图标，响应类型为"热区域"，命名为"阿尔法"，如图5-33所示。

7）单击"阿尔法"群组图标上面的响应类型标记 ，打开属性设置对话框，在"匹配"下拉列表中选择"指针处于指定区域内"，然后单击"鼠标"右侧的按钮，在打开的"鼠标"对话框中选择鼠标指针的形状为手形，如图5-34所示。这样当鼠标指针移到热区域时，就会变成手形。

8）单击"确定"按钮，关闭对话框，属性设置对话框中的其他属性应用默认设置。双击"阿尔法"群组图标,打开二级流程图窗口,添加一个显示图标,命名为"阿尔法",双击该图标,打开演示窗口,导入一幅图片,然后按照图5-35所示输入文字。

图5-32 背景图

图5-33 添加图标

图5-34 设置鼠标形状

图5-35 导入图片并输入文字

9)双击"背景"显示图标,打开演示窗口,单击"阿尔法"群组图标上面的响应类型标记,可发现演示窗口中出现热区域,调整热区域的大小和位置,使其正好位于背景上的第1个按钮上,如图5-36所示。

10)按照上面的方法在"阿尔法"群组图标后面添加5个群组图标,并在各个群组图标上添加一个显示图标,然后设置各个显示图标中的内容。设置好之后的流程图如图5-37所示。返回主流程图窗口,双击"背景"显示图标,打开演示窗口,按住〈Shift〉键,双击"控制"交互图标,切换到演示窗口,使用工具箱中的"A"按钮,输入图5-38所示的文字,字体为"黑体",字号为"12"。

图5-36 调整热区域的大小和位置

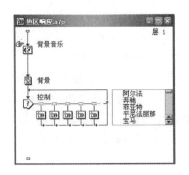

图5-37 添加图标

236

11）保存文件。单击工具栏上的 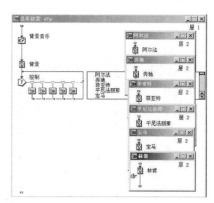 按钮可以看到效果。最后的流程图如图 5-39 所示。

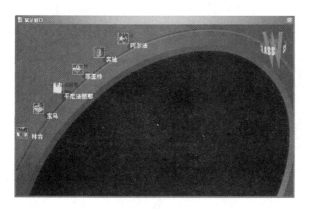

图 5-38　输入文字

图 5-39　最后的流程图

5.2.3　热对象响应

热对象响应与热区域响应基本一样，不过它有两个特点：一是响应区域可以不是矩形区域；二是响应区域并不是固定的，还可以在演示窗口中移动。如果用户想使用任意形状的响应区域来响应操作，必须使用热对象响应。

热对象的响应区域可以是一个不规则的对象，或者是一个 Flash 动画等。当然也可以是用户绘制的其他形状的对象。本实例将通过制作热对象响应来实现交互的效果，当用户指向热对象时会出现相应的文字。操作步骤如下。

1）启动 Authorware，新建一个文件，将其保存为"认识动物.a7p"。

2）在流程线上依次添加 4 个显示图标，分别命名为"狗""老虎""狮子""骆驼"，然后分别在各自的演示窗口中导入图像"狗""老虎""狮子""骆驼"，并放在合适的位置，如图 5-40 所示。

3）在流程线上添加一个交互图标，将其命名为"选择图片"，然后在其右侧依次添加 4 个群组图标，响应类型均设置为"热对象"，将 4 个群组图标分别命名，如图 5-41 所示。

图 5-40　导入图片设置为"透明"模式

图 5-41　热区交互设置

4）双击"狗"群组图标，打开二级流程图窗口，在上面添加一个显示图标，命名为"狗"，双击该图标，打开演示窗口，输入文字"狗"；同样双击"老虎"群组图标，打开二级流程图窗口，在上面添加一个显示图标，命名为"老虎"，双击该图标，打开演示窗口，输入文字"老虎"；"狮子"和"骆驼"群组图标的内容设置与前两种方法相同，如图5-42所示。

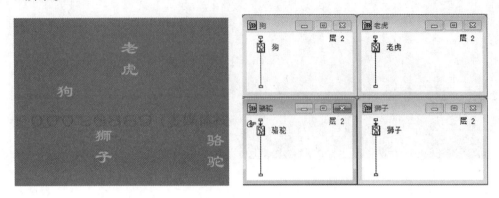

图5-42　层2的显示图标

5）双击"狗"热对象的响应图标，出现"热对象属性"对话框，如图5-43所示。单击演示窗口中的"狗"对象。表示将"热对象"设置为"狗"，"匹配"方式设置为"指针在对象上"，"鼠标"设置为"手形"。另外，响应选项卡中的内容保持不变。

图5-43　热对象属性

6）用步骤5的方法设置"老虎""狮子"和"骆驼"群组图标的热对象响应。

7）保存文件，单击工具栏上的"运行"按钮可以看到效果。

5.2.4　目标区响应

目标区响应类型主要应用于希望将特定对象移动到指定区域的作用场合，使用目标区响应类型，可以制作出非常有趣的游戏，例如拼图、小儿智力开发、看图识字等。

本实例制作一个简单的目标区响应效果。在运行程序时，可以拖动图片到合适的位置，如果正确，则停留在此位置，否则会返回到原来的位置。其操作步骤如下。

1）启动Authorware，单击工具栏上的 □ 图标，新建一个文件，将其保存为"目标区响应"。

2）执行菜单命令"修改"→"文件"→"属性"，打开"属性：文件"对话框，在"大小"下拉列表中选择"根据变量"，取消"显示菜单栏"复选框的选定状态。

3）拖动一个显示图标到流程图上，命名为"背景"，双击打开演示窗口，导入4张图片，绘制几个与相应图片大小适合的图形。并在其中输入提示文字，如图5-44所示。

4）拖动一个群组图标 到流程图的下方，命名为"各图像"，双击群组图标，打开群组图标设计窗口，然后拖动4个显示图标到二级流程线上，分别命名为"1""2""3"和

"4"。其中导入的 4 张图片如图 5-45 所示，每个显示图标中导入一个。可以用复制粘贴的
方法将背景中的四张图片分别粘贴到各显示图标中。

图 5-44   导入图片并绘制图形

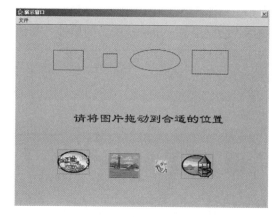

图 5-45   选择目标对象

5）拖动一个交互图标 到流程图的下方，再拖动一个群组图标到其右侧，在"响应类
型"对话框中选择"目标区"单选按钮，然后单击"确定"按钮。

6）将此图标命名为"1 正确"，单击"运行" 按钮，打开"属性：交互图标"对话
框和演示窗口，在演示窗口选择第一张图片作为目标对象，在"放下"下拉列表中选择
"在中心定位"选项，如图 5-46 所示。

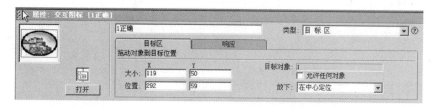

图 5-46   属性：交互图标

7）单击"响应"选项卡，在"状态"下拉列表中选择"正确响应"选项，如图 5-47
所示。在演示窗口中将"1 正确"的目标区放置到正确的位置，如图 5-48 所示。

图 5-47   "响应"选项卡

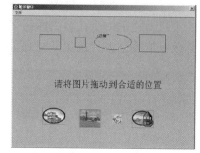

图 5-48   目标区 1

8）再拖动 3 个群组图标到交互图标的最右侧，分别将其改名为"2 正确""3 正确"和
"4 正确"。

9）单击"运行" 按钮，打开"属性：交互图标"对话框和演示窗口，在演示窗口中选择"2 正确"作为响应对象，如图 5-49 所示，并且在演示窗口中修改目标区的位置和大小，如图 5-50 所示，由于已经放置了一个设置好的目标响应图标，所以再向其右侧放置图标，会应用第一个响应图标的属性。其他设置保持默认。用同样的方法设置"3 正确"和"4 正确"两个响应图标的属性设置。

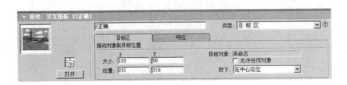

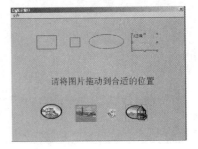

图 5-49 "目标区"选项卡　　　　　　　　　图 5-50 目标区 2

10）再拖动一个群组图标到交互图标的最右侧，命名为"错误"。单击"运行" 按钮，打开"属性：交互图标"对话框和演示窗口，在"目标区"勾选"允许任何对象"复选框，在"放下"下拉列表中选择"返回"，如图 5-51 所示。在演示窗口中将错误响应的目标区放大至整个演示窗口，如图 5-52 所示。单击"响应"选项卡，在"状态"下拉列表中选择"错误响应"选项，如图 5-53 所示。到此为止，程序就基本上制作完成了。为了让用户拖动完所有的图片后可以重新开始，需要进行下面的操作。

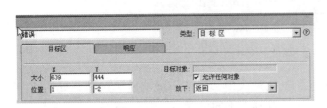

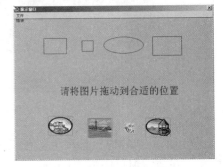

图 5-51 错误"目标区"选项卡　　　　　　　图 5-52 错误目标区

11）拖动一个计算图标到交互图标的最右侧，命名为"重置"，单击响应类型标记 ，修改响应类型为"按钮"。然后按照前面介绍的知识设置它的属性对话框，如图 5-54 所示。

图 5-53 错误"响应"选项卡　　　　　　　图 5-54 属性：交互图标重置

12）双击"重置"响应图标 ，向它的计算窗口中输入 Restart( )语句，使程序从开始位置重新执行。

240

13）单击"保存"按钮将所做的程序保存起来，最后的流程图如图 5-55 所示。单击工具栏中的"运行" 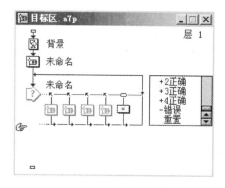 按钮可以运行程序的最终效果。当将图片拖动到非正确的位置时，都会返回原来的位置；当拖放正确时，就会停留在当前位置。

图 5-55　程序设计窗口

5.2.5　下拉菜单响应

下拉菜单是 Windows 操作系统和应用程序中广泛流行的界面形式，它不仅风格统一，而且操作方便、灵活。使用 Authorware 可以很方便地建立 Windows 风格的标准下拉菜单，适用于命令项较多、选择项可以按操作性质分组、能够随时响应的情况。

本实例将制作一个下拉菜单效果，菜单显示在演示窗口内，而且为永久响应类型。执行其中的菜单命令，会打开相应的界面。操作步骤如下。

1）启动 Authorware，单击工具栏上的 图标，新建一个文件，将其保存为"下拉菜单响应"。

2）执行菜单命令"修改"→"文件"→"属性"，打开"属性：文件"对话框，在"大小"下拉列表中选择"根据变量"，保留"显示标题栏"和"显示菜单栏"，如图 5-56 所示。

图 5-56　文件属性

3）拖动一个显示图标 到流程线上，命名为"背景"。双击打开演示窗口，调整窗口大小，导入一幅图片，输入标题文字"单击下拉菜单看航展"，如图 5-57 所示。

4）拖动一个交互图标 到流程线上，命名为"飞机"。再拖动一个显示图标 到交互图标右侧，从出现的对话窗口中选择"下拉菜单"交互类型，并命名这个分支为"飞机一"，如图 5-58 所示。

图 5-57　演示窗口

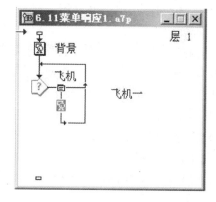

图 5-58　下拉菜单交互响应分支

5）双击显示图标，打开演示窗口，在演示窗口导入一幅飞机图片。此时运行程序，就可以看到在演示窗口菜单栏上出现了"飞机"菜单，其中有一个"飞机一"的菜单项。单击该菜单项，就可以看到飞机图片，如图5-59所示。

6）用同样的方法在交互图标的右侧依次拖入另两个显示图标，分别命名为：飞机二、飞机三，并分别导入相应的飞机图片。

7）拖动一个计算图标 到流程线上，为交互结构添加一个退出交互分支，也采用下拉菜单方式，如图5-60所示。在计算图标内部输入内容为"Quit( )"。

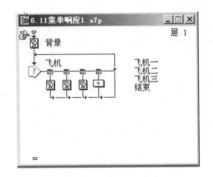

图5-59　飞机菜单　　　　　　　　　　　图5-60　程序设计窗口

8）单击"保存"按钮将所做的程序保存起来，运行程序，演示窗口的题型菜单中包含了4个菜单项，如图5-61所示。单击"结束"菜单项可以结束程序运行。

5.2.6　按键响应

按键响应是 Authorware 提供的另一种交互方式。使用此响应类型可以使用户通过键盘同多媒体程序进行交互，例如通过字母键进行选择或通过方向键进行移动等。

图5-61　飞机菜单的菜单项

按键响应实际上是指用户按键盘上某个键位时，如果能匹配响应，系统会给出响应。

本实例通过按键盘的方向键（上、下、左、右）来控制蝴蝶的飞行方向。下面来介绍其具体制作方法，操作步骤如下。

1）启动 Authorware，单击工具栏上的 图标，新建一个文件，将其保存为"按键响应"。

2）执行菜单命令"修改"→"文件"→"属性"，打开"属性：文件"对话框，在"大小"下拉列表中选择"根据变量"，取消"显示菜单栏"复选框的选定状态。

3）拖动一个显示图标到流程线上，命名为"蝴蝶"。双击打开演示窗口，导入蝴蝶的图片，如图5-62所示。

4）按〈Ctrl + I〉组合键设置图标属性，设置位置为"在屏幕上"，活动为"在屏幕上"，如图5-63所示。

图 5-62　蝴蝶的演示窗口

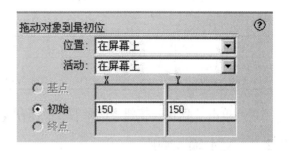

图 5-63　图标属性设置

5）拖入一个移动图标到流程线上，命名为"移动"。单击打开属性对话框，单击蝴蝶图片为移动对象，设置"类型"为"指向固定区域内的某点"，"执行方式"为"永久"，"时间"为0.1，选择"基点"，然后拖动蝴蝶到左上角，即基点的 X、Y 值为(0,0)，选择"终点"的 X、Y 值为(100,100)，拖动蝴蝶到右下角，此时出现了一个矩形框，标明蝴蝶的移动区域。选择"目标"为(x,y)的变量值，如图 5-64 所示。

图 5-64　移动图标对话框

6）拖动一个交互图标到流程线上，命名为"按键响应"。再拖入一个计算图标到交互图标的右侧，出现响应类型对话窗口，从中选中"按键"类型，然后关闭对话窗口，命名为"leftarrow"。

注意："leftarrow"是左方向键的默认名称，必须用这个词，系统才会识别左方向键的按下。

7）双击计算图标，打开计算窗口，输入图 5-65 所示的内容。定义变量 X、Y 的数值递减，并测试若 x 小于 0，就使之为 0，即 x 不能小于 0。"Test"是系统函数，作用是判断条件（括号中逗号前面的表达式）是否成立，若成立就执行后面的表达式，关闭计算窗口。

8）用同样的方法建立其余几个按键响应分支和一个"退出"按钮，如图 5-66 所示。

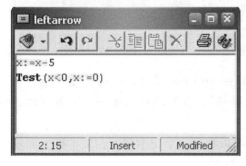

图 5-65　计算机图标内容

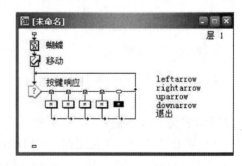

图 5-66　其他按键响应图标

9）各分支的计算图标内容见表5-1。

表5-1　各分支的计算图标内容

leftarrow	rightarrow	uparrow	downarrow	退　　出
x := x − 5 Test(x < 0, x := 0)	x := x + 5 Test(x > 100, x := 100)	y := y − 5 Test(y < 0, y := 0)	y := y + 5 Test(y > 100, y := 100)	Quit(0)

10）单击"保存"按钮将所做的程序保存起来。

5.2.7　文本输入响应

文本输入响应是指建立一个文本输入区，让用户通过输入文本与程序进行交互，控制程序的走向。如果输入的文本与程序设置匹配，则执行响应分支；如果不匹配，则不能发挥相应的功能。

本实例将利用文本输入交互响应，设计一个密码对话框，其效果是接收用户正确的输入，对于错误的输入给予提示，并且要求重新输入。最后的流程如图5-67所示。操作步骤如下。

1）启动Authorware，单击工具栏上的□图标，新建一个文件，将其保存为"密码输入与验证1"。

2）执行菜单命令"修改"→"文件"→"属性"，打开"属性：文件"对话框，在"大小"下拉列表中选择"根据变量"，勾选"显示标题栏"和"显示菜单栏"复选框，背景颜色如图5-68所示。

3）在流程线上添加一个显示图标，命名为"背景"。双击该图标，打开演示窗口，用斜线工具绘制简单图形，并输入提示文字，如图5-69所示。

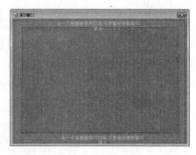

图5-67　最后流程　　　　　　　图5-68　背景颜色　　　　　　　图5-69　背景

4）在背景显示图标属性中设置过渡效果为"Dissolve，Bits"，如图5-70所示。

5）在流程线上添加一个交互图标，命名为"登录"，在其右侧添加一个群组图标，响应类型设置为"文本输入"，命名为"123456"。

6）双击"登录"交互图标，打开演示窗口，可以看到一个文本框，在文本框上面输入提示文字"请输入密码，按〈Enter〉键"，如图5-71所示。

7）双击文本框，打开"属性：交互作用文本字段"对话框，在对话框中设置文本框的属性，如图5-72所示。

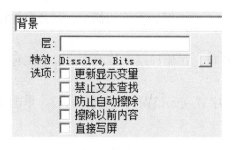

图 5-70　显示图标过渡效果

图 5-71　登录界面

8）返回主流程图窗口，双击"123456"群组图标上面的响应类型标记，打开"属性设置"对话框，如图 5-73 所示。

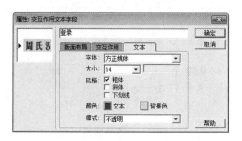

图 5-72　交互作用文本字段属性

图 5-73　文本输入属性

9）打开"响应"选项卡，在"擦除"下拉列表中选择"在下一次输入之后"，在"分支"下拉列表中选择"退出交互"，在"状态"下拉列表中选择"不判断"，如图 5-74 所示。

10）双击"123456"群组图标，打开二级流程图窗口，在流程线上依次添加显示图标、等待图标和擦除图标，按照图 5-75 所示命名。

图 5-74　"响应"选项卡的属性

图 5-75　二级群组图标的内容

11）双击"密码正确"显示图标，打开演示窗口，输入"你已成功登录，请稍等"，设置其字体和字号，如图 5-76 所示。

12）单击等待图标，在打开的属性设置对话框中设置"事件"为单击鼠标，"限时"为 2 s。

13）单击擦除图标，打开属性设置对话框，单击演示窗口中预擦除的对象，即"你已成功登录，请稍等"。

14）在"123456"群组图标右侧添加一个群组图标，命名为"＊"，响应类型为"文本输入"，输入任何错误密码时，都会进入该分支。双击群组图标上面的标记，打开属性设置对话框进行默认设置。

15）双击"＊"群组图标，打开二级流程图窗口，在流程线上依次添加显示图标、等待图标和擦除图标。

16）双击"错误提示"显示图标，输入提示文字"密码错误，请重新输入"，单击等待图标，进行设置，如图5-77所示。

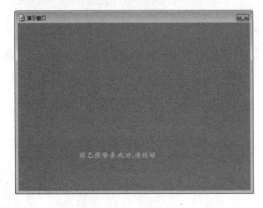

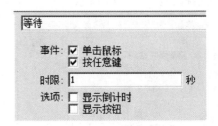

图5-76　演示窗口　　　　　　　　　　　图5-77　＊等待属性

17）双击擦除图标，打开属性设置对话框，单击演示窗口预擦除的对象，即"密码错误，请重新输入"。

18）将"小手"指向流程图的下方，执行菜单命令"插入"→"媒体"→"Flash Movie"，打开"Flash Asset Properties"对话框。在此对话框中单击"Browse"按钮，从打开的"Open Shockwave Flash Movie"对话框中选择"拼图游戏．swf"动画文件，单击"打开"按钮，回到"Flash Asset Properties"对话框，其他选项保持默认设置，单击"OK"按钮。

19）保存文件，单击工具栏上的"运行"按钮可以看到效果。

5.2.8　重试限制响应

重试限制响应预先设定一个最大重试次数，当交互达到最大次数时执行该分支。重试限制交互一般与其他交互配合使用，用于规定其他交互的执行次数，本实例为输入文本响应的密码输入设置，输入密码的最大重试次数为3。

1）单击工具栏上的"打开"按钮，打开"选择文件"对话框，打开文件"密码输入与验证1．a7"。

2）在交互图标的右侧添加一个群组图标，响应类型设置为"重试限制"，将群组图标命名为"限制输入次数"，如图5-78所示。双击群组图标上面的。响应类型标记，打开属性设置对话框，在"最大限制"文本框中输入3，表示密码输入的限制次数为3，如图5-79所示。

图 5-78 添加群组图标

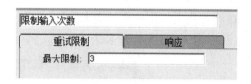

图 5-79 设置重试次数

3）打开"响应"选项卡，在"擦除"下拉列表中选择"在下一次输入之后"，在"分支"下拉列表中选择"退出交互"，在"状态"下拉列表中选择"不判断"，如图 5-80 所示。

4）双击"限制"群组图标，打开二级流程图窗口，依次添加显示、等待、擦除和计算等图标，并为它们重命名，如图 5-81 所示。

5）双击"密码错误"显示图标，打开演示窗口，在窗口中输入"密码错误，不能进入！"，设置文字的字体和字号。双击等待图标，打开属性设置对话框，选定"事件"中的"单击鼠标"和"按任意键"复选框，在"时限"文本框中输入"2"，表示单击鼠标或按键盘任意键，或等待 2 s 后执行下一个图标的内容，如图 5-82 所示。

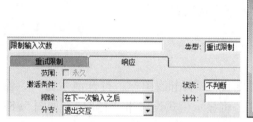

图 5-80 设置响应属性

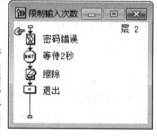

图 5-81 二级流程图

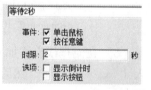

图 5-82 等待的属性设置

6）双击擦除图标，打开属性设置对话框，单击演示窗口中预擦除的对象，即"密码错误，不能进入！"。双击计算图标，打开代码窗口，输入代码：Quit(O)。

7）保存文件，单击工具栏上的"运行"按钮可以看到效果。

5.2.9 限制时间响应

在多媒体应用软件中，通常要限制交互时间。限制时间响应关键是设置时间极限，设置计算时间的起点和时间中断后的计算方法，以及在执行该分支时如何计算时间。

本实例制作计算数学题的效果，程序运行时画面上随机出现一些题目，用户需要在固定的时间之内答题，不回答系统就会跳过这道题。操作步骤如下。

1）启动 Authorware，新建一个文件，将其保存为"数学题.a7p"。

2）执行菜单命令"修改→文件→属性"，打开"属性"对话框，在"尺寸"下拉列表中选择"变量"，取消"标题栏"和"菜单栏"复选框的选定状态。

3）在流程线上添加一个计算图标，命名为"定义变量"，双击该图标，打开代码窗口，输入代码，如图5-83所示。

4）在流程线上添加一个显示图标，命名为"背景"。双击显示图标，在背景上输入文字，如图5-84所示。

5）在流程线上添加一个交互图标，命名为"算术题"，在其右侧添加两个群组图标，响应类型设置为"条件"，命名为TRUE，另一个不命名，如图5-85所示。

图5-83　输入代码

图5-84　显示图标的内容

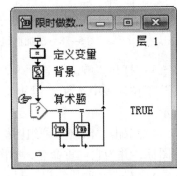

图5-85　条件响应

6）单击群组图标上面的响应类型标记，打开属性设置对话框，在"自动"下拉列表中选择"为真"，如图5-86所示。

7）双击"TRUE"群组图标，打开二级流程图窗口，在流程线上添加一个计算图标，命名为"变量"，双击该图标，打开代码窗口，输入下列代码：

$$x := Random(1,10,1)$$
$$y := Random(1,10,1)$$

8）在流程线上添加一个显示图标，命名为"题目"，双击该图标，打开演示窗口，输入"{x} * {y} ="，然后设置其字体、大小和位置，将显示模式设置为"透明"，如图5-87所示。

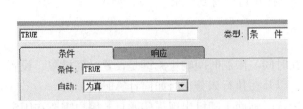

图5-86　条件响应属性设置

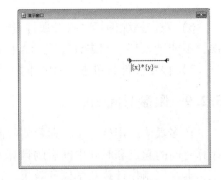

图5-87　变量用大括号括起来

9）在二级流程图窗口的"题目"显示图标下添加一个交互图标，命名为"答案"，在其右侧添加两个群组图标，一个响应类型设置"时间限制"，命名为"4秒"。属性"中断"

设置为"暂停，在返回时恢复计时"。另一个响应类型设置为"文本输入"，命名为" * "，表示接受任何输入的字符，如图 5-88 所示。

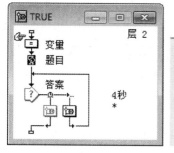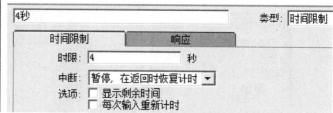

图 5-88 文本交互响应

10）双击无命名群组图标，打开二级流程图窗口，依次添加显示图标、等待图标和擦除图标，按图 5-89 所示命名。

11）双击"显示正确提示"显示图标，输入"回答正确!"，设置其字体、大小和位置，显示模式设置为"透明"。

12）单击等待图标，打开属性设置对话框，取消所有复选框的选定状态，在"时限"文本框中输入"2"，即等待 2 s 之后擦除提示正确的信息。

13）单击擦除图标，打开属性设置对话框，单击演示窗口中的"回答正确!"文字，将其作为擦除对象。

14）返回 TRUE 二级流程图窗口，双击" * "群组图标，打开三级流程图窗口，依次添加计算、显示、等待和擦除等图标，并按图 5-90 所示命名。

图 5-89 群组图标的正确响应 　　图 5-90 * 群组图标的内容

15）双击"判断"计算图标，打开代码窗口，输入下列代码：

Z：= NumEntry

if x * y = z then GoTo(IconID@ "正确")

16）双击"错误提示"显示图标，打开演示窗口，输人"回答错误!"，设置其字体、大小和位置，显示模式设置为"透明"。

17）单击等待图标，打开属性设置对话框，取消所有复选框的选定状态，在"时限"文本框中输入"2"，即等待 2 s 之后擦除提示错误的信息。

18）单击擦除图标，打开属性设置对话框，单击演示窗口中的"回答错误!"文字，将其作为擦除对象。

19）双击主流程图窗口中的"背景"显示图标，打开演示窗口，按住〈Shift〉键，单击"TRUE"流程图窗口中的"答案"交互图标，切换到演示窗口，调整文本域的位置。

20）设置完成后的流程图如图5-91所示。

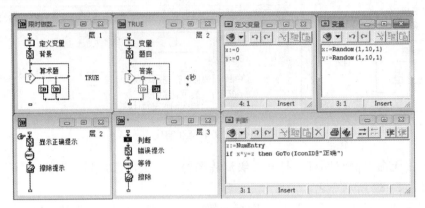

图5-91　最后流程图

21）保存文件，单击工具栏上的"运行"按钮可以看到效果。

5.2.10　条件响应

条件响应是指在满足程序设定的响应条件后，不需要用户的参与，程序会自动沿相应的分支执行。

本实例制作一个条件响应的效果，其效果是当运行程序后，一个商品在演示窗口中移动，当停下来时，显示让用户输入价格的输入框。随便输入一个数值（1～100之间），系统会提示输入的数值是大是小，用户根据提示信息重新输入数值，直到输入了正确的数值，将显示图5-92所示的界面。操作步骤如下。

1）启动Authorware，单击工具栏上的□按钮，新建一个文件，将其保存为"条件响应"。

2）执行菜单命令"修改"→"文件"→"属性"，打开"属性：文件"对话框，在"大小"下拉列表中选择"根据变量"，将文件的背景颜色设置为淡蓝色。

3）拖动一个计算图标□到流程图上，命名为"随机数"，双击此计算图标，在打开的计算窗口中输入图5-93所示的语句。它的作用是产生一个1～100的随机数。变量K用来存储用户猜价格的次数。

图5-92　正确输入后的界面

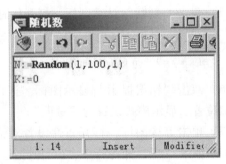

图5-93　计算窗口

250

4）拖动一个显示图标到流程图中，命名为"文字"，双击打开演示窗口，在它的演示窗口中输入文字，并定义和应用某种风格，如图 5-94 所示。

5）拖动一个显示图标流程图中，命名为"物品"，双击打开它的演示窗口，导入一幅图片，如图 5-95 所示。

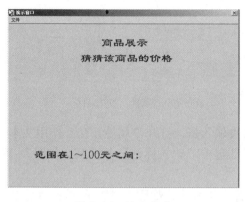

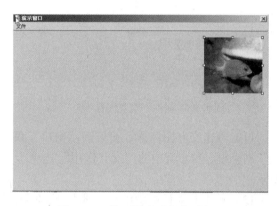

图 5-94　输入文字　　　　　　　　　　　图 5-95　导入图片后的演示窗口

6）拖动一个移动图标到流程图上，命名为"展示"。双击打开它的属性对话框，在其中的"类型"下拉列表中选择"指向固定路径的终点"选项，然后在演示窗口中单击物品作为移动对象，并且创建它的路径。具体如图 5-96 所示。

7）拖动一个交互图标到流程图的下方，命名为"交互"，再向它的右侧放置 4 个群组图标，分别命名为 NumEntry = N、NumEntry < N、NumEntry > N 和 "＊"，如图 5-97 所示。设置前 3 个的响应类型为"条件响应"，最后一个设置为"文本输入"响应类型。这里一定要注意各个响应图标的分支流向。对于条件响应类型来说，一定还要注意图标的命名，因为在此命名的名称将作为响应此分支的条件。

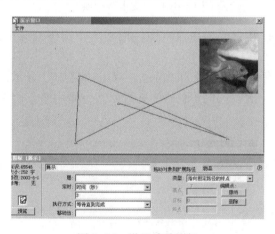

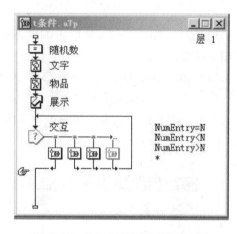

图 5-96　设置移动图标　　　　　　　　　图 5-97　放置群组图标后的流程图

8）双击 NumEntry = N 的响应类型标记=，打开"属性：交互图标"对话框，在"自动"下拉列表中选择"关"，其他设置如图 5-98 所示。如果流程图中的分支流向没有指向下方（如图 5-91 所示），要在"响应"选项卡中的"分支"下拉列表中选择"退出交互"选项。

9）保证 NumEntry < N 和 NumEntry > N 两个响应类型的属性对话框中的"自动"选择"关"。并且在"响应"选项卡中的"分支"下拉列表中选择"重试"。

10）单击"＊"文本输入的响应类型标记↑，打开"属性：交互图标"对话框，进行图 5-99 所示的设置。

图 5-98　属性：交互图标　　　　　　　　图 5-99　属性：交互图标

11）双击交互图标，打开演示窗口，双击文本输入框，打开"属性：交互作用文本字段"对话框，单击其中的"交互作用"选项卡，保证选中"输入标记"复选框，如图 5-100 所示。

12）单击此对话框中的"文本"选项卡，设置字体格式，如图 5-101 所示，然后单击"确定"按钮。

图 5-100　"交互作用"选项卡　　　　　　　图 5-101　"文本"选项卡

13）双击 NumEntry = N 群组响应图标，打开它的二级流程图，拖动 3 个图标到其中，如图 5-102 所示。

14）擦除图标用来擦除演示窗口中的所有内容（文字和物品）。双击"猜中"显示图标，向其中输入提示文字和"你用了 {K + 1} 次"，并且导入两幅图片，一幅用来点缀窗口，另一幅用来说明文字，如图 5-103 所示。

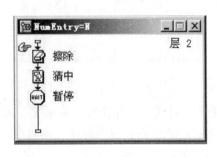

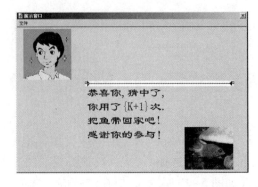

图 5-102　NumEntry = N 的二级流程图　　　　图 5-103　"猜中"的演示窗口

252

15）暂停图标用来使程序暂停一段时间（5 s），以便用户可以看清屏幕上的内容。然后双击 NumEntry < N 的群组响应图标，打开它的二级流程图。向其中拖放一个显示图标和一个计算图标。在显示图标的演示窗口中输入"太小了！"提示文字，并且导入一幅图片，如图 5-104 所示。

16）双击"计数"计算图标，在打开的计算窗口中输入：K：= K + 1。它的作用是为用户输入的次数计数。

17）在此二级流程图中用鼠标圈选这两个图标，如图 5-105 所示。然后按工具栏中的"复制"按钮。

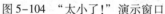

图 5-104　"太小了！"演示窗口

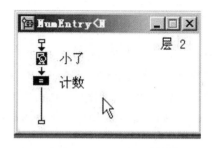

图 5-105　选中多个图标

18）双击 NumEntry > N 群组响应图标，在此流程图上单击，使小手指向流程的上方，按工具栏中的"粘贴"按钮，将复制的图标粘贴到此位置。将"太小"显示图标改名为"太大"，双击打开它的演示窗口，将提示文字"太小了！"修改为"太大了！"其他默认原来的状态。

19）到此为止，程序就制作完成了，单击"保存"按钮，将其保存，单击"运行"按钮。在文本输入框中输入一个数值，如果不对，根据提示重新输入，直到输入正确的数值，则显示图 5-92 所示的界面。

5.2.11　事件响应

在 Authorware 中提供了一种即插即用的 ActiveX 控件，能够大大提高开发速度，解决普通方法很难解决的问题。事件即指发生的某件事，一些事件是由最终用户的操作导致的。

本实例制作一个事件响应的效果，在运行时，单击相应的按钮就可以显示相应类型的图片，操作步骤如下。

1）启动 Authorware，单击工具栏上的 图标，新建一个文件，将其保存为"事件响应"。

2）执行菜单命令"修改"→"文件"→"属性"，打开"属性：文件"对话框，在"大小"下拉列表中选择"根据变量"。

3）执行菜单命令"插入"→"控件"→"ActiveX…"，打开 Select ActiveX Control 对话框，在其中选择 Microsoft Forms 2.0 CommandButton 按钮控件，如图 5-106 所示。

4）单击"确定"按钮，打开图 5-107 所示的 ActiveX Control Properties 对话框。在此对话框中可以设置控件的属性、方法等内容。然后单击此对话框中的"确定"按钮，将此控件的名称改为 1。

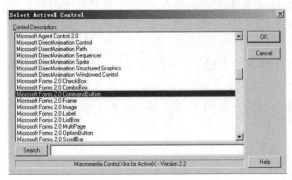
图 5-106 选择控件

图 5-107 设置控件属性

5）将此控件复制，并且向下粘贴 3 次，依次改名为 2、3 和 4。并且运行程序，按〈Ctrl+P〉组合键使程序暂停，调整它们的大小和位置（前面的按钮放在下方），如图 5-108 所示。

6）拖动一个显示图标到流程图的下方，命名为"文字"，然后向它的演示窗口中输入提示文字，如图 5-109 所示。在输入后一定要调整它们的按钮位置。

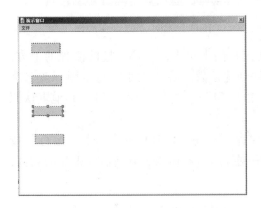
图 5-108 调整后的效果

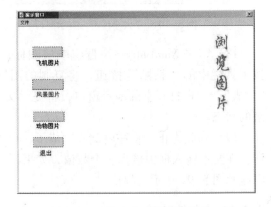
图 5-109 输入文字后的演示窗口

7）拖动一个交互图标到流程图上，向其右侧拖动一个显示图标，在打开的"响应类型"对话框中选择"事件"，然后单击"确定"按钮。将响应图标命名为"图片 1"。

8）单击"事件响应"类型标记 ，打开"属性：交互图标"对话框，在"发送"列表中选择"图标 1"，然后在右侧的"事"列表中双击 Click（单击）事件，这时在"发送"和"事"前面会出现一个图 5-110 所示的叉号，表示为当前图标选择了一个事件。

9）将此响应图标向交互图标的右侧再粘贴两次。分别为其改名为"图片 2"和"图片 3"。拖动一个计算响应图标到交互图标的最右侧，命名为"退出"。

10）单击"图片 2"的响应类型标记，打开"属性：交互图标"对话框，在"发送"列表中选择"图标 2"，然后在"事"列表中也双击 Click 作为"图标 2"的事件，如图 5-111 所示。

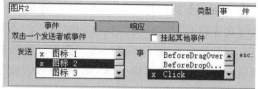

图 5-110　图片 1 的"属性：事件响应"　　　　图 5-111　图片 2 的"属性：事件响应"

11）按同样的方法再设置"图标 3"和"图标 4"的事件。分别打开 3 个显示响应图标的演示窗口，然后分别导入图 5-112 所示的 3 幅图片。

12）双击"退出"计算图标，在它的计算窗口中输入一条退出语句：Quit（0）。

13）分别调整图片的大小和位置，单击"保存"按钮保存文件，最后的流程图如图 5-113 所示。这时单击"运行"按钮，在演示窗口中单击某按钮，就会显示相应程序的图片，如果要退出程序，单击"退出"按钮即可。

图 5-112　三幅图片

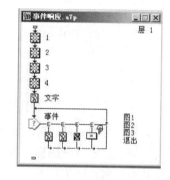

图 5-113　最后的流程图

任务 5.3　流程控制

除了以上交互图标可以产生交互操作外，Authorware 的判断图标、导航图标和框架图标也能够对程序进行控制。

5.3.1　判断图标

问题的情景与实现

与交互图标相比，判断图标也属于母图标，它可以附带多个分支子图标，且每个分支只允许有一个子图标。

1. 判断分支结构的组成

利用判断图标实现分支或循环功能，需建立类似交互响应结构的决策判断结构。它由"判断"设计图标以及属于该设计图标的分支图标共同构成。分支图标所处的分支流程称为分支路径，每条分支路径都有一个与之相连的分支标记，如图 5-114 所示。

判断分支结构的构造方法与构造一个交互作用分支结构类似：首先向主流程线上拖放一个"判断"设计图标，然后，拖动其他设计图标到"判断"图标的右侧释放，该设计图标就成为一个分支图标。但判断分支结构与交互作用分支结构所起的作用不同，当程序执行到一个判断分支结构时，Authorware 将会按照"判断"图标的属性设置，自动决定分支路径的执行次序以及分支路径被执行的次数，而不是等待用户的交互操作。

在默认的情况下 Authorware 会自动将所有的分支图标按照从左到右的顺序各执行一次，然后退出判断分支结构，继续沿主流程线向下执行。是否擦除分支图标的信息由分支路径的属性决定。

5.3.2　实例：1~100 的累加计算

打开素材库中的"累加计算.a7p"并运行，效果如图 5-115 所示，本程序的总流程图如图 5-116 所示。

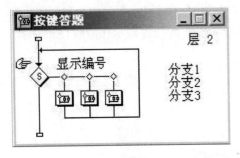

图 5-114　判断分支结构

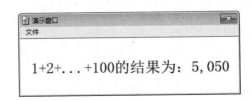

图 5-115　运行效果

制作目的：熟悉分支结构中顺序分支路径的使用方法。

知识点：判断图标重复选项中的"固定的循环次数"和分支选项中的"顺序分支路径"及基本的编程能力。

注意事项：在最后的显示图标中，如果要显示变量的值. 则加 {}，如 {S}。

制作步骤如下。

1）首先拖动计算图标到主流程线上，并进行初始化，设置变量 i 和 s。如图 5-117 所示。

图 5-116　"累加计算.a7p"的总流程图

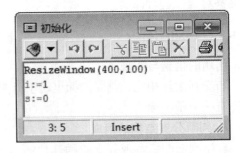

图 5-117　初始化窗口

2）拖动判断图标至主流程线，设置其属性面板如图 5-118 所示，并将一个计算图标作为其分支路径，如图 5-119 所示。

3）最后拖动显示图标至主流程线上，内容如图 5-120 所示。

4）保存为"累加计算.a7p"。

256

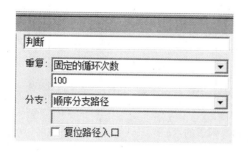

图5-118 "属性:判断图标"面板

图5-119 分支路径计算图标

5.3.3 实例：制作掷骰子游戏

打开并运行素材库中的"掷骰子.a7p"，这时演示窗口中显示出一个不停翻滚的骰子。当单击鼠标左键或按下任意键时，演示窗口将显示出那一刻骰子所处在的点数。图 5-121 是骰子停下来点数为 5 的界面，图 5-122 是"掷骰子.a7p"的总流程图。

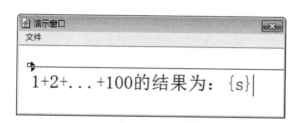

图5-120 显示图标

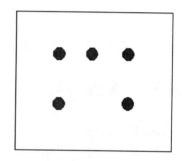

图5-121 点数为 5 的运行结果

制作目的：熟悉分支结构中随机分支路径的使用方法。

知识点：判断图标重复选项中的"直到单击鼠标或按任意键"和分支选项中的"随机分支路径"及基本的绘图技能。

注意事项：每个分支路径的"擦除内容"选项都要设置成"不擦除"。

制作步骤如下。

1）拖动一判断图标至主流程线上，并命名为"掷骰子"。双击此图标，按图 5-123 进行属性设置。

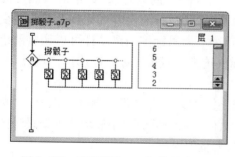

图5-122 "掷骰子.a7p"的总流程图

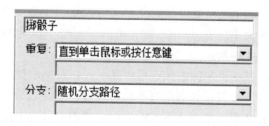

图5-123 "属性:随机分支"面板

2）分别拖动 6 个显示图标至判断图标的右侧作为其分支图标，并按图 5-122 命名图标，各显示图标中的骰子设置如图 5-124 所示（可利用矩形工具和圆形工具进行绘制）。

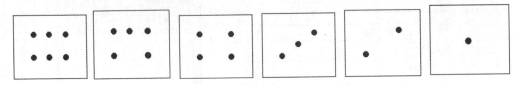

图 5-124　骰子的六面

3）为了使用户在单击鼠标左键或按任意键时，前分支路径中的图形能够保留在屏幕中，应将每个分支路径的"擦除内容"选项都设置成"不擦除"，如图 5-125 所示。

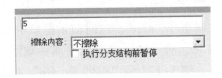

图 5-125　"属性：分支路径"面板

4）按〈Ctrl + S〉组合键保存该程序。

任务 5.4　框架与导航

问题的情景及实现

导航结构用于实现框架间的导航，以及电子图书、超媒体等功能。导航结构由"框架"设计图标、附属于"框架"设计图标的页图标和"导航"设计图标组成。其中"框架"设计图标的主要功能是建立程序的框架结构，其分支子图标即页图标由"导航"图标来调用。本任务主要完成程序转向或调用框架页，可以让用户在不同页之间任意跳转。

在设计窗口中双击"框架"设计图标，会出现一个框架窗口，如图 5-126 所示。框架窗口是一个特殊的设计窗口，窗格分隔线将其分为两个窗格上方的入口窗格和下方的出口窗格。当 Authorware 执行到一个"框架"图标时，在执行附属于它的第一个页图标之前会先执行入口窗格中的内容，如果在此准备了背景图片，该图片在用户浏览各页内容时会一直显示在演示窗口中；在退出框架时，Authorware 会执行框架窗口出口窗格中的内容，然后擦除在框架中显示的所有内容（包括各页中的内容及入口窗格中的内容），撤销所有的导航控制。程序每次进入或退出"框架"设计图标时可以把必须执行的内容（比如设置一些变量的初始值、恢复变量的原始值等）加入到框架窗口中。用鼠标拖动调整杆可以调整两个窗格的大小。按〈Ctrl〉键，单击"框架"设计图标或选中它后按鼠标右键选择"属性"，如图 5-127 所示。

其中，左侧的预览框中显示入口窗格中第一个包含显示对象的设计图标的内容。"页面特效"中显示为各页显示内容设置的过渡效果。"页面计数"后的数字显示此框架设计图标下共依附了多少个页图标。单击"打开"按钮会打开框架窗口。

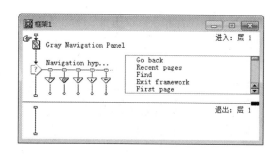

图 5-126　框架窗口

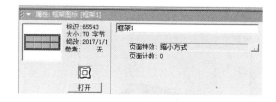

图 5-127　属性：框架图标

5.4.1　实例：电子相册的制作

打开素材库中的"电子相册.a7p"，运行效果如图 5-128 所示，可以单击"后页""前页""末页"等按钮浏览相册。本程序的总流程图如图 5-129 所示。

图 5-128　运行效果图

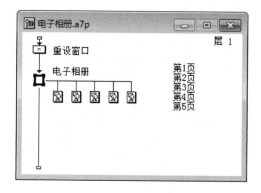

图 5-129　"电子相册.a7p"的总流程图

制作目的：熟悉框架图标、导航图标的使用方法。

知识点：框架结构与自定义按钮。

注意事项：背景图片、GIF 动画和交互控制图标的层分别为 2、3、3。

制作步骤如下。

1）在流程线上添加一个计算图标，命名为"重设窗口"。双击该图标，在其中输入语句"Resize Window（640，480）"，修改演示窗口的大小。

2）在流程线上"重设窗口"图标的下方添加框架图标，命名为"电子相册"。

3）在"电子相册"框架图标的右下方添加 5 个显示图标，构成分支，分别命名为"第 1 页""第 2 页""第 3 页""第 4 页"和"第 5 页"，这时从"电子相册素材"文件夹中分别导入图片"卡通儿童 1.jpg""卡通儿童 2.jpg""卡通儿童 3.jpg""卡通儿童 4.jpg""卡通儿童 5.jpg"至这 5 个显示图标中，如图 5-130 所示。

4）现在开始修改框架窗口流程线。双击流程线上的"电子相册"框架图标，打开框架窗口，把入口窗格中的所有内容全部删除，去除默认导航按钮，然后在其中重新添加内容。

5）在框架入口窗格中添加一个显示图标，将其命名为"背景"。双击此图标，导入电子相册素材中的"bj. psd"图像作为背景图像，如图 5-131 所示，并在其属性面板中设置层为 2，如图 5-132 所示。

图 5-130　第 1 页显示图标的图片

图 5-131　背景图

6）执行菜单命令"插入"→"媒体"→"GIF 动画"，在"背景"图标下方导入"TIANS. GIF"动画，如图 5-133 所示，设置其属性面板，层设置为 3，模式设置为透明，如图 5-134 所示。

图 5-132　背景属性

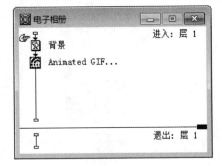

图 5-133　插入 GIF 动画

7）在"GIF 动画"图标的下方添加一个交互图标，命名为"控制"。单击交互图标，在其属性面板中设置层为 3。然后在"控制"图标的右侧添加一个导航图标，选择按钮交互方式，并将导航图标命名为"首页"。用同样的方法，在"首页"图标的右侧再添加 4 个导航图标，然后分别命名为"前页""后页""末页"和"退出"。此时的框架流程线如图 5-135 所示。

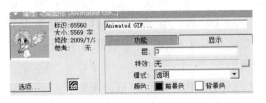

图 5-134　导入 GIF 动画的属性面板

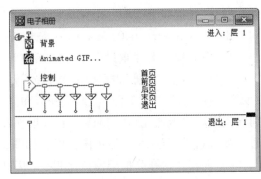

图 5-135　框架入口窗格中的内容

8）单击"首页"导航图标，设置属性面板如图5-136所示，"目的地"选择"附近"，"页"选择"第一页"。使用同样的方法设置其他4个导航图标，"页"分别选择"前一页""下页""最末页""退出框架/返回"。

9）单击"首页"按钮响应类型标记，打开"属性：交互图标"对话框，如图5-137所示，单击"按钮"→"添加"按钮，打开"按钮编辑"对话框。选择状态列中的"未按"按钮，单击"导入"按钮，导入电子相册素材中的"button_03.gif"图片，如图5-138所示。

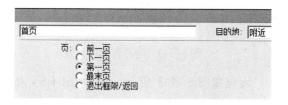

图5-136　"首页"导航图标的设置

图5-137　"属性：交互图标"对话框

用同样的方法依次选择状态列中的"按下""在上"按钮，分别导入电子相册素材中的"button03_Over. Gif"图片。

用同样的方法分别对其他4个按钮进行自定义，可在素材库中挑选按钮图片。

10）双击"交互"图标，打开演示对话框，调整按钮的位置，如图5-139所示。

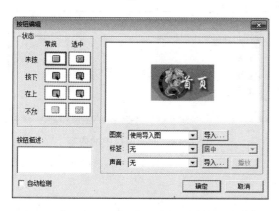

图5-138　"按钮编辑"对话框

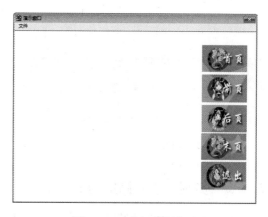

图5-139　按钮排列位置

11）现在我们开始在出口窗格中添加内容。首先添加一个计算图标，在其中添加"EraseAll( )"函数。

12）在计算图标的下方添加一个显示图标，命名为"退出界面"，导入"电子相册素材\JM.jpg"图片，如图5-140所示。

13）在"退出界面"显示图标下方添加一个等待图标，命名为"等待"，在属性面板中设置勾选"单击鼠标""按任意键"复选框，如图5-141所示。

14）在等待图标下方添加一个擦除图标，用于擦除"退出界面"图标中的图片，如图5-142所示。

15）最后在擦除图标的下方添加一个计算图标，在其中添加"quit( )"函数。

图 5-140　退出界面

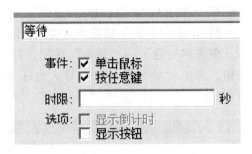

图 5-141　等待图标的设置

到此为止，框架图标中的内容全部添加完毕，流程如图 5-143 所示。按〈Ctrl + S〉组合键保存该程序。

图 5-142　等待图标的设置

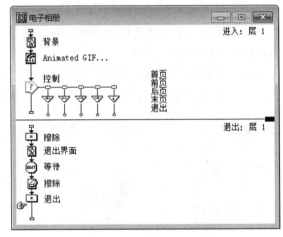

图 5-143　框架窗口中的内容

5.4.2　实例：个人简历的制作

超文本是一种非连续的文件信息显示方式，当用鼠标单击超文本对象时，就会链接到与超文本相关的信息处。超文本和普通的文本都是文本，但有着本质的不同，普通文本只是用于显示信息，而超文本虽也有显示信息的功能，但其主要是进行链接，超文本的功能类似于按钮，单击它就可进入相应的内容。

打开素材库中的"个人简历.a7p"，运行效果如图 5-144 所示。本程序的总流程图如图 5-145 所示。

制作目的：熟悉建立超文本链接的过程。

知识点：框架图标、页图标、导航与超文本的联系。

注意事项：本题采用的交互方式不是按钮而是超文本链接，所以框架窗口的入口窗格中的默认导航要删除。

262

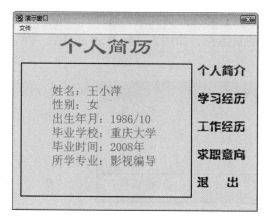

演示窗口
文件
个人简历
姓名：王小萍
性别：女
出生年月：1986/10
毕业学校：重庆大学
毕业时间：2008年
所学专业：影视编导
个人简介
学习经历
工作经历
求职意向
退　出

图 5-144　运行效果图

个人简历.a7p
层 1
设置窗口大小
首页
个人简历
个人简介
工作经历
学习经历
求职意向
退出

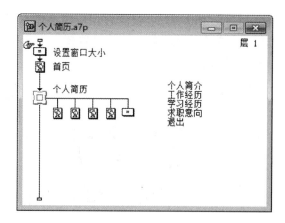

图 5-145　总流程图

制作步骤如下。

1）添加计算图标并设置演示窗口大小：ResizeWindow（500，300）。

2）添加显示图标至计算图标的下方，命名为“首页”，内容如图 5-146 所示。

3）在显示图标的下方添加一个框架图标，并建立 5 个页图标，分别命名为个人简介、学习经历、工作经历、求职意向和退出。其中前四页为显示图标，最后一页为计算图标，并给这些页图标添加内容，如图 5-147、图 5-148 所示。

演示窗口
文件
个人简历
个人简介
学习经历
工作经历
求职意向
退　出

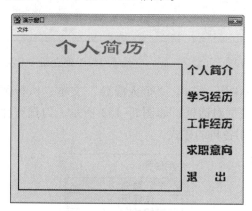

图 5-146　显示图标的内容

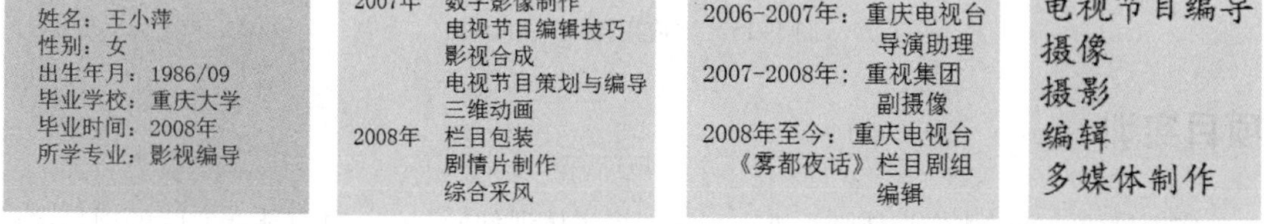

姓名：王小萍
性别：女
出生年月：1986/09
毕业学校：重庆大学
毕业时间：2008年
所学专业：影视编导
2007年　数字影像制作
电视节目编辑技巧
影视合成
电视节目策划与编导
三维动画
2008年　栏目包装
剧情片制作
综合采风
2006-2007年：重庆电视台
导演助理
2007-2008年：重视集团
副摄像
2008年至今：重庆电视台
《雾都夜话》栏目剧组
编辑
电视节目编导
摄像
摄影
编辑
多媒体制作

a)　　b)　　c)　　d)

图 5-147

a）个人简介　b）工作经历　c）学习经历　d）求职意向

4）双击框架图标，打开框架窗口，把入口窗格中的内容全部删除，如图 5-149 所示。

5）执行菜单命令“文本”→“定义样式”，打开“定义风格”对话框，进行样式的设

置，如图 5-150 所示。设置好相应的字体、字号、颜色和交互方式后，选取"导航到"复选框，并单击进入导航标记，设置超文本所链接的页图标，如图 5-151 所示。最后，单击"完成"按钮。

图 5-148　退出

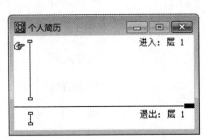

图 5-149　框架窗口

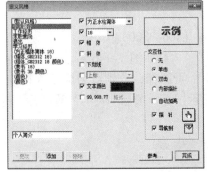

图 5-150　定义风格

图 5-151　建立超文本与页图标之间的联系

6）打开"首页"显示图标，选取"个人简介"文本，执行菜单命令"文本"→"应用样式"，打开"应用样式"对话框，如图 5-152 所示，勾选"个人简介"样式。其他的文本做法也一样，分别应用各自的样式。

图 5-152　"应用样式"对话框

项目实训

实训目的：通过本实训使学生进一步掌握多媒体课件的制作，并且能在实际的项目中运用 Cover( ) 函数、交互图标与自定义按钮制作教学光盘。

实训 1　教学课件制作

Authorware 是一个多媒体整合工具，使用它可以制作出非常专业化的课件，因此它是广大中小学教师的良师益友。这里使用 Authorware 制作一个讲授 Authorware 常识的传统教学课件，整个课件设计了4个教学环节，分别是复习、新课、练习和欣赏。制作该课件时，主要运用了框架结构、导航图标以及基本函数等知识。运行程序后，通过单击不同的交互按钮，可以进入不同的教学环节。图5-153为运行该课件时的两个界面。

图5-153　两个界面

本项目涉及的素材不多，其中程序界面由Photoshop软件完成；按钮图片由Image Ready制作，Flash动画由Flash MX制作。该项目中的所有素材都处理完毕，存放在本书配套素材"项目5\综合实训\素材\实训1"目录中。

1. 主流程线的设计

主流程线的设计步骤如下。

1）启动Authorware，建立一个新文件。

2）按〈Ctrl+l〉组合键，打开"属性：文件"窗口，设置各选项。如图5-154所示。

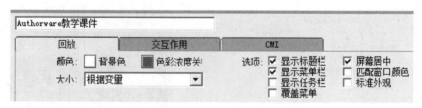

图5-154　设置"属性：文件"选项

3）在流程线上添加一个计算图标，将其命名为"重设窗口"。

4）双击该图标，在打开的计算窗口中输入图5-155所示的语句，该语句可以将演示窗口的大小设置为600×400像素。

5）关闭计算窗口，弹出一个信息提示对话框，询问是否保存所做的修改，单击"是"按钮确认操作，关闭计算窗口。

6）在"重设窗口"图标的下方添加一个显示图标，命名为"背景"。

7）双击"背景"图标，打开演示窗口，单击工具栏上的按钮，打开"导入哪个文件？"对话框。

8）在该对话框中选择本书配套素材"项目5\综合实训\素材"目录中的"back.jpg"图片，单击"导入"按钮，将图片导入演示窗口，如图5-156所示，然后关闭演示窗口。

图 5-155　计算窗口

图 5-156　导入的图片

9）执行菜单命令"插入"→"媒体"→"Flash Movie"，打开"Flash Asset Properties"对话框。

10）单击"Browse"按钮，在打开的"Open Shockwave Flash Movie"对话框中选择本书配套素材"项目 5\综合实训\素材"目录中的"标志.swf"，单击"打开"按钮，返回"Flash Asset Properties"对话框，如图 5-157 所示，然后单击"OK"按钮，插入所选的 Flash 动画。

11）单击工具栏上的"运行"按钮，然后拖动 Flash 动画画面到界面右下角的圆环中，如图 5-158 所示。

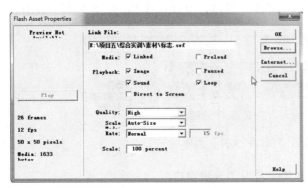

图 5-157　Flash Asset Properties 对话框

图 5-158　调整动画画面位置

12）单击演示窗口中的 Flash 动画图标，在打开的"属性：功能图标"窗口中设置选项，"模式"为透明，如图 5-159 所示。

13）关闭演示窗口，然后向"Flash Movie"图标的下方添加一个框架图标，命名为"控制"。

14）在"控制"框架图标的右侧添加 5 个群组图标，分别命名为"空""复习旧课""讲授新课""课后练习"和"请您欣赏"。

15）在"控制"框架图标的下方添加一个群组图标，命名为"尾声"。

16）在"尾声"群组图标的下方添加一个计算图标，命名为"退出"。至此，课件的主流程线制作完毕，如图 5-160 所示。

图 5-159 设置"属性：功能图标"的选项

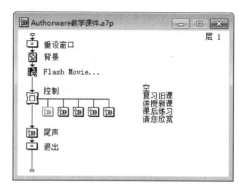

图 5-160 主流程线

17）按〈Ctrl + S〉组合键，保存文件。

2. 框架图标的设计

框架图标的设计步骤如下。

1）双击流程线上的"控制"框架图标，打开"控制"框架结构流程线窗口。

2）拖动鼠标选择框架结构流程线窗口中的所有内容，按〈Delete〉键，打开信息提示框。单击"全选右侧的图标"按钮，删除窗口中的所有图标。

3）在框架流程线上添加一个交互图标，命名为"选择"。

4）在"选择"图标的右侧添加一个计算图标，在打开的"交互类型"对话框中选择"按钮"选项，单击"确定"按钮。

5）将计算图标命名为"复习"。用同样的方法，在"复习"图标的右侧再添加4个计算图标，并分别命名为"新课""练习""欣赏"和"下课"，此时的框架流程线如图 5-161 所示。

6）关闭框架结构流程线窗口，按〈Ctrl + S〉组合键，保存文件。

3. 添加自定义按钮

添加自定义按钮的步骤如下。

1）运行程序后，演示窗口中将出现交互图标中的各个按钮，如图 5-163 所示。

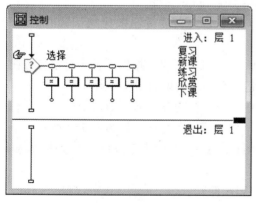

图 5-161 框架流程线

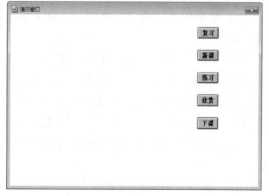

图 5-162 演示窗口

2）不关闭演示窗口，双击流程线上的"控制"框架图标，打开框架结构流程线窗口。

3）在框架结构流程线窗口中双击"复习"图标的响应类型标记，打开"属性：交互图标"窗口，如图5-163所示。

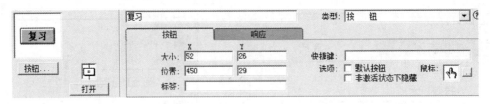

图5-163　属性：交互图标

4）单击属性面板左侧的"按钮"按钮，打开"按钮"对话框，如图5-164所示。

5）单击"添加"按钮，打开"按钮编辑"对话框，如图5-165所示。

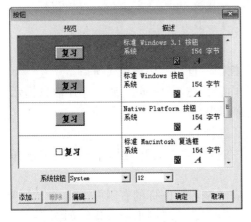

图5-164　"按钮"对话框　　　　　　图5-165　"按钮编辑"对话框

6）选择对话框左侧"常规"列中的"未按"按钮后，单击"图案"选项右侧的"导入"按钮，在打开的"导入哪个文件?"对话框中导入本书配套素材"项目5\综合实训\素材"目录中的"fuxi-Over.gif"文件。

7）用同样的方法依次选择"常规"列中"按下"和"在上"按钮，分别导入本书配套素材"项目5\综合实训\素材"目录中的"fuxi-Over.gif"文件。

8）依次单击"确定"按钮，关闭对话框，实现了自定义的按钮取代默认状态的"复习"按钮。

9）用同样的方法分别将"新课""练习""欣赏"和"下课"按钮设置为自定义按钮。

10）在演示窗口中调整按钮至合适的位置，运行程序，结果如图5-166所示。

11）依次双击各图标的交互响应类型标记，在"属性：交互图标"窗口中单击"鼠标"选项右侧的 ... 按钮，在打开的"鼠标指针"对话框中选择手形光标，如图5-167所示。

12）依次双击"选择"图标右侧的各计算图标，在打开的计算窗口中分别输入goto语句：

在"复习"计算图标中输入"goto（@"复习IH课"）"；

图 5-166　运行画面

图 5-167　"鼠标指针"对话框

在"新课"计算图标中输入"goto（@"讲授新课"）"；

在"练习"计算图标中输入"goto（@"课后练习"）"；

在"欣赏"计算图标中输入"goto（@"请您欣赏"）"；

在"下课"计算图标中输入"goto（@"尾声"）"。

13）按〈Ctrl＋S〉组合键保存文件。

4. "复习旧课"分支的设计

在"复习旧课"分支中，我们设计了一道匹配题，用鼠标拖动左侧的内容与右侧的内容进行匹配。如果拖放正确，则反馈正确信息，否则被拖放的对象将返回原地，同时反馈错误等息。

1）在主流程线上双击"复习旧课"群组图标，打开二级设计窗口。

2）在二级流程线上添加一个显示图标，命名为"题板"。

3）单击工具栏中的"运行"按钮运行程序，打开演示窗口。在按住〈Shift〉键的同时双击"题板"图标，然后选择绘图工具箱中的矩形工具。在演示窗口中绘制一个"题板"，其位置、大小、形态及颜色如图 5-168 所示。

4）选择绘图工具箱中的文本工具，在演示窗口中输入相关文字信息，结果如图 5-169 所示。

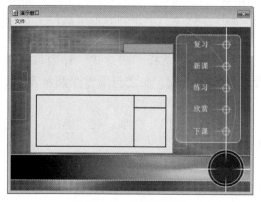

图 5-168　绘制的题板

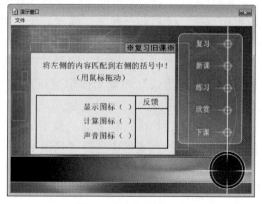

图 5-169　输入的文本

5）依次在二级流程线上再添加 3 个显示图标，分别命名为"表达式""声音"和"图像"。

6）用前面介绍的方法，分别在"表达式"图标的演示窗口中输入"表达式"文本，在"声音"图标的演示窗口中输入"声音"文本，在"图像"图标的演示窗口中输入"图像"文本。

7）运行程序，单击演示窗口中的"复习"按钮。调整各文字信息的位置，如图 5-170 所示。

8）关闭演示窗口，在二级流程线上添加一个交互图标，命名为"判断"。

9）在"判断"图标的右侧添加两个群组图标，将交互响应类型设置为"目标区"响应，分别将两个群组图标命名为"表达式正确"和"表达式错误"，此时的流程线如图 5-171 所示。

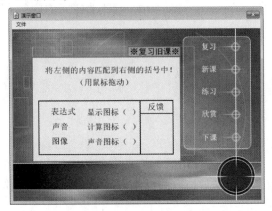

图 5-170　调整文字信息的位置

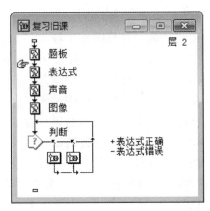

图 5-171　流程线

10）运行程序，然后单击演示窗口中的"复习"按钮进入"复习旧课"分支，打开"属性：交互图标"对话框，同时演示窗口中将出现一个标有"表达式正确"的虚线框。

11）根据属性面板中的提示，单击演示窗口中的"声音"作为目标对象，则虚线框将自动附着到该对象上。根据提示将"表达式"对象（注意：不是虚线框）拖动到右侧的"计算图标（）"上。调整虚线框，使之完全包围"（）"，如图 5-172 所示。

12）双击"表达式正确"图标的响应类型标记，在"目标区"标签的"放下"下拉列表框中选择"在目标点放下"选项，在"响应"标签的"状态"下拉列表框中选择"正确响应"选项。

13）双击"表达式错误"图标的响应类型标记，此时仍然选择"表达式"作为目标对象。拖动"表达式"对象到演示窗口的中央位置，调整虚线框，使之包围整个演示窗口，如图 5-173 所示。

14）在"目标区"标签的"放下"下拉列表框中选择"返回"选项，在"响应"标签的"状态"下拉列表框中选择"错误响应"选项。

15）双击"表达式正确"群组图标，在打开的三级流程线上添加一个显示图标，命名为"正确信息"，在演示窗口中输入"正确"字样。添加一个计算图标，在打开的计算窗口中输入"Movable@ "表达式"：=FALSE"，如图 5-174 所示。

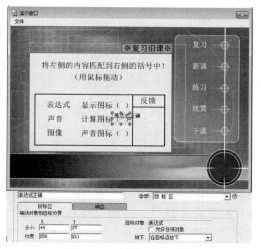

图 5-172　设定目标区域

图 5-173　设定目标区域

16）打开"表达式错误"群组图标，在三级流程线上添加一个显示图标，并在演示窗口中输入"错误"提示文字，如图5-175所示。

图 5-174　输入的语句

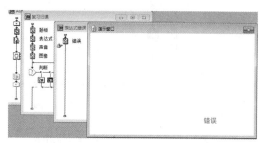

图 5-175　错误

17）用同样的方法，分别建立"声音"和"图像"两个对象的响应分支。并做同样的设置，流程线如图5-176所示。

18）在"判断"图标的最右侧添加一个群组图标，双击该图标的交互响应类型标记，在"属性：交互图标"对话框中将"类型"选项设置为"条件"，在"条件"文本框中输入"AllCorrectMatched"，其他选项的设置如图5-177所示。

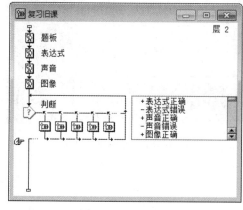

图 5-176　流程线

图 5-177　属性：交互图标

19）切换到"响应"标签，设置各选项，如图5-178所示。

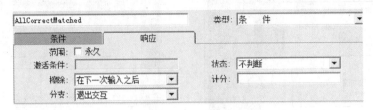

图5-178 "响应"标签

20）确认属性设置后，程序自动将该群组图标命名为"AllCorrectMatched"。

21）双击"AllCorrectMatched"群组图标。打开三级设计窗口。在流程线上添加一个显示图标，命名为"正确信息"，在其演示窗口中输入"正确"字样。

22）在"正确信息"图标的下方再添加一个等待图标，命名为"Wait"，在其属性面板中设置选项，如图5-179所示。

图5-179 设置等待图标的属性

23）运行程序。当拖放对象正确时，对象将停止在目标位置处并显示"正确"的信息提示，如图5-180所示；当拖放对象错误时，对象将返回原来位置，并显示"错误"的信息提示，如图5-181所示。

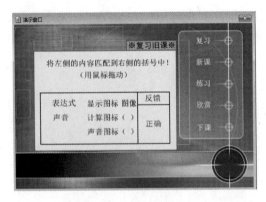

图5-180 提示回答正确

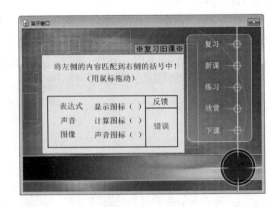

图5-181 提示回答错误

24）按〈Ctrl+S〉组合键，保存文件。

5. "讲授新课"分支的设计

"讲授新课"分支是本课件的主要部分。这部分内容主要由文字构成，所以制作起来没有难度。根据设计要求,把讲授新课分成4个部分:交互图标、交互类型、导航图标和超级链接。

1)在主流程线上双击"讲授新课"图标,打开二级设计窗口。在二级流程线上添加一个显示图标,命名为"界面"。

2)用前面学过的方法,在"界面"图标的演示窗口中建立图5-182所示的背景界面。

3)在"界面"图标的下方添加一个交互图标,命名为"链接"。

4)在"链接"交互图标的右侧添加一个群组图标,在打开的"交互类型"对话框中选择"热区域"选项并确认,然后将该群组图标命名为"交互图标"。

5)继续在"链接"交互图标的右侧添加3个群组图标,并分别命名为"交互类型""导航图标"和"超级键接",此时的二级流程线如图5-182所示。

图5-182 建立的背景界面   图5-183 "讲授新课"的二级流程线

6)运行程序,然后在按住〈Shift〉键的同时双击"界面"图标和"链接"交互图标,打开演示窗口,调整热区域的位置,如图5-184所示。

7)关闭演示窗口,依次双击4个群组图标的交互响应类型标记,在打开的"属性:交互图标"窗口中设置"鼠标"选项为手形光标。

8)双击群组图标"交互图标",打开三级设计窗口。在三级流程线上添加一个显示图标,命名为"内容"。

9)用前面介绍过的方法,打开"内容"显示图标的演示窗口。使用绘图工具箱中的文本工具,输入相关的文本信息。

10)执行菜单命令"文本"→"卷帘文本",为文字添加滚动条。调整文本区的大小,使其恰好遮住界面中的空白部分,如图5-185所示。

11)用同样的方法制作其他3个群组图标的相关文字。

12)运行程序,当光标指向"交互图标"文字上时将变成手形光标,此时单击将出现卷帘文字,即该主题要讲授的内容。

13)按〈Ctrl + S〉组合键,保存文件。

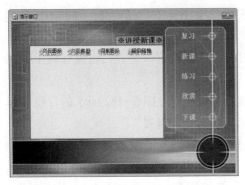

图 5-184　调整热区域的位置

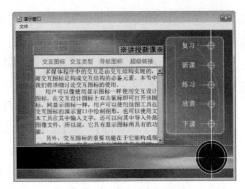

图 5-185　调整文本的位置

6. "课后练习"分支的设计

　　课后练习的设计可简可繁,可以设计一组测试题,或设置问答题,总之,根据讲授内容的需要可以制作不同形式的练习题。本节设计一组单项选择题,选择错误时,将出现错误码提示;选择正确则出现正确提示。单击"显示成绩"按钮,出现总成绩,并且只有一次选择机会。

　　1)在主流程线上双击"课后练习"图标,打开二级设计窗口。在二级流程线上添加一个显示图标,命名为"题目"。

　　2)用前面学过的方法打开"题目"图标的演示窗口,建立图5-186所示的背景界面,然后关闭演示窗口。

　　3)在"界面"显示图标的下方添加一个计算图标,命名为"初始化"。双击该图标,在打开的计算窗口中输入图5-187所示的语句后关闭窗口。这时会弹出"新变量"对话框,单击"确定"按钮。

图 5-186　建立的背景界面

图 5-187　计算窗口

　　4)在"初始化"图标的下方添加一个交互图标,命名为"选择"。

　　5)分别向"选择"交互图标的右侧添加4个群组图标,设置响应类型为"按钮"响应,将群组图标分别命名为"显示图标""等待图标""定向图标"和"擦除图标"。

　　6)双击"显示图标"图标的交互响应类型标记,在打开的"属性:交互图标"窗口中设置选项,如图5-188所示。

　　7)单击"按钮"按钮,在打开的"按钮"对话框中选择图5-189所示的按钮形态。

　　8)用同样的方法设置其他3个群组图标的响应属性。除了将"擦除图标"分支的"状态"选项设为"正确响应"外,其他选项设置均相同。

274

图 5-188　设置选项

9）双击"题目"显示图标，在按住〈Shift〉键的同时双击"选择"交互图标，在演示窗口中调整各按钮的位置，如图 5-190 所示。

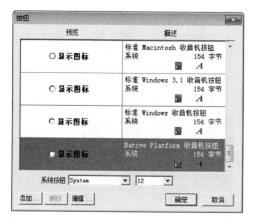

图 5-189　"按钮"对话框

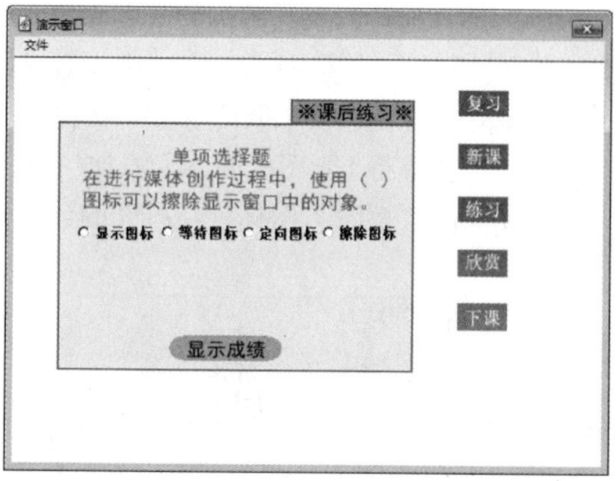

图 5-190　调整按钮的位置

10）双击"显示图标"群组图标，在三级流程线上添加一个显示图标，命名为"a"。

11）双击"a"图标，在打开的演示窗口中输入提示信息"错误"，然后设置显示图标的属性，勾选"防止自动擦除"，如图 5-191 所示。

12）在"a"显示图标的下方添加一个计算图标，在其计算窗口中输入图 5-193a 所示的语句后关闭计算窗口。

图 5-191　"属性：显示图标"窗口

13）同时选择"显示图标"流程线上的两个图标，单击工具栏中的按钮，分别将其复制到"等待图标""定向图标"和"擦除图标"群组图标的三级流程线中。

14）依次将各流程线中显示图标的名称改为"b""c""d"，将"擦除图标"三级流程线中显示图标的内容修改为"正确"。依次修改各分支中计算图标的内容，如图 5-192b、c、d 所示。

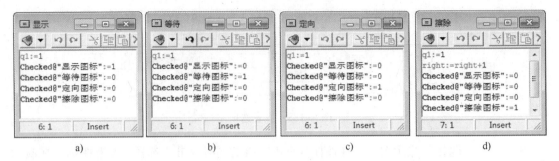

a)   b)   c)   d)

图 5-192　计算图标

15）在"选择"交互图标的下方添加一个等待图标，命名为"等待1"。双击"等待1"图标，在"属性：等待图标"窗口中设置选项，在"事件"中勾选"单击鼠标"和"按任意键"复选框，在选项中取消"显示按钮"的勾选，如图 5-193 所示。

16）在"等待1"图标的下方添加一个计算图标，命名为"擦除"。

17）双击"擦除"图标，在打开的计算窗口中输入如图 5-194 所示的语句后关闭窗口。

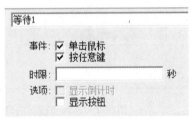

图 5-193　等待设置   图 5-194　计算图标

18）在"擦除"图标的下方添加一个显示图标，命名为"显示成绩"。

19）双击"显示成绩"图标，在打开的演示窗口中输入文本"你的成绩是 {right * 100} 分"，如图 5-195 所示，关闭演示窗口。

20）在"显示成绩"图标的下方添加一个等待图标，命名为"等待2"，其属性设置与"等待1"图标相同。至此，"课后练习"分支设计完成，流程线如图 5-196 所示。

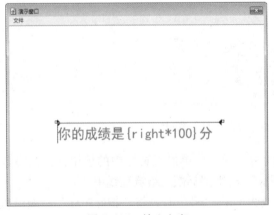

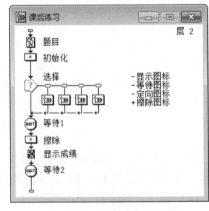

图 5-195　输入文字   图 5-196　课后练习流程线

21）按〈Ctrl + S〉组合键，保存文件。

7. "请您欣赏"分支的设计

这一部分内容较为灵活，设计者可以根据自己的爱好充分发挥审美情趣和想象力，可以设置一组画片、一段音乐，也可以播放一段数字电影。

1）在主流程线上双击"请您欣赏"图标，打开二级设计窗口。在二级流程线上添加一个显示图标，命名为"电影背景"。

2）用前面学过的方法，打开"电影背景"图标的演示窗口，建立图5-197所示的背景界面。

3）在二级流程线上添加一个数字电影图标，命名为"数字电影"。

4）运行程序，单击"欣赏"按钮，打开"属性：电影图标"窗口。单击"导入"按钮，导入本书配套素材"项目5\综合实训\素材\"目录中的"a01.avi"文件。然后调整电影画面的大小，使之与背景吻合，结果如图5-198所示。

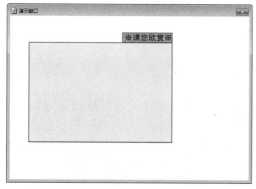

图5-197　建立的背景界面

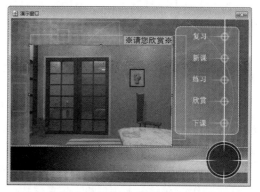

图5-198　导入的数字电影

8. 退出程序的设计

制作一个简单的退出画面，有兴趣的读者还可以将退出程序设计成电影字幕的形式。

1）在主流程线上，双击"尾声"群组图标，打开二级设计窗口。

2）在二级流程线上添加一个计算图标，命名为"全部擦除"，在计算窗口中输入"EraseAll()"语句后关闭计算窗口。

3）在"全部删除"图标的下方添加一个显示图标，命名为"再见"。

4）双击"再见"图标，在打开的演示窗口中创建一个退出界面，如图5-199所示。

5）关闭演示窗口，在"再见"显示图标的下方添加一个等待图标，命名为"暂停"。

6）双击"暂停"图标，在打开的"属性：等待图标"窗口中设置选项，如图5-200所示。

图5-199　创建的退出界面

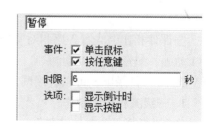

图5-200　设置选项

7）制作完毕，退出程序，流程线如图 5-201 所示。

图 5-201　退出程序流程线

8）双击主流程线上的"退出"计算图标。在打开的计算窗口中输入"Quit( )"语句后关闭计算窗口。

9）按〈CtrI＋S〉组合键，保存文件。

实训 2　教学光盘制作

教学光盘的制作比较简单，主要是将屏幕操作录制成 AVI 动画，然后通过多媒体集成软件进行整合，并且加入解说。使用 Authorware 可以很容易实现这一点，当然我们必须准备好素材。相对来说，制作这种光盘，大部分时间花费在 AVI 动画的录制与配音上，而整合二者却非常容易。这里我们要制作一个 Photoshop 的实例光盘，通过这个实例来学习教学型光盘的制作，在该程序中我们主要完成了两个分支的制作，其他分支可以如法炮制。如图 5-202所示为运行程序时的两个界面。

 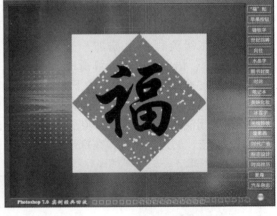

图 5-202　程序的运行界面

与课件相比，光盘程序相对复杂一些，特别是素材处理比较烦琐。实训中的素材主要是 AVI 动画、配音、Flash 动画等。这些素材都存放在本书配套素材"项目 5\综合实训 5\素材\实训 2"目录下，可以直接调用。

1. 一级流程线的制作

1）执行菜单命令"文件"→"新建"→"文件"，建立一个新文件。

2）执行菜单命令"文件"→"保存"，将文件保存为"教学型光盘005. a7p"。

3）执行菜单命令"修改"→"文件"→"属性"，在打开的"属性：文件"对话框中设置选项，如图5-203所示。

4）执行菜单命令"插入"→"Tabuleiro Xtras"→"DirectMediaXtra"，打开"Direct-Media Xtra 属性"对话框。

5）单击对话框中的"浏览文件"按钮。在打开的"打开"对话框中选择本书配套素材"项目5\综合实训5\素材\实训2"目录下名称为"47n. wav"的文件，作为背景音乐。然后在对话框中设置选项，如图5-203所示。

图5-203　设置选项

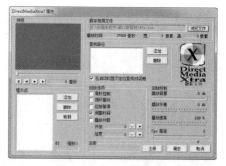

图5-204　"DirectMediaXtra 属性"对话框

6）单击"确定"按钮，在流程线上添加一个 Direct Media Xtra 图标，将其命名为"背景音乐"。

7）在"背景音乐"图标的下方添加一个群组图标，命名为"片头"。

8）在"片头"图标下方添加一个显示图标，命名为"背景"。

9）双击"背景"图标，打开演示窗口。单击工具栏中的"导入"按钮，在打开的"Import Which File"对话框中选择本书配套素材"项目5\综合实训 j\素材\实训2"目录中的"界面1. jpg"图片，作为光盘程序的主界面，并调整其在演示窗口中的位置，如图5-205所示。

10）执行菜单命令"调试"→"停止"，关闭演示窗口。

11）在"背景"图标的下方添加一个等待图标，双击等待图标，在"属性：等待图标"窗口中设置选项，如图5-206所示。

图5-205　导入的图片

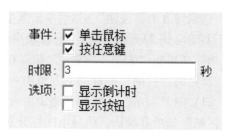

图5-206　等待设置

12）在等待图标的下方添加一个显示图标，命名为"次背景"。

13）双击"次背景"图标，在打开的演示窗口中导人本书配套素材"项目5\综合实训5\素材\实训2"目录中的"界面2.jpg"图片，并调整其在演示窗口中的位置，如图5-207所示。

14）执行菜单命令"调试"→"停止"，关闭演示窗口。

15）向"次背景"图标的下方添加一个交互图标，命名为"控制"。

16）向"控制"图标的右侧添加一个群组图标，在打开的"交互类型"对话框中选择"热区域"选项，如图5-208所示。

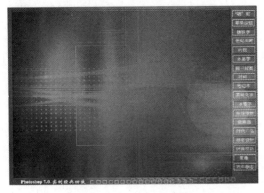

图5-207　导入的图片

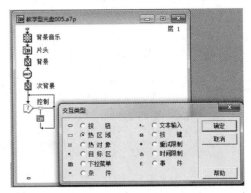

图5-208　"交互类型"对话框

17）单击"确定"按钮，将群组图标命名为"贴福"。

18）双击"贴福"图标的交互响应类型标记，在打开的"属性：交互图标"窗口中设置"响应"标签中的选项，如图5-209所示。

19）切换到"热区域"标签，设置其中的选项，如图5-210所示。

图5-209　设置选项

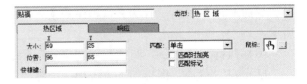

图5-210　热区域标签

20）向"贴福"图标的右侧再添加4个群组图标，分别命名为"苹果按钮""铸铁字""世纪回眸"和"退出"，则新生成的4个分支将自动继承前一个分支的属性。

21）双击"退出"图标的交互响应类型标记，在"属性：交互图标"窗口中将"类型"选项修改为"按钮"。然后单击其中的按钮，参照前面的方法，使用本书配套素材"项目5\综合实训2\素材\实训2"目录中的"按钮.gif"和"按钮–over.gif"（两次）作为"退出"按钮的"未按""按下"和"在上"状态。

22）向"控制"图标的下方添加一个交互图标，命名为"提示"。

23）向"提示"图标的右侧添加两个显示图标，在打开的"交互类型"对话框中选择"热区域"选项并确认，将显示图标分别命名为"贴福提示"和"按钮提示"。

24）双击"贴福提示"图标的交互响应类型标记，在"属性：交互图标"窗口的"热区域"标签中设置各选项，如图5-211所示。

25）切换到响应标签，设置各选项，如图 5-212 所示。

图 5-211　热区域标签

图 5-212　响应标签

26）按住〈Shift〉键，先双击"次背景"图标，再双击"控制"图标，在打开的演示窗口中调整各热区域与按钮的位置，如图 5-213 所示。

27）按住〈Shift〉键，先双击"次背景"图标，再双击"提示"图标，在打开的演示窗口中调整各热区域的位置，如图 5-214 所示。

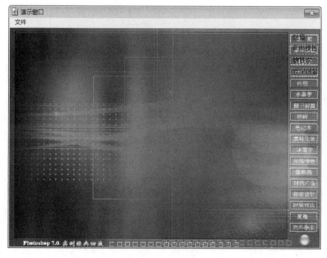

图 5-213　调整热区域和按钮的位置

图 5-214　调整各热区域的位置

28）按住〈Shift〉键，先双击"次背景"图标．再双击"贴福提示"图标，打开演示窗口，单击工具栏中的"导入"按钮，导入本书配套素材"项目 5\综合实训 5\素材\实训 2"目录中的"福．jpg"文件，调整其位置，如图 5-215 所示。

29）打开"按钮提示"图标的演示窗口，导入本书配套素材"项目 5\综合实训 5\素材\实训 2"目录中的"钮．jpg"文件，调整其位置，如图 5-216 所示。

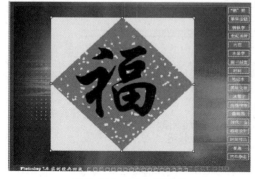

图 5-215　导入的图片

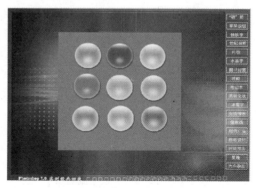

图 5-216　导入的图片

30）执行菜单命令"调试"→"停止"，关闭演示窗口。至此，完成了一级流程线的制作，如图5-217所示。按〈Ctrl+S〉组合键，保存对文件所做的修改。

2. 制作程序的片头

制作程序片头的步骤如下。

1）双击流程线上的"片头"群组图标，打开二级设计窗口。

2）执行菜单命令"插入"→"媒体"→"Flash Movie"，打开"Flash Asset Properties"对话框。

3）单击对话框中的"Browse"按钮，在打开的"Open Shockwave Flash Movie"对话框中选择本书配套素材"项目5\综合实训5\素材\实训2"目录中的"背景动画.swf"文件，单击"打开"按钮，将文件导入到"Flash Asset Properties"对话框，如图5-218所示。

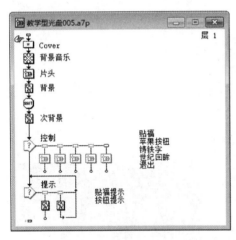

图5-217　一级流程线

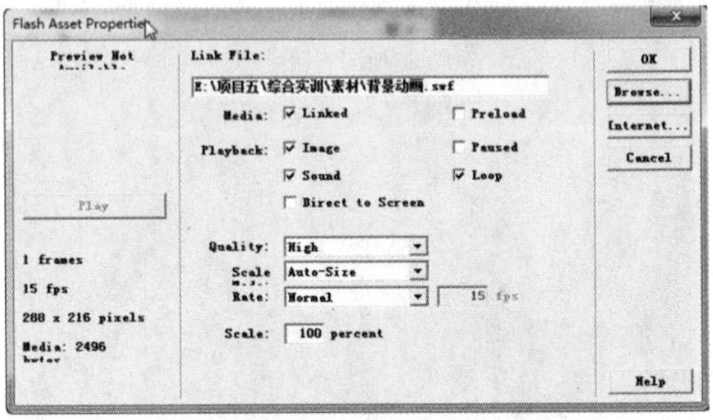

图5-218　"Flash Asset Properties"对话框

4）单击"OK"按钮，在流程线上插入一个动画图标，将其命名为"放射"。

5）拖动开始标志与停止标志到流程线图5-219所示的位置。

6）运行程序，然后在演示窗口中单击Flash动画对象，这时Flash动画对象的周围将出现8个控制点，拖动控制点调整动画对象的大小，使其覆盖整个演示窗口。

7）在图标窗口开始标志与停止标志所在的位置上单击，使开始标志与停止标志复位。

8）在"放射"图标的下方添加一个等待图标，命名为"停0.5秒"。双击该图标，在打开的"属性：等待图标"窗口中设置选项，如图5-220所示。

图5-219　程序流程线

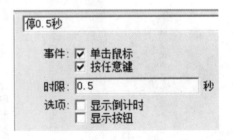

图5-220　设置选项

9）用同样的方法，再添加一个 Flash 动画图标和一个等待图标，分别命名为"标题"和"停 10 秒"。在 Flash 动画图标中导入本书配套素材"项目 5\综合实训 5\素材\实训 2"目录中的"bt. swf"文件。

10）双击"标题"图标，在打开的"属性：功能图标"窗口的"显示"标签中设置选项，如图 5-221 所示。

11）双击"停 10 秒"图标，在打开的"属性：等待图标"窗口中设置选项，如图 5-222 所示。

图 5-221　设置选项

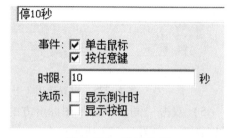

图 5-222　设置选项

12）参照前述方法，在"停 10 秒"图标的下方添加一个 Flash 动画图标和一个等待图标，分别命名为"进入"和"暂停"，在 Flash 动画图标中导入本书配套素材"项目 5\综合实训 5\素材\实训 2"目录中的"enter. swf"文件，"进入"图标的选项设置与前面的动画图标相同，"暂停"图标的属性设置，如图 5-223 所示。

至此，光盘的片头制作完毕，流程线如图 5-224 所示。按〈Ctrl + S〉组合键，保存对文件所做的修改。

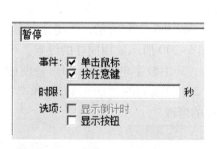

图 5-223　"暂停"图标的属性设置

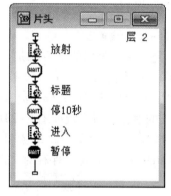

图 5-224　片头流程线

3. 制作各内容分支

制作各内容分支的步骤如下。

1）双击"贴福"群组图标，打开二级设计窗口。

2）在二级流程线上添加一个数字电影图标，命名为"抓屏 01"。双击该图标，在打开的"属性：电影图标"窗口中单击"导入"按钮，在打开的"导入哪个文件？"对话框中选择本书配套素材"项目 5\综合实训 5\素材\实训 2"目录中的"fuzi. avi"文件。

3）单击"导入"按钮，导入选择的 AVI 文件。在"属性：电影图标"窗口中设置各选项，如图 5-225 所示。

4）向"抓屏01"图标的右侧添加一个声音图标，命名为"同步声音"，创建一个媒体同步分支。这时，自动产生一个群组图标，而群组图标内是我们添加的声音图标，如图5-226所示。

图5-225　设置选项

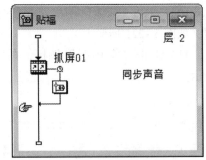

图5-226　媒体同步分支

5）双击"同步声音"图标上方的媒体同步标记，在打开的"属性：媒体同步"窗口中设置选项，如图5-227所示。

6）双击"同步声音"图标，打开下一级设计窗口，将声音图标命名为"配音01"。

7）双击"配音01"图标，在"属性：声音图标"窗口中单击"导入"按钮，导入本书配套素材"项目5\综合实训5\素材\实训2"目录中的"录音1.wav"文件，然后设置各选项，如图5-228所示。

图5-227　设置选项

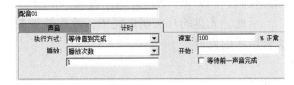

图5-228　设置选项

8）向"配音1"图标的下方添加一个计算图标，命名为"转回"，双击该计算图标，在打开的计算窗口中输入"goto（@"控制"）"，如图5-229所示，关闭计算窗口。

至此，"贴福"分支制作完毕，流程线如图5-230所示。用同样的设置，可以完成"苹果按钮"分支的制作，流程线如图5-231所示，其中数字电影图标和声音图标中分别导入本书配套素材"项目5\综合实训5\素材\实训2"目录中的"annv.avi"和"配音02.wav"文件。按〈Ctrl+S〉组合键，保存对文件所做的修改。

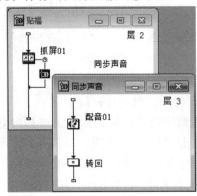

图5-229　计算窗口　　　图5-230　"贴福"分支流程线　图5-231　"苹果按钮"分支流程线

284

4. 制作"退出"分支

制作"退出"分支的步骤如下。

1）双击一级流程线上的"退出"群组图标，打开二级设计窗口。

2）在二级流程线上添加一个计算图标，命名为"全擦"。双击该图标，在打开的计算窗口中输入"EraseAll( )"语句后关闭窗口。

3）在"全擦"图标的下方添加一个声音图标，命名为"退出音乐"。

4）双击"退出音乐"图标，打开"属性：声音图标"窗口，单击其中的"导入"按钮，在打开的"导入哪个文件？"对话框中选择本书配套素材"项目5\综合实训5\素材\实训2"目录中的"音乐1. wav"文件作为退出光盘时的音乐。单击"导入"按钮，将文件导入到"属性：声音图标"窗口中，并设置选项，如图5-232所示。

5）在"退出音乐"图标的下方添加一个显示图标，命名为"字幕"。

6）双击"字幕"图标，在打开的演示窗口中输入文字，作为作者的介绍文字，调整其位置至演示窗口的下方。

7）在"字幕"图标的下方添加一个移动图标，命名为"移动"。

8）双击"移动"图标，打开"属性：移动图标"窗口，在"类型"下拉列表框中选择"指向固定点"，单击演示窗口中的字幕，拾取运动对象，然后垂直向上拖动字幕至合适位置，如图5-233所示，设置属性窗口中的选项，如图5-234所示。

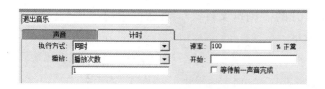

图5-232 设置选项   图5-233 字幕

9）在"移动"图标的下方添加一个等待图标，命名为"停5秒"。双击该图标，在打开的"属性：等待图标"窗口中设置选项，如图5-235所示。

   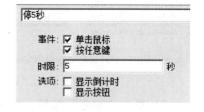

图5-234 设置选项   图5-235 设置选项

10）在"停5秒"图标的下方添加一个计算图标，命名为"关闭"。双击该图标，在打开的计算窗口中输入Quit( )，如图5-237所示的语句后关闭窗口。

至此，"退出"分支制作完毕，程序流程线如图5-237所示。

5. 制作程序打包与发行

制作程序打包与发行的步骤如下。

1）执行菜单命令"文件"→"发布"→"打包"，打开"打包文件"对话框，设置的选项如图5-238所示。

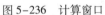

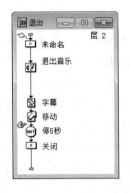

图5-236 计算窗口　　　　　图5-237 退出分支流程线　　　　　图5-238 "打包文件"对话框

2）单击"保存文件并打包"按钮，打开"打包文件为"对话框，在该对话框中选择文件的保存位置，并为文件命名。

3）单击"保存"按钮，出现打包进度条。进度条消失后，则完成了打包操作。这时，会在指定的目录下出现一个可执行程序"教学型光盘005.exe"。

4）双击"教学型光盘.exe"文件，运行该程序，发现程序不能正常运行。这是由于程序运行需要一些Xtras插件的支持。

5）执行菜单命令"命令"→"查找Xtras"，在打开的"Find Xtras"对话框中单击"查找"按钮，会显示程序需要的所有Xtras，如图5-239所示。

6）单击"复制"按钮，在打开的"浏览文件夹"对话框中选择"教学型光盘.exe"程序所在的文件夹，如图5-240所示。

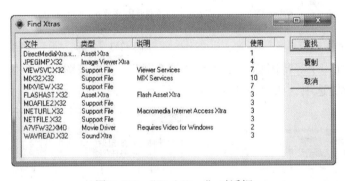

图5-239 "Find Xtras"对话框　　　　　图5-240 "浏览文件夹"对话框

7）单击"确定"按钮，将Xtras插件复制到"教学型光盘.exe"程序所在的文件夹下。单击"取消"按钮，关闭"Find Xtras"对话框。

8）执行菜单命令"文件"→"发布"→"发布设置"，在打开的"One Button Publishing"对话框中选择"Files"选项卡，如图5-241所示。从中查找程序中用到的 *.UCD、*.DLL等文件，然后在C:\Program Files（x86）下搜索js32.dll文件，如图5-242所示，将找到的文件复制到可执行程序"教学型光盘.exe"所在的文件夹下，再将视、音频素材也复制到该文件夹，如图5-243所示。

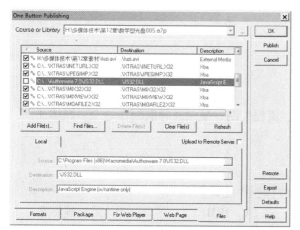

图 5-241 "One Button Publishing" 对话框

图 5-242 搜索文件

图 5-243 打包文件

9）建立一个文本文件，输入如下内容：

[autorun]

open = 教学型光盘.exe

10）将该文件以 autorun.inf 为文件名刻录在光盘的根目录下。

11）使用刻录机将该程序和视、音频素材刻录到光盘上，一个自运行的多媒体程序就完成了。

项目小结

完成这个项目后得到什么结论？有什么体会？完成项目评价表，如表 5-2 所示。

表 5-2　综合实训项目

项　目	内　容	评价标准	得　分	结　论	体　会
1	教学课件	5			
2	教学光盘	5			

拓展练习

题目：制作一个教学课件。

规格：屏幕比例为 800×600 像素。

要求：运用 Authorware 动画、交互响应、流程控制、框架及导航制作一个多媒体课件。

习题

1. Authorware 是（　　）公司开发的多媒体制作工具。

A. Macromedia　　　　　B. Adobe　　　　　C. IBM　　　　　D. 无正确答案

2. Authorware 窗口有（　　）和（　　）两种。

A. 演示窗　　　　　B. 设计窗口　　　　　C. 编辑窗口　　　　　D. 代码窗口

3. 使用（　　）和（　　）图标可以运行某一段程序。

A. 开始标志旗　　　　　B. 计算图标　　　　　C. 交互图标　　　　　D. 结束标志旗

4. Authorware 的标题栏由（　　）几部分组成。

A. 控制菜单图标　　　　　　　　　　B. 窗口名称

C. 最大化按钮、最小化按钮　　　　　D. 关闭按钮

5. 在 Authorware 效果工具箱中，包括的面板有（　　）。

A. 颜色面板　　　　　B. 线型面板　　　　　C. 填充方式面板　　　　　D. 图层面板

6. 在 Authorware 中创建文本的方法有（　　）种。

A. 利用文本工具直接在演示窗口中输入文字

B. 利用鼠标拖动文本文件到 Authorware 程序中

C. 利用粘贴、复制的方法导入文本

D. 单击工具栏上的导入按钮，从弹出的对话框中选择要导入的文件

7. 利用下面的（　　）方法可以在 Authorware 中导入图像。

A. 使用复制、粘贴命令导入图像

B. 从外部应用程序中拖动图像到 Authorware 中

C. 直接拖动图像文件到 Authorware 中

D. 使用导入命令导入图像

8. 在进行多媒体创作的过程中，使用（　　）图标可以实现程序的暂停。

A. 等待图标　　　　　B. 定向图标　　　　　C. 擦除图标　　　　　D. 显示图标

9. 在进行多媒体创作的过程中，使用（　　）图标可以擦除演示窗口中的对象。

A. 显示图标　　　　　B. 等待图标　　　　　C. 定向图标　　　　　D. 擦除图标

10. 在设置等待图标属性时，选择（　　）参数项，可以在演示窗口中显示一个倒计时的小闹钟。

A. 显示按钮　　　　　B. 显示倒数计秒　　　C. 按任意键　　　　　D. 单击鼠标

11. 使用（　　）组合键，可以将选中的多个连续的图标组成一个群组图标。

A. 〈Ctrl + G〉　　　　　B. 〈Alt + G〉　　　　　C. 〈Shift + G〉　　　　　D. 〈Ctrl + Shift + G〉

12. 使用擦除图标，擦除一个图标时，将擦除此图标中的所有对象，若只需擦除其中的一个特定的对象，可以将此对象放在单独的（　　）中。

A. 显示图标　　　　　　B. 交互图标　　　　　　C. 定向图标　　　　　　D. 擦除图标

13. Authorware 提供了多种类型的位移方式，分别为（　　　）。

A. 指向固定点　　　　　　　　　　　　B. 指向固定直线上的某点

C. 指向固定区域的某点　　　　　　　　D. 指向固定路径的终点

E. 指向固定路径上的任意点

14. 欲设置移动对象在演示窗口中的运动速度，可在（　　　）选项中设置。

A. 时间　　　　　　B. 计时　　　　　　C. 速率　　　　　　D. 以上无正确答案

15. 在移动图标属性对话框中，当选择了"指向固定路径上的任意点"类型后，其执行方式的可选项包括（　　　）。

A. 等待直到完成　　　B. 同时　　　　　　C. 循环　　　　　　D. 永久

16. 在移动图标属性对话框中，当选择了"指向固定路径上的任意点"类型后，其执行方式的可选项包括（　　　）。

A. 在结束点停止　　　B. 在过去的结束点　C. 循环　　　　　　D. 同时

17. 在"属性：移动图标"对话框中，在"出发点""目的地"和"结束点"文本框中用户可以输入（　　　）。

A. 数值型变量　　　　B. 函数　　　　　　C. 表达式　　　　　　D. 数值

18. （　　　）是用来放置文字、图形的地方，而（　　　）是用来放置变量与函数的地方。

A. 显示图标　　　　　B. 定向图标　　　　C. 计算图标　　　　　D. 群组图标

19. 使用交互图标可以实现（　　　）。

A. 交互图标的显示功能　　　　　　　　B. 交互图标的擦除功能

C. 交互图标的等待功能　　　　　　　　D. 交互图标的判断功能

20. 下面属于交互响应类型的 11 种交互类型中，有两种响应类型要与其他交互响应配合使用才能产生需要的效果，它们是（　　　）。

A. 重试限制响应　　　B. 按键响应　　　　C. 热区域响应　　　　D. 时间限制响应

21. 在设置完成的交互响应结构图中，常见的响应分支包括（　　　）类型。

A. 退出交互　　　　　B. 继续　　　　　　C. 重试　　　　　　D. 前两个正确

22. 在响应图标名称的左侧经常可以看到空格、加号（＋）、减号（－）标记，这些标记表明了交互响应的响应状态，它们分别表示（　　　）。

A. 正确响应　　　　　B. 错误响应　　　　C. 不判断　　　　　　D. 以上都不对

23. 框架图标的基本功能是建立包括框架分支和框架循环的内容，它由（　　　）组成。

A. 显示图标　　　　　　　　　　　　　B. 交互图标

C. 导航图标　　　　　　　　　　　　　D. 显示图标、交互图标、导航图标联合

24. 框架图标执行包括组成图标所具有的（　　　）等功能。

A. 显示　　　　　　　B. 导航　　　　　　C. 擦除　　　　　　D. 交互

25. 知识对象大体可以分为两类，它们是（　　　）。其中对话框和消息框属于（　　　）知识对象。

A. 框架知识对象　　　B. 资源知识对象　　C. 模块知识对象　　D. 以上都不对

26. 有时要调试的程序段只是整个程序的一部分，为了避免程序从开始处运行直到流程线上最后一个设计图标或遇到 quit（）函数，可以利用（　　　）来帮助只运行需要调试的这段程序。

A. 一个计算图标　　　B. 一个系统函数　　C. 开始标志　　　　D. 结束标志

参 考 文 献

［1］ 尹敬齐. 影视多媒体技术［M］. 北京：机械工业出版社，2016.

［2］ 江永春. 数字音频与视频编辑技术［M］. 北京：电子工业出版社，2011.

［3］ 朱成仁. Photoshop CS3 图像处理百例［M］. 北京：电子工业出版社，2008.

［4］ 阚宝朋. Photoshop CS5 图像处理案例教程［M］. 北京：机械工业出版社，2014.

［5］ 张凡. 3ds max 2012 实用教程［M］. 北京：机械工业出版社，2015.

［6］ 亓鑫辉. 3ds max 2014 星火课堂［M］. 北京：人民邮电出版社，2013.

［7］ 毛国民. 3ds max 6 影视广告片头制作精粹［M］. 北京：希望电子出版社，2005.

［8］ 新羽工作室. Authorware 7.0 基础实例教程［M］. 北京：机械工业出版社，2004.

［9］ 殷式法. Authorware 7.0 课件·光盘·游戏制作［M］. 北京：电子工业出版社，2004.